程序员硬核技术丛书

剑指大数据

企业级电商数据仓库项目实战

精华版

尚硅谷教育 ◎ 编著

U0178858

电子工业出版社·

Publishing House of Electronics Industry

北京·BEIJING

内 容 简 介

本书完整讲解了电商行业数据仓库项目的构建过程，并提供了详尽的思路分析。在整个项目构建过程中，介绍了关键技术框架的安装部署流程和经典数据指标的解决方案，并在其中穿插了大数据和数据仓库的经典理论知识。

本书从逻辑上可以分为两大部分：第一部分是第 1～3 章，重点讲解数据仓库的相关概念和项目需求分析，并初步介绍了数据仓库项目所需的基本环境；第二部分是第 4～8 章，这一部分是数据仓库项目构建的关键部分，讲解了如何对海量数据进行采集、存储和分层计算，以及如何计算得到所有的项目需求指标。

本书适合具有一定编程基础且对大数据有兴趣的读者阅读参考。通过本书，读者可以快速了解大数据和数据仓库，掌握数据仓库项目的完整构建流程。

图书在版编目（CIP）数据

剑指大数据：企业级电商数据仓库项目实战：精华版 / 尚硅谷教育编著. —北京：电子工业出版社，2024.4
（程序员硬核技术丛书）
ISBN 978-7-121-47521-4

Ⅰ. ①剑⋯ Ⅱ. ①尚⋯ Ⅲ. ①数据库系统 Ⅳ. ①TP311.13

中国国家版本馆 CIP 数据核字（2024）第 057407 号

责任编辑：李　冰
印　　刷：北京虎彩文化传播有限公司
装　　订：北京虎彩文化传播有限公司
出版发行：电子工业出版社
　　　　　北京市海淀区万寿路 173 信箱　邮编　100036
开　　本：850×1 168　1/16　印张：19.5　字数：636 千字
版　　次：2024 年 4 月第 1 版
印　　次：2025 年 2 月第 2 次印刷
定　　价：95.00 元

凡所购买电子工业出版社图书有缺损问题，请向购买书店调换。若书店售缺，请与本社发行部联系，联系及邮购电话：（010）88254888，88258888。

质量投诉请发邮件至 zlts@phei.com.cn，盗版侵权举报请发邮件至 dbqq@phei.com.cn。

本书咨询联系方式：libing@phei.com.cn。

前 言

在当今这个高度数据化的世界里，管理和分析海量数据是各大互联网企业业务成功的关键。数据仓库项目正是大数据处理的基石项目，在大数据领域有着举足轻重的地位。数据仓库为企业提供了一种强大的数据解决方案，通过有组织且高效地存储、管理和分析数据，推动决策层做出更明智、更有利于企业发展的决策。

尚硅谷教育已经接连出版了多本数据仓库相关的图书，其中《剑指大数据——企业级数据仓库项目实战（电商版）》一书讲解得十分细致，除了全面升级了数据仓库指标体系和数据仓库的技术栈，还增加了数据治理环节。但编者团队以为这本书仍存在不足之处。该书中环境准备和框架的安装部署占据了较大的篇幅，这对于没有项目搭建经验的读者来说足够友好，但是对于已经有一定开发经验的读者来说，恐不能精准把握项目的核心思想。

在数据仓库项目中，数据的组织、处理和计算是整个项目的核心部分。为了帮助读者聚焦核心部分的项目理论和代码编写，在本次改版中我们弱化了环境准备和框架搭建（仍保留关键部分，且读者可通过附赠资料获取详细文档），强化了对数据仓库核心部分内容的讲解，主要体现在两个方面。一方面是强化了对数据仓库构建过程关键代码的思路讲解，将代码实现的关键思路抽丝剥茧地展示给读者，有助于读者快速理解代码、掌握代码。另一方面是增加了大量的图片思路讲解。在图片中，通过若干条关键数据展示数据的处理计算过程，通过箭头表示数据的转化流程。大量的图片讲解可以使读者快速了解复杂函数的使用和复杂的表关联关系。

本次改版除了上述的改动和升级，对数据仓库的关键技术框架，如 Hadoop、Hive、Spark 和 Kafka 等进行了版本升级，永远追求更适合、关注度更高的技术是我们编者团队的准则。以上的种种升级，编者团队都进行了反复调研测试，力求理论指导实践，技术框架不落人后，需求实现经得起推敲。

此外，本书依然与《剑指大数据——企业级数据仓库项目实战（电商版）》一书保留了密切的联系，读者若想为本书的项目增加必要的数据治理功能，或者想要了解更详细具体的环境准备和框架搭建过程，《剑指大数据——企业级数据仓库项目实战（电商版）》都可以提供必要的指导。

阅读本书要求读者具备一定的编程基础，至少掌握一门编程语言（如 Java）和 SQL 查询语言。如果读者对大数据的一些基本框架，如 Hadoop、Hive 等，也有一定了解的话，那么学习本书也将事半功倍。读者如果不具备以上条件，可以关注"尚硅谷教育"公众号，免费获取相关学习资料。

本书中涉及的所有安装包、源码，以及视频课程资料，读者均可以通过关注"尚硅谷教育"公众号，回复"电商数仓"关键字获取。书中难免有疏漏之处，如在阅读本书的过程中，发现任何问题，欢迎私信给"尚硅谷教育"公众号后台。

感谢电子工业出版社的李冰老师，您的精心指导使得本书能够最终面世。也感谢所有为本书内容编写提供技术支持的老师所付出的努力。

目　录

第1章

数据仓库概论

在正式开始学习数据仓库之前，先为读者解释一个重要的概念——数据仓库。本章将从数据仓库的主要特点和数据仓库的演进过程展开介绍，主要包含以下几点：

- 数据仓库的概念与特点。
- 数据仓库的演进过程。
- 数据仓库技术。
- 数据仓库基本架构。

对基础概念的理解和梳理，有益于后续数据仓库项目的开发。本书读者需要具备一定的编程基础，具体在本章会给出说明。同时，本章对学习后读者可以收获的成果进行了简单的介绍。

1.1 数据仓库的概念与特点

数据仓库的英文名称为 Data Warehouse，可简写为 DWH 或 DW。数据仓库是为企业所有级别的决策制定过程提供所有类型数据支持的数据集合，是出于给用户提供分析性报告和决策支持的目的而创建的。

数据仓库是一个面向主题的、集成的、相对稳定的、随时间变化的数据集合，用于支持管理决策。数据仓库的概念由"数据仓库之父"Bill Inmon 在 1991 年出版的 *Building the Data Warehouse* 一书中提出。

1．面向主题的

传统的操作型数据库中的数据是面向事务处理任务组织的，而数据仓库中的数据是按照一定的主题组织的。主题是一个抽象的概念，可以理解为与业务相关的数据的类别，每个主题基本对应一个宏观的分析领域。例如，一个公司要分析与销售相关的数据，需要通过数据回答"每季度的整体销售额是多少"这样的问题，这就是一个销售主题的需求，可以通过建立一个销售主题的数据集合来得到分析结果。

2．集成的

数据仓库中的数据不是从各个业务系统中简单抽取出来的，而是经过一系列加工、整理和汇总出来的。因此，数据仓库中的数据是全局集成的。数据仓库中的数据通常包含大量的历史数据，这些历史数据记录了企业从过去某个时间点到当前时间点的全部信息，通过这些信息，管理人员可以对企业的未来发展做出可靠分析。

3．相对稳定的

数据一旦进入数据仓库，就不应该再发生改变。操作系统中的数据一般会频繁更新，而数据仓库中的数据一般不进行更新。当有改变的操作型数据进入数据仓库时，数据仓库中会产生新的记录，该记录不会覆盖原有记录，这样就保证了数据仓库中保存了数据变化的全部轨迹。这一点很好理解，数据仓库必须客观记录企业的数据，如果数据可以被修改，那么对历史数据的分析将没有意义。

4．随时间变化的

在进行商务决策分析时，为了能够发现业务的发展趋势、存在的问题、潜在的发展机会等，管理者需要对大量的历史数据进行分析。数据仓库中的数据反映了某个时间点的数据快照，随着时间的推移，这个数据快照自然是要发生变化的。虽然数据仓库需要保存大量的历史数据，但是这些数据不可能永远驻留在数据仓库中，数据仓库中的数据都有自己的生命周期，到了一定的时间，数据就需要被移除。移除的方式包括但不限于将细节数据汇总后删除、将旧的数据转存到大容量介质后删除或直接物理删除等。

1.2　数据仓库的演进过程

在了解了数据仓库的概念之后，我们还应该思考数据仓库中的数据从哪里获取。数据仓库中的数据通常来自各个业务数据存储系统，也就是各行业在处理事务过程中产生的数据，比如用户在网站中登录、支付等过程中产生的数据，一般存储在 MySQL、Oracle 等数据库中；也有可能来自用户在使用产品过程中与客户端交互时产生的用户行为数据，如页面的浏览、点击、停留等行为产生的数据。用户行为数据通常存储在日志文件中，这些数据经过一系列的抽取、转换、清洗，最终以一种统一的格式被装载到数据仓库中。数据仓库中的数据作为数据源，可提供给即席查询、报表、数据挖掘等系统进行分析。

数据仓库的演进过程就是存储设备的演进过程，也是体系结构的演进过程。事实上，数据仓库和决策支持系统（Decision Support System，DSS）处理的起源可以追溯到计算机和信息系统发展的初期，二者是信息技术长期复杂演化的产物，并且这种演化现在仍在继续进行着。最初的数据存储介质是穿孔卡和纸带，毫无疑问，这种存储介质的局限性是非常大的。随着直接存储设备、个人计算机（PC）及第四代编程语言的涌现，用户可以直接控制数据和系统。此时，诞生了管理信息系统（Management Information System，MIS），除了利用数据进行高性能在线事务处理，它还能进行管理决策的处理。这种理念的提出是很有前瞻性的。

20 世纪 80 年代出现了数据抽取程序，它能够不损害已有系统，使用某些标准来选择合乎要求的数据，并将其传送到其他文件系统或数据库中。起初只是抽取数据，随后是抽取之上的抽取，接着是在此基础上的抽取。当时，这种失控的抽取处理模式被称为自然演化式体系结构。自然演化式体系结构在解决了使用数据时产生的性能冲突之余，也带来了很多问题，比如数据可信性问题、生产率问题等。

自然演化式体系结构不足以满足将来的需求，数据仓库需要从体系结构上寻求转变，于是迎来了体系结构化的数据仓库环境。体系结构化的数据仓库环境主要将数据分为原始数据和导出数据。原始数据是维持企业日常运行的细节性数据，导出数据是经过汇总或计算来完成管理者的决策制订过程所需的数据。最初，信息处理界认为原始数据和导出数据可以配合使用，并且二者能很好地共存于同一个数据库中。事实上，原始数据和导出数据的差异很大，不能共存于同一个数据库中，甚至不能共存于同一个环境中。这种方式使得数据仓库很难较好地工作，带来了很多棘手的问题。例如，某些原始数据由于安全或其他因素不能被直接访问，很难建立和维护数据来源于多个业务系统版本的报表，业务系统的表结构为事务处理性能而优化，有时并不适用于查询与分析，没有适当的方式将有价值的数据合并到特定应用的数据库中，有误用原始数据的风险，并且很有可能影响业务系统的性能。

在体系结构化的数据仓库环境中有 4 个层次的数据——数据操作层、数据仓库层、数据集市层、数据个体层。数据操作层只包含面向应用的原始数据，并且主要服务于高性能事务处理领域；数据仓库层用于存储不可更新的、集成的、原始的历史数据；数据集市层则是为满足用户的部分特殊需求而创建的；数据个体层用于完成大多数的启发式分析。

这样的体系结构会产生大量的冗余数据，事实上相较于自然演化式体系结构的层层数据抽取，这种结构的数据冗余程度反而没有那么高。

体系结构化的数据仓库环境的一个重要作用就是数据的集成，当把数据从操作型环境载入数据仓库环境时，如果不进行集成就没有意义。数据集成的示例如图 1-1 所示。一位用户在数据操作层产生 4 条数据，这 4 条数据分别被存储在用户信息表、订单表、优惠券表、收藏表中，显示了用户的不同操作方式。4 条不同的数据在被抽取到数据仓库层时会被聚合，得到右侧的集成数据，其中显示了同一个用户的所有行为，我们可以根据用户的这条集成数据得知此用户是一位游戏爱好者，此时给他推送与游戏相关的产品更有可能增加销量。

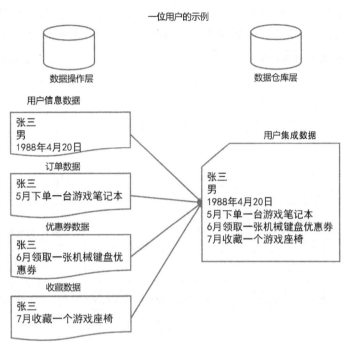

图 1-1　数据集成的示例

数据仓库的演进和发展在架构层面大致经历了 3 个阶段。

1．简单报表阶段

简单报表阶段的主要目标是为业务分析人员提供日常工作中用到的简单报表，以及为管理者提供决策所需的汇总数据。该阶段数据仓库的主要表现形式为传统数据库和前端报表工具。

2．数据集市阶段

数据集市阶段的主要目标是根据某个业务部门（如财务部门、市场部门等）的需要，对数据进行采集和整理并进行适当的多维报表展现，提供对该业务部门有所指导的报表数据和对特定管理者决策进行支撑的汇总数据等。

3．数据仓库阶段

数据仓库阶段主要是指按照一定的数据模型（如关系模型、维度模型）对整个企业的数据进行采集和整理，并且能够根据各个部门的需要，提供跨部门的、具有一致性的业务报表数据，生成对企业总体业务具有指导性的数据，同时为管理者决策提供全方位的数据支持。

通过研究数据仓库的演进过程，我们可以发现从数据集市阶段到数据仓库阶段，其中一个重要变化就在于对数据模型的支持。数据模型概念的构建和完善，可以使数据仓库发挥更大的作用。因此，数据模型的建设对数据仓库而言具有重大意义，在本数据仓库项目的搭建过程中，我们也将对数据模型展开详细探讨。

1.3　数据仓库技术

数据仓库系统是一个信息提供平台，它从业务处理系统获得数据，主要用星形模型和雪花模型来组织数据，并为用户从数据中获取信息和知识提供各种手段。

企业数据仓库的建设是以现有企业业务系统和大量业务数据的积累为基础的。数据仓库不是静态的，只有把数据及时交给有需要的人，帮助他们做出改善其业务经营的决策，数据才能发挥作用。把数据加以整理、归纳和重组，并及时提供给相应的管理决策人员，是数据仓库的根本任务。因此，从企业角度看，数据仓库的建设是一个工程。

在大数据飞速发展的几年中，已经形成了一个完备多样的大数据生态圈，如图 1-2 所示。大数据生态圈分为 7 层，如果进一步概括这 7 层，可以将其归纳为数据采集层、数据计算层和数据应用层。

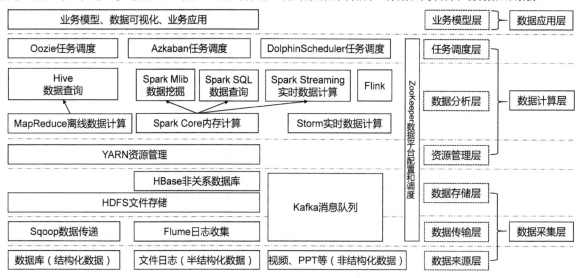

图 1-2　大数据生态圈

1．数据采集层

数据采集层是整个大数据平台的源头，是数据系统的基石。当前许多公司的业务平台每日都会产生海量的日志数据，收集日志数据供离线和在线的分析系统使用是日志收集系统需要做的事情。除了日志数据，数据系统的数据来源还包括来自业务数据库的结构化数据，以及视频、图片等非结构化数据。大数据的重要性日渐突显，数据采集系统的合理搭建显得尤为重要。

数据采集过程面临的挑战越来越多，主要来自以下 5 个方面。

- 数据源多种多样。
- 数据量大且变化快。
- 如何保证所采集数据的可靠性。
- 如何避免采集重复的数据。
- 如何保证所采集数据的质量。

针对这些挑战，日志收集系统需要具有高可用性、高可靠性、可扩展性等特征。现在主流的数据传输层的工具有 Sqoop、Flume、DataX 等，多种工具的配合使用，可以完成多种数据源的采集传输工作。在通常情况下，数据传输层还需要对数据进行初步的清洗、过滤、汇总、格式化等一系列转换操作，使数据转换为适合查询的格式。数据采集完成后，需要选用合适的数据存储系统，考虑到数据存储的可靠性及后续计算的便利性，通常选用分布式文件系统，如 HDFS 和 HBase 等。

2．数据计算层

数据被采集到数据存储系统是远远不够的，只有通过整合计算，数据中的潜在价值才可以被挖掘出来。

数据计算层可以分为离线数据计算和实时数据计算。离线数据计算主要是指传统的数据仓库概念，离线数据计算主要以日为单位，还可以细分为小时或汇总为周和月，主要以 "T+1" 的模式进行，即每日凌晨处理前一日的数据。目前比较常用的离线数据计算框架是 MapReduce，它通过 Hive 实现了对 SQL 的兼容。Spark Core 基于内存的计算设计使离线数据的计算速度得到大幅提升，并且在此基础上提供了 Spark

SQL 结构化数据的计算引擎，可以很好地兼容 SQL。

随着业务的发展，部分业务对实时性的要求逐渐提高，实时数据计算开始占有较大的比重，实时数据计算的应用场景也越来越广泛，比如电子商务（简称电商）实时交易数据更新、设备实时运行状态报告、活跃用户区域分布实时变化等。生活中比较常见的有地图与位置服务应用实时分析路况、天气应用实时分析天气变化趋势等。当前比较流行的实时数据计算框架有 Storm、Spark Streaming 和 Flink。

数据计算需要使用的资源是巨大的，大量的数据计算任务通常需要通过资源管理系统共享一个集群的资源，YARN 便是资源管理系统的一个典型代表。资源管理系统使集群的利用率更高、运维成本更低。数据的计算通常不是独立的，一个计算任务的运行很大可能依赖于另一个计算任务的结果，使用任务调度系统可以很好地处理任务之间的依赖关系，实现任务的自动化运行。常用的任务调度系统有 Oozie 和 Azkaban 等。整个数据仓库生命周期的全自动化（从源系统分析到数据的抽取、转换和加载，再到数据仓库的建立、测试和文档化）可以加快产品化进程，降低开发和管理成本，提高数据质量。

数据计算的前提是合理地规划数据，搭建规范统一的数据仓库体系，尽量规避数据冗余和重复计算的问题，使数据的价值发挥到最大程度。因此，数据仓库分层理念逐渐完善，目前应用比较广泛的数据仓库分层理念将数据仓库分为 4 层，分别是原始数据层、明细数据层、汇总数据层和数据应用层。数据仓库不同层次之间的分工分类，使数据更加规范化，可以更快地实现用户需求，并且可以更加清楚、明确地管理数据。

3．数据应用层

数据被整合计算完成之后，需要提供给用户使用，这就是数据应用层的工作。不同的数据平台针对其不同的数据需求有各自相应的数据应用层的规划设计，数据的最终需求计算结果可以构建在不同的数据库上，比如 MySQL、HBase、Redis、Elasticsearch 等。通过这些数据库，用户可以很方便地访问最终的结果数据。

最终的结果数据由于面向的用户不同，因此可能有不同层级的数据调用量，会面临不同的挑战。如何能更稳定地为用户提供服务、满足用户各种复杂的数据业务需求、保证数据服务接口的高可用性等是数据应用层需要考虑的问题。数据仓库的用户除了希望数据仓库能稳定给出数据报表，还希望数据仓库可以随时给出用户提供临时查询条件的结果，所以在数据仓库中我们还需要设计即席查询系统，以满足用户即席查询的需求。此外，对数据进行可视化、对数据仓库性能进行全面监控等也是数据应用层应该考量的。数据应用层采用的主要技术有 Superset、ECharts、Presto、Kylin、Grafana 等。

1.4　数据仓库基本架构

目前，数据仓库比较主流的架构有 Kimball 数据仓库架构、独立数据集市架构、辐射状企业信息工厂 Inmon 架构、混合辐射状架构与 Kimball 架构。通过比较不同的数据仓库架构，可以对数据仓库有更加深入的认识。

Kimball 数据仓库架构如图 1-3 所示。

Kimball 数据仓库架构将数据仓库环境划分为 4 个不同的组成部分，分别是操作型系统、ETL（Extract-Transform-Load，数据的抽取、转换和加载）系统、数据展示区和 BI（Business Intelligence，商业智能）应用。Kimball 数据仓库架构分工明确，资源占用合理，调用链路少，整个系统稳定、高效、有保障。其中，ETL 系统高度关注数据的完整性和一致性，在输入数据时就对其质量进行把控，将不同的操作型系统源数据维度进行统一，对数据进行规范化选择，提高用户使用的吞吐率。数据展示区中的数据必须是维度化、包含详细原子、以业务为中心的。坚持使用总线结构的企业数据仓库，数据不应按照个别部门的需要来构建。最后一个主要组成部分是 BI 应用，该部分的设计可以简单也可以复杂，按照客户的需求而定。

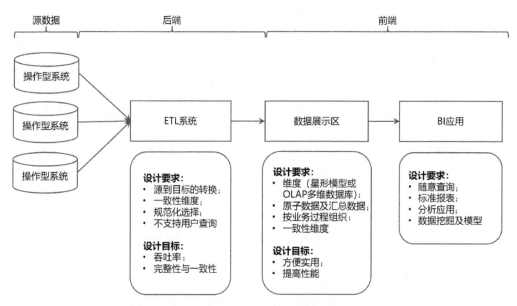

图 1-3　Kimball 数据仓库架构

采用独立数据集市架构，分析型数据以部门来部署，不需要考虑企业级别的信息共享和集成，如图 1-4 所示。

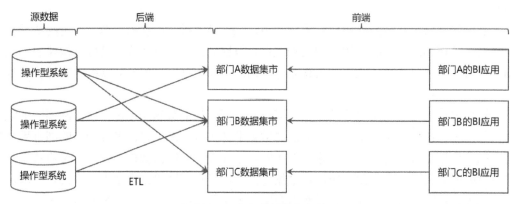

图 1-4　独立数据集市架构

数据集市是按照主题域组织的数据集合，用于支持部门级的决策。针对操作型系统源数据的数据需求，每个部门的技术人员从操作型系统中抽取自己所需的数据，并按照本部门的业务规则和标识，独立展开工作，解决本部门的数据信息需求。这种架构是比较常见的，从短期效果来看，不用考虑跨部门的数据协调问题，可以快速并利用较低成本进行开发，并且采用维度建模的方法，适合部门级的快速响应查询，但是从长远来看，这样的数据组织方式存在很大的弊端，分部门对操作型系统源数据进行抽取、存储造成了数据的冗余，如果不遵循统一的数据标准，部门间的数据协调将非常困难。

辐射状企业信息工厂（Corporate Information Factory）Inmon 架构由 Bill Inmon 提出，可以简称为 CIF 架构或 Inmon 架构，如图 1-5 所示。在 CIF 环境下，从操作型系统中抽取的源数据首先在 ETL 过程中被处理，这个过程被称为数据获取。从这个过程中获取的原子数据被保存在符合第三范式的数据库中，这种规范化的、存储原子数据的仓库被称为 CIF 架构下的企业数据仓库（Enterprise Data Warehouse，EDW）。EDW 与 Kimball 数据仓库架构中的数据展示区的最大区别就是数据的组织规范不同，CIF 环境下的 EDW 按照第三范式组织数据，而 Kimball 数据仓库架构中的数据展示区则符合星形模型或多维模型。与 Kimball 数据仓库架构类似，CIF 提倡协调和集成企业数据，但 CIF 认为要使规范化的 EDW 承担这一任务，而 Kimball 数据仓库架构则强调具有一致性维度的企业总线的重要性。

采用 CIF 架构的企业，通常允许业务用户根据数据细节程度和数据可用性要求访问 EDW。各部门的数据集市通常也采用维度结构。

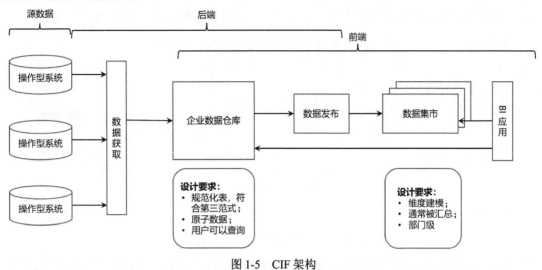

图 1-5　CIF 架构

最后一种架构是将 Kimball 架构和 CIF 架构混合的一种架构，如图 1-6 所示。

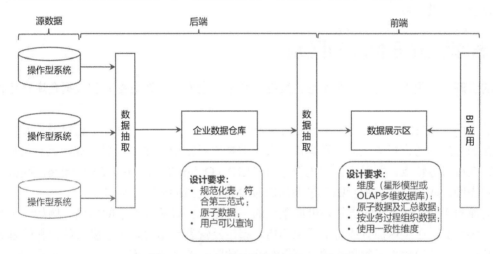

图 1-6　混合辐射状架构与 Kimball 架构

这种架构利用了 CIF 中处于中心地位的 EDW，但是此处的 EDW 与分析和报表用户完全隔离，仅作为 Kimball 数据仓库架构中数据展示区的数据来源。Kimball 数据仓库架构的数据展示区中的数据是维度化、原子、以过程为中心的，与企业数据仓库总线结构保持一致。这种方式综合了 Kimball 和 CIF 架构的优点，解决了 EDW 的第三范式的性能和可用性问题，可以离线装载查询到数据展示区，更适合为用户和 BI 应用产品提供服务。

在了解了几种主流数据仓库后可以发现，每种架构都有自己适用的场景，但也都存在一定的局限性。局限性包括开发难度、数据展现难度或数据组织的复杂程度等，各企业在组织自己的数据仓库时，应该充分考虑自己的生产现状，选用合适的一种或多种数据仓库架构。

本数据仓库项目按照功能结构可划分为数据输入、数据分析和数据输出 3 个关键部分，如图 1-7 所示。

本数据仓库项目基本采用 Kimball 数据仓库架构类型，包含高粒度的企业数据，使用多维模型设计。数据仓库主要由星形模型的维度表和事实表构成。数据输入部分负责获取数据，分别对用户行为数据和业务数据进行采集，不同的数据来源需要采用不同的数据采集工具。数据分析部分则承担了 Kimball 数据仓库架构中的 ETL 系统和数据展示区的任务。ETL 系统主要用于对源数据进行一致性处理，还有必要的清洗、去重和重构工作。数据仓库的数据来源比较复杂，直接对源数据进行抽取、转换和装载往往比较困难。

这部分工作主要在图 1-7 中的 ODS 层完成。在 ODS 层对数据进行统一的转换后，数据结构、数据粒度等都完全一致。后续数据抽取过程的复杂性得以大大降低，同时最小化了对业务系统的侵入。

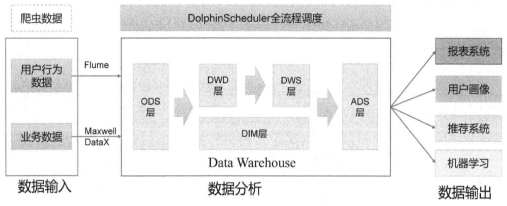

图 1-7　本数据仓库项目采用的架构

后续数据的分层搭建则按照维度模型组织，得到轻度聚合的维度表和事实表，并针对不同的主题进行数据的再次汇总，方便数据仓库对多维分析、需求解析等提供支持，为下一步的报表系统、用户画像、推荐系统和机器学习提供服务。

1.5　数据库和数据仓库的区别

在前文的讲解中，频繁出现了两个概念：数据库和数据仓库。那么数据库和数据仓库究竟存在什么区别呢？

数据库从字面上来理解，就是用来存储数据的仓库，但是这还不够精确，毕竟数据仓库也是用来存储数据的。现在的数据库通常指的是关系数据库。关系数据库通常由多张二元表组成，具有结构化程度高、独立性强、冗余度低等特点。关系数据库主要进行 OLTP（Online Transaction Processing，联机事务处理）分析，如用户去银行取一笔钱，银行账户里余额的减少就是典型的 OLTP 操作。

关系数据库对于 OLTP 操作的支持是毋庸置疑的，但是它也有解决不了的问题。例如，一个大型连锁超市拥有上万种商品，在全球拥有成百上千家门店，超市经营者想知道某个季度某种饮料的总销售额是多少，或者对某种商品的销售额影响最大的因素是什么，此时，关系数据库就无法提供所需的数据，数据仓库就应运而生了。以上例子体现的是另外一种数据分析类型——OLAP（Online Analytical Processing，联机分析处理）。所以，数据库与数据仓库的区别实际是 OLTP 与 OLAP 的区别。

OLTP 系统通常面向的是数据的随机读/写操作，采用满足范式理论的关系模型存储数据，从而在事务处理中解决数据的冗余和一致性问题。OLAP 系统主要面向的是数据的批量读/写操作，并不关注事务处理中的一致性问题，主要关注海量数据的整合及在复杂的数据处理和查询中的性能问题，支持管理决策。

1.6　学前导读

1.6.1　学习的基础要求

本书面向的主要读者是具有基本的编程基础、对大数据行业感兴趣的互联网从业人员和想要进一步了解数据仓库的理论知识和搭建流程的大数据行业从业人员。无论读者是想初步了解大数据行业，还是想全面研究数据仓库的搭建流程，都可以从本书中找到自己想要的内容。

在跟随本书进行数据仓库的学习之前，如果读者希望实现对数据仓库的搭建，那么可以提前了解一些基础知识，方便更快地了解本书的内容，在学习后续众多章节的内容时不会遇到太多困难。

首先，学习大数据技术，读者一定要掌握一个操作大数据技术的利器，这个利器就是一门编程语言，如 Java、Scala、Python 等。本书以 Java 为基础进行编写，所以学习本书读者需要具备一定的 Java 基础知识和 Java 编程经验。

其次，读者还需要掌握一些数据库知识，如 MySQL、Oracle 等，并熟练使用 SQL，本书将出现大量的 SQL 操作。

最后，读者还需要掌握一项操作系统技术，即 Linux，只要能够熟练使用 Linux 的常用系统命令、文件操作命令和一些基本的 Linux Shell 编程即可。数据系统需要处理业务系统服务器产生的海量日志数据，这些数据通常存储在服务端，各大互联网公司常用的操作系统是在实际工作中安全性和稳定性很高的 Linux 或 UNIX。大数据生态圈的各个框架组件也普遍运行在 Linux 上。

如果读者不具备上述基础知识，则可以关注"尚硅谷教育"公众号获取学习资料，根据自身需要选择相应课程进行学习。同时，本书提供了与所讲项目相关的视频课程资料，包括尚硅谷大数据的各种学习视频，读者在"尚硅谷教育"公众号回复"电商数仓"可免费获取。

1.6.2　你将学到什么

本书将带领读者完成一个功能完善、数据流完整的电商行业数据仓库项目，根据项目需求，搭建一套高可用、可伸缩的数据仓库项目架构，并对外展示结果数据。

本书的前 3 章是项目需求和框架讲解部分，对数据仓库的架构知识进行了重点讲解，并着重分析了数据仓库应该满足的重要功能和需求，通过学习本部分内容，读者可以全面地了解一个数据仓库项目的具体需求，以及如何根据需求完成框架的选型。读者可以跟随本部分内容一步步搭建自己的虚拟机系统。完成本部分内容的学习，读者需要掌握必要的 Linux 系统操作常识。

后 5 章是项目框架搭建数据仓库核心部分，重点讲解了数据仓库的建模理论，并完成了数据从采集到分层搭建的全过程。在本部分内容中，读者将会了解一条数据在数据仓库中是如何流动、清洗、转换的，并将掌握 DataX、Flume、Kafka 等数据采集工具的工作原理及应用方法。在本部分内容中，也将通过代码完成数据仓库项目的所有指标需求。

通过对数据仓库系统的学习，读者能够对数据仓库项目建立清晰、明确的概念，系统、全面地掌握各种数据仓库项目技术，轻松应对各种数据仓库的难题。

1.7　本章总结

本章首先对数据仓库的概念进行了重点说明，详细讲解了数据仓库的重要特点，介绍了数据仓库是如何伴随技术的变动而演进的；其次以大数据生态圈的结构图为基础，从数据采集、数据计算、数据应用 3 个层面分别介绍了目前使用比较广泛的大数据技术；再次向读者介绍了 4 种主流的数据仓库架构，包括 Kimball 数据仓库架构、独立数据集市架构、辐射状企业信息工厂 Inmon 架构、混合辐射状架构与 Kimball 架构，每种架构都有各自的优劣之处，不存在完美的数据仓库架构；最后为读者接下来的学习做好准备，向读者介绍了学习本书之前应该具备的技术基础，以及可以从本书学到的知识。

第2章

项目需求描述

数据仓库，顾名思义就是存储数据的"仓库"，在建设"仓库"之前，我们首先需要明确以下几点："仓库"主要存储的是什么、"仓库"主要为谁提供服务、"仓库"中的数据要分成哪几个部分、"仓库"的建设最终需要达到怎样的标准、在建设"仓库"的过程中需要用到哪些工具。在建设数据仓库之前同样需要明确这些内容，这个过程就是数据仓库的项目需求分析。本章将从项目架构分析、项目业务概述及系统运行环境 3 个方面展开介绍。

2.1 前期调研

在建设数据仓库之前，先要对企业的业务和需求进行充分的调研，这是搭建数据仓库的基石，业务调研与需求分析是否充分，直接决定了数据仓库的搭建能否成功，这对后期数据仓库总体架构的设计、数据主题的划分有重大影响。前期调研主要从以下几个方面展开。

1. 业务调研

企业的实际业务涵盖很多业务领域，不同的业务领域包含很多业务线。数据仓库的搭建是涵盖企业的所有业务领域，还是单独建设每个业务领域，是开发人员需要重点考虑的问题，在业务线方面也面临同样的问题。在搭建数据仓库之前，要先对企业的业务进行深入调研，了解企业的各个业务领域包含哪些业务线、业务线之间存在哪些相同点和不同点、业务线是否可以划分为不同的业务模块等。在搭建数据仓库时要对以上问题进行充分考量，本项目不涉及业务领域的划分，但是具有多条业务线，如商品管理、订单管理、用户管理等，所有业务线统一建设数据仓库，为企业决策提供全方位支持。

2. 需求调研

对业务系统有充分的了解并不意味着就可以实施数据仓库建设，操作者还需充分收集数据分析人员、业务运营人员的数据诉求和报表需求。需求调研通常从两方面展开，一方面是通过与数据分析人员、业务运营人员和产品人员进行沟通来获取需求；另一方面是对现有报表和数据进行分析来获取需求。

例如，业务运营人员想了解最近 7 日内所有品牌的销售额，针对该需求，我们来分析需要用到哪些维度数据和度量数据，以及明细宽表应该如何设计。

3. 数据调研

数据调研是指在搭建数据仓库之前的数据探查工作。开发人员需要充分了解数据库类型、数据来源、每日的数据产生体量、数据库全量数据大小、数据库中表的详细分类，以及所有数据类型的数据格式。通过了解数据格式，可以确定数据是否需要清洗、是否需要做字段一致性规划，以及如何从原始数据中提炼有效信息等。

例如，本项目中的数据类型主要是用户行为数据和业务数据，因此需要对用户行为数据的数据格式进行充分了解，对业务数据的表类型进行细致划分。

2.2　项目架构分析

在搭建数据仓库之前，必须先确定数据仓库的整体架构。从数据仓库的主要需求入手，先分析数据仓库整体需要哪些功能模块，再根据功能模块具体实现过程中的技术痛点决定选用何种大数据框架，最终形成具体的系统流程图。

2.2.1　电商数据仓库产品描述

随着我国互联网的快速普及，电商行业走上了快速发展的轨道，用户量和交易额年年增长，这得益于技术的快速发展，更得益于中国庞大的用户群体。庞大的用户群体产生了海量的用户数据，这些海量数据无序地堆积在企业的服务器中，看起来毫无价值。但是，数据即价值，通过合理地搭建数据仓库，可以帮助企业深度挖掘这些海量数据的深层价值。数据仓库搭建的目的就是能够让用户更方便地访问海量数据，从数据中提取隐藏价值，因此，数据仓库需要具有时效性、准确性、可访问性和安全性。

1. 时效性

基于电商企业对于数据仓库系统的基本诉求，我们认为数据仓库首先需要做到的是，高效采集不同系统产生的数据。电商系统每日产生大量的数据，这些数据基本可分为两类：一类是日志数据，包括用户行为生成的日志数据和系统产生的日志数据；另一类是业务数据。仓库管理员不仅需要快速、及时地采集这两类数据，而且需要对采集到的数据进行合理的分类处理，还要为决策者提供数据分析的快速通道，想要做到这些，需要对数据仓库进行合理分层及数据建模。以合理的方式对数据仓库进行分层和分析计算，可以让用户和数据仓库的开发人员在较短的时间内得到想要的查询结果。

2. 准确性

数据仓库想要实施成功，其中的数据必须准确。数据仓库的搭建过程必须是可靠的，而用户对数据的来源，以及数据的抽取、转换、装载过程也必须清楚。作为数据仓库的开发人员，需要对数据仓库中的数据质量进行必要的把控。

3. 可访问性

数据仓库需要对数据进行合理且及时的展现。数据仓库的最终目的是为用户提供数据服务，数据仓库最终面向的用户是业务人员、管理人员或数据分析师，他们对组织内的相关业务非常熟悉，对数据的理解也很充分，但是对数据仓库的使用和搭建往往不是很熟悉。这就要求我们在提供数据接口时，尽量设计得友好和简单，可以让用户轻易地获取他们需要的数据。

4. 安全性

数据仓库中有时含有机密和敏感数据，为了提升数据的安全性，必须设置适当的权限管理机制，只有授权用户才能访问这些数据。增加权限管理机制、提升数据仓库的安全性会影响数据仓库的整体性能。因此，在设计之初开发人员就应该提前考虑数据仓库的安全需求，包括设置用户权限（数据仓库中的数据对最终用户是只读的），提前划分数据的安全等级，制订权限控制方案，设计权限的授予、回收和变动方法。

本数据仓库项目将设计数据采集、数据分层搭建、任务定时调度和数据可视化模块，这些模块可以满足以下业务需求。

- 及时高效地采集数据。
- 快速实现数据仓库合理分层。
- 实现对数据仓库业务的定时调度和自动报警。
- 对外提供数据可视化服务。

2.2.2　系统功能结构

如图 2-1 所示，本数据仓库系统主要分为 3 个功能结构，分别是数据采集模块、数据仓库平台和数据可视化。

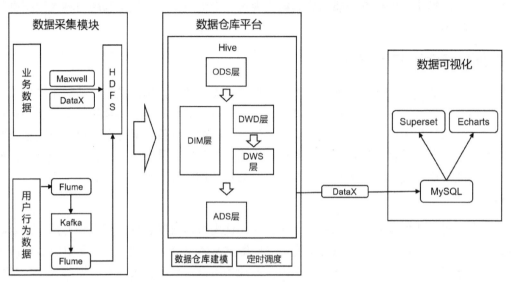

图 2-1　本数据仓库系统的功能结构

数据采集模块主要负责将电商系统前端的用户行为数据及业务数据采集到数据存储系统中，数据采集模块共分为两大体系：用户行为数据采集体系和业务数据采集体系。用户行为数据主要以日志文件的形式落盘（存储在服务器磁盘中，下同）在服务器中，采用 Flume 作为数据采集框架对数据进行实时监控采集；业务数据主要存储在 MySQL 中，采用 DataX 对其进行采集。业务数据中的众多表格存储的数据类型不同，根据业务产生的增改情况，需要制订不同的同步策略。

数据仓库平台负责将原始数据采集到数据仓库中，合理建表并对数据进行清洗、转义、分类、重组、合并、拆分、统计等，将数据合理分层，这极大地减少了数据重复计算的情况。数据仓库的建设离不开数据仓库建模理论的支持，在数据仓库建设之初，数据仓库开发人员就应对数据仓库建模理论有充分的认识，合理地建设数据仓库对于后期数据仓库规模的扩大和功能拓展都是大有裨益的。数据仓库每日需要执行的任务非常多，由于涉及分层建设，层与层之间有密切的依赖关系，因此数据仓库平台要有一个成熟的定时调度系统，来管理任务流依赖关系并提供报警支持。

在针对固定长期需求进行数据仓库的合理建设的同时，还应考虑用户的即席查询需求，需要对外提供即席查询接口，让用户能够更高效地使用数据和挖掘数据存在的价值。

数据可视化主要负责将最终需求结果数据导入 MySQL 中，供用户使用或对数据进行 Web 页面展示。

2.2.3　系统流程图

本数据仓库系统主要流程如图 2-2 所示。

前端埋点（指数据采集的技术方式，下同）用户行为数据被日志服务器落盘到本地文件夹，在每台日志服务器中启动一个 Flume 进程，监控用户行为日志文件夹的变动，并将日志数据进行初步分类，发送给 Kafka集群，再配置消费层 Flume 对 Kafka 中的数据进行消费，落盘到 Hadoop 的分布式文件系统 HDFS 中。

业务数据则需要根据表格的性质制订适合的数据同步方案，选用适当的数据同步工具，将数据采集至Hadoop 的分布式文件系统 HDFS 中。

数据到达分布式文件系统 HDFS 中之后，开发人员需要对其进行多种转换操作，最重要的是需要进行初步清洗、统一格式、提取必要信息、脱敏等操作。为了使数据计算更加高效、数据复用性更高，我们还需要对数据进行分层。最终将得到的结果数据导出到 MySQL 中，方便进行可视化，同时需要为用户提供方便的即席查询通道。

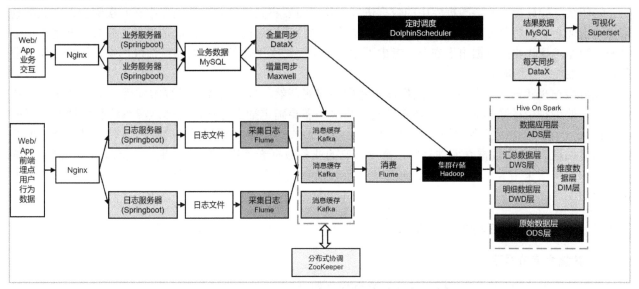

图 2-2 本数据仓库系统主要流程

2.3 项目业务概述

2.3.1 数据采集模块业务描述

数据采集模块主要分为两部分：用户行为数据采集和业务数据采集，数据采集模块数据流程如图 2-3 所示。

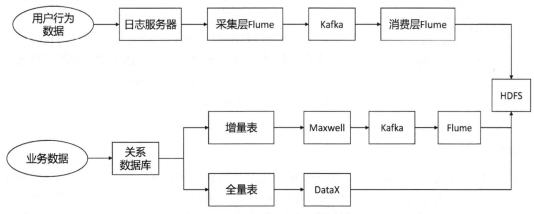

图 2-3 数据采集模块数据流程

用户行为数据是指用户在使用产品的过程中与客户端交互产生的数据，比如页面浏览、点击、停留、评论、点赞、收藏等。用户行为数据通常存储在服务器的日志文件中，而且是随着用户对产品的使用不断生成的，因此对此类数据的采集需要考虑对多台服务器的落盘文件的监控，避免采集系统宕机造成数据丢失。采集到的用户行为数据可能有多种类型，在采集过程中需要对数据进行初步分类，可能还需要对数据进行初步清洗，将不能用于分析的非法数据删除。针对这些问题，要求采集系统监控多个日志产生文件夹并能够做到断点续传，实现数据消费至少一次（At Least Once）语义，能够根据采集到的日志内容对日志进行分类采集落盘，发往不同的 Kafka topic。Kafka 作为一个消息中间件起到日志缓冲的作用，避免同时发生的大量读/写请求造成 HDFS 性能下降，能对 Kafka 的日志生产采集过程进行实时监控，避免消费层 Flume 在落盘 HDFS 过程中产生大量小数据文件，从而降低 HDFS 的运行性能，并对落盘数据采取适当压缩措施，尽量节省存储空间，降低网络 I/O。

业务数据就是企业在处理各业务过程中产生的数据，如用户在电商网站中注册、下单、支付等过程中产生的数据。业务数据通常存储在 MySQL、Oracle、SQL Server 等关系数据库中，并且此类数据是结构化的。为什么不能直接对业务数据库中的数据进行操作，而要将其采集到数据仓库中呢？实际上，在数据仓库技术出现之前，对业务数据的分析采用的就是简单的"直接访问"方式，但是这种访问方式产生了很多问题，例如，某些业务数据出于安全性考虑不能直接访问，误用业务数据对系统造成影响，分析工作对业务系统的性能产生影响。

业务数据采集与用户行为数据采集需要考虑的问题截然不同。首先，需要根据现有需求和未来的业务需求，明确抽取的数据表，以及必需字段。其次，需要确定抽取方式，包括从源系统联机抽取数据或者间接从一个脱机结构抽取数据。最后，根据数据表性质的不同，制订不同的数据抽取策略（全量抽取或者增量抽取）。在本数据仓库项目中，全量抽取的业务数据表使用 DataX 采集，直接落盘至 HDFS。增量抽取的数据表采用 Maxwell 监控数据变化并及时采集发送至 Kafka，再通过 Flume 将 Kafka 中的数据落盘至 HDFS。

2.3.2 数据仓库需求业务描述

1. 数据仓库分层建模

数据仓库被分为 5 层，如图 2-4 所示，详细描述如下。

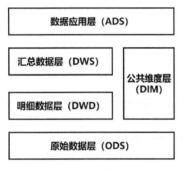

图 2-4 数据仓库分层结构

- 原始数据层（Operation Data Store，ODS）：用来存放原始数据，直接装载原始日志，数据保持原貌不做处理。
- 明细数据层（Data Warehouse Detail，DWD）：基于维度建模理论进行构建，存放维度模型中的事实表，保存各业务过程最细粒度的操作记录。
- 公共维度层（Dimension，DIM）：基于维度建模理论进行构建，存放维度模型中的维度表，保存一致性维度信息。
- 汇总数据层（Data Warehouse Summary，DWS）：基于上层的指标需求，以分析的主题对象为建模驱动，构建公共统计粒度的汇总表。
- 数据应用层（Application Data Service，ADS）：也有人将这层称为 App 层、DAL 层、DM 层等。面向实际的数据需求，以 DWD 层、DWS 层的数据为基础，组成各种统计报表，统计结果最终被同步到关系数据库（如 MySQL）中，以供 BI 应用系统查询使用。

2. 需求实现

电商业务发展日益成熟，如果运营人员缺少精细化运营的意识和数据驱动的经验，那么业务发展将会陷入瓶颈。作为电商数据分析的重要工具——数据仓库，其作用就是为运营人员和决策团队提供关键指标的分析数据。电商平台的数据分析主要关注五大关键数据指标，包括活跃用户量、转化、留存、复购、GMV，以及三大关键思路，包括商品运营、用户运营和产品运营。本数据仓库项目要实现的主要需求如下。

（1）流量主题。

- 最近 1/7/30 日，各渠道访客数、会话平均停留时长、会话平均浏览页面数、会话总数、跳出率。
- 最近 1/7/30 日，用户访问浏览路径分析。

（2）用户主题。

- 最近 1/7/30 日，新增用户数、活跃用户数。
- 最近 1/7/30 日，新增下单人数。
- 最近 1 日，流失用户数、回流用户数。
- 最近 1/7/30 日，用户行为漏斗分析。
- 每月的 1 至 7 日用户留存率。

- 最近 7 日内连续 3 日下单用户数。

（3）商品主题。

- 最近 1/7/30 日，各品牌商品的订单数、下单人数。
- 最近 1/7/30 日，各分类商品的订单数、下单人数。
- 最近 30 日，各品牌复购率。
- 最近 1 日，各分类商品购物车存量 Top3。
- 最近 1 日，各品牌商品收藏次数 Top3。

（4）交易主题。

- 最近 1 日，下单到支付时间间隔平均值。
- 最近 1/7/30 日，全国各省份的订单数和订单金额。

（5）优惠券主题。

最近 1 日，各优惠券使用次数、使用人数。

要求将全部需求实现的结果数据存储在 ADS 层，并且编写可用于工作调度的脚本，实现任务自动调度。

2.3.3　数据可视化业务描述

数据可视化是指将数据或信息转换为页面中的可见对象，如点、线、图形等，其目的是将信息更加清晰、有效地传递给用户，是数据分析的关键技术之一。使用数据可视化，企业可以更加快速地找到数据中隐藏的有价值的信息，最大限度地提高信息变现效率，让数据的价值最大化。

数据仓库项目中的数据可视化业务通常指的是需求实现后得到的结果数据的最终展示，目前常用的数据可视化工具有 Superset、DataV、ECharts 等，它们都需要对接关系数据库，因此我们需要将需求计算的结果数据导入关系数据库。

在 MySQL 中，根据 ADS 层的结果数据创建对应的表，使用 DataX 工具定时将结果数据导入 MySQL，并使用数据可视化工具对数据进行展示，如图 2-5 所示。

图 2-5　数据可视化

2.4 系统运行环境

2.4.1 硬件环境

在实际生产环境中，我们需要进行服务器的选型，确定选择物理机还是云主机。

1．机器成本考虑

物理机以 128GB 内存、20 核物理 CPU、40 线程、8TB HDD 和 2TB SSD 的戴尔品牌机为例，单台报价约 4 万元，还需要考虑托管服务器的费用，一般物理机的寿命约为 5 年。

云主机以阿里云为例，与上述物理机的配置相似，每年的费用约为 5 万元。

2．运维成本考虑

物理机需要由专业运维人员维护，云主机的运维工作由服务提供方完成，运维工作相对轻松。

实际上，服务器的选型除了参考上述条件，还应该根据数据量来确定集群规模。

在本数据仓库项目中，读者可以在个人计算机上搭建测试集群，建议将计算机配置为 16GB 内存、8 核物理 CPU、i7 处理器、1TB SSD。测试服务器规划如表 2-1 所示。

表 2-1　测试服务器规划

服务名称	子服务	节点服务器 hadoop102	节点服务器 hadoop103	节点服务器 hadoop104
HDFS	NameNode	√		
	DataNode	√	√	√
	SecondaryNameNode			√
YARN	NodeManager	√	√	√
	ResourceManager		√	
ZooKeeper	ZooKeeper Server	√	√	√
Flume（采集日志）	Flume	√	√	
Maxwell	Maxwell	√		
Kafka	Kafka	√	√	√
Flume（消费 Kafka 日志数据）	Flume			√
Flume（消费 Kafka 业务数据）	Flume			√
DataX		√	√	√
Hive	Hive	√	√	√
Spark	Spark	√	√	√
MySQL	MySQL	√		
Superset	Superset	√		
DolphinScheduler	MasterServer	√		
	WorkerServer	√	√	√
	LoggerServer	√	√	√
	ApiApplicationServer	√		
	AlertServer	√		
服务数总计		17	11	12

2.4.2 软件环境

1．技术选型

在数据采集运输方面，本数据仓库项目主要完成 3 个方面的需求：将服务器中的日志数据实时采集到数据存储系统中，防止数据丢失及数据堵塞；将业务数据库中的数据采集到数据仓库中；将需求计算结果导入关系数据库，以方便展示。为此我们选用了 Flume、Kafka、DataX 和 Maxwell。

Flume 是一个高可用、高可靠、分布式的海量数据收集系统，可以从多种源数据系统采集、聚集和移动大量的数据并集中存储。Flume 提供了丰富多样的组件供用户使用，不同的组件可以自由组合，组合方式基于用户设置的配置文件，非常灵活，可以满足各种数据采集传输需求。

Kafka 是一个提供容错存储、高实时性的分布式消息队列平台。我们可以将它用在应用和处理系统间高实时性和高可靠性的流式数据存储中。Kafka 也可以实时地为流式应用传送和反馈流式数据。

DataX 是一个基于 select 查询的离线、批量同步工具，通过配置可以实现多种数据源与多种目的存储介质之间的数据传输。使用离线、批量的数据同步工具可以获取业务数据库中的数据，但是无法获取所有的变动数据。

变动数据的同步和抓取工具选用的是 Maxwell。Maxwell 通过监控 MySQL 的 binlog 日志文件，可以实时抓取所有数据变动操作。Maxwell 在采集到变动数据后可以直接将其发送至对应的 Kafka 主题中，再通过 Flume 将数据落盘至 HDFS 文件系统中。

在数据存储方面，本数据仓库项目主要完成对海量原始数据及转化后各层数据仓库中数据的存储，以及对最终结果数据的存储。对海量原始数据的存储，我们选用了 HDFS。HDFS 是 Hadoop 的分布式文件系统，适用于大规模的数据集，将大规模的数据集以分布式的方式存储于集群中的各台节点服务器上，提高文件存储的可靠性。由于数据体量比较小，且为了方便访问，我们选用了 MySQL 存储最终结果数据。

在数据计算方面，我们选用了 Hive on Spark 作为计算组件。Hive on Spark 是由 Cloudera 发起的，由 Intel、MapR 等公司共同参与的开源项目，其目的是把 Spark 作为 Hive 的一个计算引擎，将 Hive 的查询作为 Spark 的任务提交到 Spark 的集群上进行计算。通过该项目可以提高 Hive 查询的性能，同时为计算机上已经部署了 Hive 或 Spark 的用户提供更加灵活的选择，从而进一步提高 Hive 和 Spark 的使用效率。

在数据可视化方面，我们提供了两种解决方案：一种是方便快捷的可视化工具 Superset；另一种是 ECharts 可视化，它的配置更加灵活，但是需要用户掌握一定的 Spring Boot 知识。数据仓库结果数据的可视化工具有很多，方式也多种多样，用户可以根据自己的需要进行选择。

我们选用 DolphinScheduler 作为任务流的定时调度系统。DolphinScheduler 是一个分布式、易扩展的可视化 DAG 工作流任务调度平台，致力于解决数据处理流程中错综复杂的依赖关系，使调度系统在数据处理流程中开箱即用。

总结如下。

- 数据采集传输：Flume、Kafka、DataX、Maxwell。
- 数据存储：MySQL、HDFS。
- 数据计算：Hive on Spark。
- 任务调度：DolphinScheduler。
- 可视化：Superset、ECharts。

2．框架选型

框架选型要求满足数据仓库平台的几大核心需求：子功能不设限，国内外资料及社区尽量丰富，组件服务的成熟度和流行度较高。待选择版本如下。

- Apache：运维过程烦琐，组件间的兼容性需要自己调研（本次选用）。
- CDH：国内使用较多，不开源，不用担心组件兼容性问题。
- HDP：开源，但没有 CDH 稳定，应用较少。

笔者经过考量决定选择 Apache 原生版本大数据框架，原因有两个方面：一方面我们可以自由定制所需要的功能组件；另一方面 CDH 和 HDP 版本框架体量较大，对服务器配置要求相对较高。本数据仓库项目用到的组件较少，Apache 原生版本即可满足需求。

　　笔者经过对框架版本兼容性的调研，确定的版本选型如表 2-2 所示。本数据仓库项目采用目前大数据生态体系中最新且最稳定的框架版本，并且笔者对框架版本的兼容性进行了充分调研，对安装部署过程中可能产生的问题尽可能进行明确的说明，读者可以放心使用。

表 2-2　版本选型

产　　品	版　　本
JDK	1.8
Hadoop	3.3.4
Flume	1.10.1
Maxwell	1.29.2
ZooKeeper	3.7.1
Kafka	3.3.1
MySQL	8.0.31
DataX	3.0
Hive	3.1.3
Spark	3.3.1
DolphinScheduler	2.0.5
Superset	2.0.0

2.5　本章总结

　　本章主要对本书的项目需求进行了介绍，首先介绍了本数据仓库项目即将搭建的数据仓库产品需要实现的系统目标、系统功能结构和系统流程图；其次对各主要功能模块进行描述，并对每个模块的重点需求进行介绍；最后根据项目的整体需求对系统运行的硬件环境和软件环境进行配置选型。

第3章

项目部署的环境准备

通过前面章节的分析，我们已经明确了将要使用的框架类型和框架版本，本章将根据前面章节所描述的需求分析，搭建一个完整的项目开发环境，即便读者的计算机中已经具备这些环境，也建议浏览一遍本章内容，因为这对后续开发过程中理解代码和命令行很有帮助。

3.1 集群规划与服务器配置

在本书中，我们需要在个人计算机上搭建一个具有 3 台节点服务器的微型集群。3 台节点服务器的具体设置如下。

- 节点服务器 1，IP 地址为 192.168.10.102，主机名为 hadoop102。
- 节点服务器 2，IP 地址为 192.168.10.103，主机名为 hadoop103。
- 节点服务器 3，IP 地址为 192.168.10.104，主机名为 hadoop104。

3 台节点服务器的安装部署规划如表 3-1 所示。

表 3-1 3 台节点服务器的安装部署规划

hadoop102	hadoop103	hadoop104
CentOS7.5	CentOS7.5	CentOS7.5
JDK8	JDK8	JDK8
Hadoop3.3.4	Hadoop3.3.4	Hadoop3.3.4

在个人计算机上安装部署 3 台节点服务器的具体流程，读者可以在通过关注"尚硅谷教育"公众号获取的本书附赠课程资料中找到，此处不再赘述。

3.2 安装 JDK 与 Hadoop

在准备好集群环境后，我们需要安装 JDK 与 Hadoop。

3.2.1 虚拟机环境准备

在正式安装 JDK 与 Hadoop 前，首先需要在 3 台节点服务器上进行一些配置。

1. 创建安装目录

（1）在/opt 目录下创建 module、software 文件夹。

```
[atguigu@hadoop102 opt]$ sudo mkdir module
[atguigu@hadoop102 opt]$ sudo mkdir software
```

（2）修改 module、software 文件夹的所有者。

```
[atguigu@hadoop102 opt]$ sudo chown atguigu:atguigu module/ software/
[atguigu@hadoop102 opt]$ ll
总用量 8
drwxr-xr-x. 2 atguigu atguigu 4096 1月  17 14:37 module
drwxr-xr-x. 2 atguigu atguigu 4096 1月  17 14:38 software
```

之后所有的软件安装操作将在 module 和 software 文件夹中进行。

2．配置三台虚拟机免密登录

为什么需要配置免密登录呢？这与 Hadoop 分布式集群的架构有关。我们搭建的 Hadoop 分布式集群是主从架构的，配置了节点服务器间免密登录之后，就可以方便地通过主节点服务器启动从节点服务器，而不用手动输入用户名和密码。

（1）免密登录原理如图 3-1 所示。

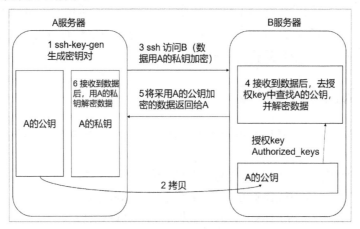

图 3-1　免密登录原理

（2）生成公钥和私钥。

```
[atguigu@hadoop102 .ssh]$ ssh-keygen -t rsa
```

然后连续按三次 Enter 键，就会生成两个文件：id_rsa（私钥）和 id_rsa.pub（公钥）。

（3）将公钥复制到要配置免密登录的目标机器上。

```
[atguigu@hadoop102 .ssh]$ ssh-copy-id hadoop102
[atguigu@hadoop102 .ssh]$ ssh-copy-id hadoop103
[atguigu@hadoop102 .ssh]$ ssh-copy-id hadoop104
```

注意： 需要在 hadoop102 上采用 root 账号，配置免密登录到 hadoop102、hadoop103、hadoop104；还需要在 hadoop103 上采用 atguigu 账号配置免密登录到 hadoop102、hadoop103、hadoop104。

.ssh 文件夹下的文件功能解释如下。

- known_hosts：记录 SSH 访问过计算机的公钥。
- id_rsa：生成的私钥。
- id_rsa.pub：生成的公钥。
- authorized_keys：存放授权过的免密登录服务器公钥。

3．配置时间同步

为什么要配置节点服务器间的时间同步呢？

即将搭建的 Hadoop 分布式集群需要解决两个问题：数据的存储和数据的计算。

Hadoop 对大型文件的存储采用分块的方法，将文件切分成多块，以块为单位，分发到各台节点服务器上进行存储。当这个大型文件再次被访问时，需要从 3 台节点服务器上分别拿出数据，再进行计算。由于计算机之间的通信和数据的传输一般是以时间为约定条件的，如果 3 台节点服务器的时间不一致，就会导致在读取块数据的时候出现时间延迟，进而可能会导致访问文件时间过长，甚至失败，因此配置节点服务器间的时间同步非常重要。

第一步：配置时间服务器（必须是 root 用户）。

（1）检查所有节点服务器 ntp 服务状态和开机自启状态。

```
[root@hadoop102 ~]# systemctl status ntpd
[root@hadoop102 ~]# systemctl is-enabled ntpd
```

（2）在所有节点服务器关闭 ntp 服务和开机自启动。

```
[root@hadoop102 ~]# systemctl stop ntpd
[root@hadoop102 ~]# systemctl disable ntpd
```

（3）修改 ntp 配置文件。

```
[root@hadoop102 ~]# vim /etc/ntp.conf
```

修改内容如下。

① 修改 1（设置本地网络上的主机不受限制），将以下配置前的"#"删除，解开此行注释。

```
#restrict 192.168.10.0 mask 255.255.255.0 nomodify notrap
```

② 修改 2（设置为不采用公共的服务器）。

```
server 0.centos.pool.ntp.org iburst
server 1.centos.pool.ntp.org iburst
server 2.centos.pool.ntp.org iburst
server 3.centos.pool.ntp.org iburst
```

将上述内容修改为：

```
#server 0.centos.pool.ntp.org iburst
#server 1.centos.pool.ntp.org iburst
#server 2.centos.pool.ntp.org iburst
#server 3.centos.pool.ntp.org iburst
```

③ 修改 3（添加一个默认的内部时钟数据，用它为局域网用户提供服务）。

```
server 127.127.1.0
fudge 127.127.1.0 stratum 10
```

（4）修改/etc/sysconfig/ntpd 文件。

```
[root@hadoop102 ~]# vim /etc/sysconfig/ntpd
```

增加如下内容（让硬件时间与系统时间一起同步）。

```
SYNC_HWCLOCK=yes
```

重新启动 ntpd 文件。

```
[root@hadoop102 ~]# systemctl status ntpd
ntpd 已停
[root@hadoop102 ~]# systemctl start ntpd
正在启动 ntpd:                                          [确定]
```

执行：

```
[root@hadoop102 ~]# systemctl enable ntpd
```

第二步：配置其他服务器（必须是 root 用户）。

配置其他服务器每 10 分钟与时间服务器同步一次。

```
[root@hadoop103 ~]# crontab -e
```

编写脚本。

```
*/10 * * * * /usr/sbin/ntpdate hadoop102
```

修改 hadoop103 的节点服务器时间，使其与另外两台节点服务器时间不同步。

```
[root@hadoop103 hadoop]# date -s "2023-1-11 11:11:11"
```

10 分钟后查看该服务器是否与时间服务器同步。

```
[root@hadoop103 hadoop]# date
```

4．编写集群分发脚本

集群间数据的复制通用的两个命令是 scp 和 rsync，其中，rsync 命令可以只对差异文件进行更新，非常方便，但是使用时需要操作者频繁输入各种命令参数，为了能够更方便地使用该命令，我们编写一个集群分发脚本，主要实现目前集群间的数据分发功能。

第一步：脚本需求分析。循环复制文件到所有节点服务器的相同目录下。

（1）原始复制。

```
rsync -rv  /opt/module root@hadoop103:/opt/
```

（2）期望脚本效果。

```
xsync path/filename #要同步的文件路径或文件名
```

（3）在/home/atguigu/bin 目录下存放的脚本，atguigu 用户可以在系统任何地方直接执行。

第二步：脚本实现。

（1）在/home/atguigu 目录下创建 bin 目录，并在 bin 目录下使用 vim 命令创建文件 xsync，文件内容如下。

```
[atguigu@hadoop102 ~]$ mkdir bin
[atguigu@hadoop102 ~]$ cd bin/
[atguigu@hadoop102 bin]$ touch xsync
[atguigu@hadoop102 bin]$ vim xsync
#!/bin/bash
#获取输入参数个数，如果没有参数，则直接退出
pcount=$#
if((pcount==0)); then
echo no args;
exit;
fi

#获取文件名称
p1=$1
fname=`basename $p1`
echo fname=$fname

#获取上级目录到绝对路径
pdir=`cd -P $(dirname $p1); pwd`
echo pdir=$pdir

#获取当前用户名称
user=`whoami`

#循环
for((host=103; host<105; host++)); do
        echo -------------------- hadoop$host -----------------
        rsync -rvl $pdir/$fname $user@hadoop$host:$pdir
done
```

（2）修改脚本 xsync，使其具有执行权限。

```
[atguigu@hadoop102 bin]$ chmod +x xsync
```

（3）调用脚本的形式：xsync 文件名称。

```
[atguigu@hadoop102 bin]$ xsync /home/atguigu/bin
```

3.2.2　安装 JDK

JDK 是 Java 的开发工具箱，是整个 Java 的核心，包括 Java 运行环境、Java 工具和 Java 基础类库，JDK 是学习大数据技术的基础。即将搭建的 Hadoop 分布式集群的安装程序就是用 Java 开发的，所有 Hadoop 分布式集群想要正常运行，必须安装 JDK。

（1）在 3 台虚拟机上分别卸载现有的 JDK。

```
[atguigu@hadoop102 opt]# sudo rpm -qa | grep -i java | xargs -n1 sudo rpm -e --nodeps
[atguigu@hadoop103 opt]# sudo rpm -qa | grep -i java | xargs -n1 sudo rpm -e --nodeps
[atguigu@hadoop104 opt]# sudo rpm -qa | grep -i java | xargs -n1 sudo rpm -e --nodeps
```

（2）将 JDK 导入 opt 目录下的 software 文件夹中。

① 在 Linux 下的 opt 目录中查看软件包是否导入成功。

```
[atguigu@hadoop102 opt]$ cd software/
[atguigu@hadoop102 software]$ ls
jdk-8u212-linux-x64.tar.gz
```

② 解压 JDK 到/opt/module 目录下，tar 命令可用来解压.tar 或者.tar.gz 格式的压缩包，通过-z 选项指定解压.tar.gz 格式的压缩包。-f 选项可用于指定解压文件，-x 选项可用于指定解包操作，-v 选项可用于显示解压过程，-C 选项可用于指定解压路径。

```
[atguigu@hadoop102 software]$ tar -zxvf jdk-8u212-linux-x64.tar.gz -C /opt/module/
```

（3）配置 JDK 环境变量，方便用到 JDK 的程序调用 JDK。

① 先获取 JDK 路径。

```
[atgui@hadoop102 jdk1.8.0_144]$ pwd
/opt/module/jdk1.8.0_212
```

② 新建/etc/profile.d/my_env.sh 文件，需要注意的是，/etc/profile.d 路径属于 root 用户，需要使用 sudo vim 命令才可以对它进行编辑。

```
[atguigu@hadoop102 software]$ sudo vim /etc/profile.d/my_env.sh
```

在 profile 文件末尾添加 JDK 路径，添加的内容如下。

```
#JAVA_HOME
export JAVA_HOME=/opt/module/jdk1.8.0_212
export PATH=$PATH:$JAVA_HOME/bin
```

保存后退出。

```
:wq
```

③ 修改环境变量后，需要执行 source 命令使修改后的文件生效。

```
[atguigu@hadoop102 jdk1.8.0_212]$ source /etc/profile.d/my_env.sh
```

（4）通过执行 java -version 命令，测试 JDK 是否安装成功。

```
[atguigu@hadoop102 jdk1.8.0_212]# java -version
java version "1.8.0_212"
```

如果执行 java -version 命令后无法显示 Java 版本，则执行以下命令重启服务器。

```
[atguigu@hadoop102 jdk1.8.0_212]$ sync
[atguigu@hadoop102 jdk1.8.0_212]$ sudo reboot
```

（5）分发 JDK 给所有节点服务器。

```
[atguigu@hadoop102 jdk1.8.0_212]$ xsync /opt/module/jdk1.8.0_212
```

（6）分发环境变量。

```
[atguigu@hadoop102 jdk1.8.0_212]$ xsync /etc/profile.d/my_env.sh
```

（7）执行 source 命令，使环境变量在每台虚拟机上生效。

```
[atguigu@hadoop103 jdk1.8.0_212]$ source /etc/profile.d/my_env.sh
[atguigu@hadoop104 jdk1.8.0_212]$ source /etc/profile.d/my_env.sh
```

3.2.3　安装 Hadoop

在搭建 Hadoop 分布式集群时，每台节点服务器上的 Hadoop 配置基本相同，所以只需要在 hadoop102 节点服务器上进行操作，配置完成之后同步到另外两台节点服务器上。

（1）将 Hadoop 的安装包 hadoop-3.3.4.tar.gz 导入 opt 目录下的 software 文件夹，该文件夹被指定用来存储各软件的安装包。

① 进入 Hadoop 安装包路径。

```
[atguigu@hadoop102 ~]$ cd /opt/software/
```

② 解压安装包到/opt/module 文件。

```
[atguigu@hadoop102 software]$ tar -zxvf hadoop-3.3.4.tar.gz -C /opt/module/
```

③ 查看是否解压成功。

```
[atguigu@hadoop102 software]$ ls /opt/module/
hadoop-3.3.4
```

（2）将 Hadoop 添加到环境变量，可以直接使用 Hadoop 的相关指令进行操作，而不用指定 Hadoop 的目录。

① 获取 Hadoop 安装路径。

```
[atguigu@ hadoop102 hadoop-3.3.4]$ pwd
/opt/module/hadoop-3.3.4
```

② 打开/etc/profile 文件。

```
[atguigu@ hadoop102 hadoop-3.3.4]$ sudo vim /etc/profile.d/my_env.sh
```

在 profile 文件末尾添加 Hadoop 路径，添加的内容如下。

```
##HADOOP_HOME
export HADOOP_HOME=/opt/module/hadoop-3.3.4
export PATH=$PATH:$HADOOP_HOME/bin
export PATH=$PATH:$HADOOP_HOME/sbin
```

③ 保存后退出。

```
:wq
```

④ 执行 source 命令，使修改后的文件生效。

```
[atguigu@ hadoop102 hadoop-3.3.4]$ source /etc/profile.d/my_env.sh
```

（3）测试是否安装成功。

```
[atguigu@hadoop102 ~]$ hadoop version
Hadoop 3.3.4
```

（4）如果执行 hadoop version 命令后无法显示 Java 版本，则执行以下命令重启服务器。

```
[atguigu@ hadoop101 hadoop-3.3.4]$ sync
[atguigu@ hadoop101 hadoop-3.3.4]$ sudo reboot
```

（5）分发 Hadoop 给所有节点服务器。

```
[atguigu@hadoop100 hadoop-3.3.4]$ xsync /opt/module/hadoop-3.3.4
```

（6）分发环境变量。

```
[atguigu@hadoop100 hadoop-3.3.4]$ xsync /etc/profile.d/my_env.sh
```

（7）执行 source 命令，使环境变量在每台虚拟机上生效。

```
[atguigu@hadoop103 hadoop-3.3.4]$ source /etc/profile.d/my_env.sh
[atguigu@hadoop104 hadoop-3.3.4]$ source /etc/profile.d/my_env.sh
```

3.2.4　Hadoop 的分布式集群部署

Hadoop 的运行模式包括本地模式、伪分布式模式及完全分布式模式。本次主要搭建实际生产环境中比较常用的完全分布式模式，在搭建完全分布式模式之前，需要对集群部署进行提前规划，不要将过多的服务集中到一台节点服务器上。我们将负责管理工作的 NameNode 和 ResourceManager 分别部署在两台节点服务器上，另一台节点服务器上部署 SecondaryNameNode，所有节点服务器均承担 DataNode 和 NodeManager 角色，并且 DataNode 和 NodeManager 通常存储在同一台节点服务器上，所有角色尽量做到均衡分配。

（1）集群部署规划如表 3-2 所示。

表 3-2　集群部署规划

节点服务器	hadoop102	hadoop103	hadoop104
HDFS	NameNode DataNode	DataNode	SecondaryNameNode DataNode
YARN	NodeManager	ResourceManager NodeManager	NodeManager

（2）对集群角色的分配主要依靠配置文件，配置集群文件的细节如下。

① 核心配置文件为 core-site.xml，该配置文件属于 Hadoop 的全局配置文件，我们主要对分布式文件系统 NameNode 的入口地址和分布式文件系统中数据落地到服务器本地磁盘的位置进行配置，代码如下。

```
[atguigu@hadoop102 hadoop]$ vim core-site.xml
<?xml version="1.0" encoding="UTF-8"?>
<?xml-stylesheet type="text/xsl" href="configuration.xsl"?>

<configuration>
    <!-- 指定 NameNode 的地址 -->
    <property>
        <name>fs.defaultFS</name>
        <value>hdfs://hadoop102:8020</value>
    </property>
    <!-- 指定 Hadoop 数据的存储目录 -->
    <property>
        <name>hadoop.tmp.dir</name>
        <value>/opt/module/hadoop-3.3.4/data</value>
    </property>
    <!-- 配置 HDFS 网页登录使用的静态用户为 atguigu -->
    <property>
```

```
        <name>hadoop.http.staticuser.user</name>
        <value>atguigu</value>
    </property>
    <!-- 配置该 atguigu(superUser)允许通过代理访问的主机节点 -->
    <property>
        <name>hadoop.proxyuser.atguigu.hosts</name>
        <value>*</value>
    </property>
    <!-- 配置该 atguigu(superUser)允许通过代理用户所属组 -->
    <property>
        <name>hadoop.proxyuser.atguigu.groups</name>
        <value>*</value>
    </property>
    <!-- 配置该 atguigu(superUser)允许通过代理的用户-->
    <property>
        <name>hadoop.proxyuser.atguigu.users</name>
        <value>*</value>
    </property>
</configuration>
```

② HDFS 的配置文件为 hdfs-site.xml，在这个配置文件中我们主要对 HDFS 文件系统的属性进行配置。

```
[atguigu@hadoop102 hadoop]$ vim hdfs-site.xml
<?xml version="1.0" encoding="UTF-8"?>
<?xml-stylesheet type="text/xsl" href="configuration.xsl"?>

<configuration>
    <!-- NameNode Web 端访问地址-->
    <property>
        <name>dfs.namenode.http-address</name>
        <value>hadoop102:9870</value>
    </property>
    <!-- SecondaryNameNode Web 端访问地址-->
    <property>
        <name>dfs.namenode.secondary.http-address</name>
        <value>hadoop104:9868</value>
    </property>
    <!-- 测试环境指定 HDFS 副本的数量为 1 -->
    <property>
        <name>dfs.replication</name>
        <value>1</value>
    </property>
</configuration >
```

③ 关于 YARN 的配置文件 yarn-site.xml，主要配置如下两个参数。

```
[atguigu@hadoop102 hadoop]$ vim yarn-site.xml
<?xml version="1.0" encoding="UTF-8"?>
<?xml-stylesheet type="text/xsl" href="configuration.xsl"?>

<configuration>
    <!-- 为 NodeManager 配置额外的 shuffle 服务 -->
    <property>
```

```
        <name>yarn.nodemanager.aux-services</name>
        <value>mapreduce_shuffle</value>
    </property>
    <!-- 指定 ResourceManager 的地址-->
    <property>
        <name>yarn.resourcemanager.hostname</name>
        <value>hadoop103</value>
    </property>
    <!-- task 继承 NodeManager 环境变量-->
    <property>
        <name>yarn.nodemanager.env-whitelist</name>

<value>JAVA_HOME,HADOOP_COMMON_HOME,HADOOP_HDFS_HOME,HADOOP_CONF_DIR,CLASSPATH_PREPEND_D
ISTCACHE,HADOOP_YARN_HOME,HADOOP_MAPRED_HOME</value>
    </property>
    <!-- YARN 容器允许分配的最大和最小内存 -->
    <property>
        <name>yarn.scheduler.minimum-allocation-mb</name>
        <value>512</value>
    </property>
    <property>
        <name>yarn.scheduler.maximum-allocation-mb</name>
        <value>4096</value>
    </property>
    <!-- YARN 容器允许管理的物理内存大小 -->
    <property>
        <name>yarn.nodemanager.resource.memory-mb</name>
        <value>4096</value>
    </property>
    <!-- 关闭 YARN 对物理内存和虚拟内存的限制检查 -->
    <property>
        <name>yarn.nodemanager.pmem-check-enabled</name>
        <value>false</value>
    </property>
    <property>
        <name>yarn.nodemanager.vmem-check-enabled</name>
        <value>false</value>
    </property>
    <!-- 开启日志聚集功能 -->
    <property>
        <name>yarn.log-aggregation-enable</name>
        <value>true</value>
    </property>
    <!-- 设置日志聚集服务器地址 -->
    <property>
        <name>yarn.log.server.url</name>
        <value>http://hadoop102:19888/jobhistory/logs</value>
    </property>
    <!-- 设置日志保留时间为 7 天 -->
    <property>
        <name>yarn.log-aggregation.retain-seconds</name>
        <value>604800</value>
```

```
        </property>
</configuration >
```

④ 关于 MapReduce 的配置文件 mapred-site.xml，主要配置一个参数，指明 MapReduce 的运行框架为 YARN。

```
[atguigu@hadoop102 hadoop]$ cp mapred-site.xml.template mapred-site.xml
[atguigu@hadoop102 hadoop]$ vim mapred-site.xml
<?xml version="1.0" encoding="UTF-8"?>
<?xml-stylesheet type="text/xsl" href="configuration.xsl"?>

<configuration>
    <!-- 指定 MapReduce 程序运行在 YARN 上 -->
    <property>
        <name>mapreduce.framework.name</name>
        <value>yarn</value>
    </property>
    <!-- 历史服务器端地址 -->
    <property>
        <name>mapreduce.jobhistory.address</name>
        <value>hadoop102:10020</value>
    </property>
    <!-- 历史服务器 Web 端地址 -->
    <property>
        <name>mapreduce.jobhistory.webapp.address</name>
        <value>hadoop102:19888</value>
    </property>
</configuration >
```

⑤ 主节点服务器 NameNode 和 ResourceManager 的角色在配置文件中已经进行了配置，而从节点服务器的角色还需指定，workers 文件用来配置 Hadoop 分布式集群中各个从节点服务器的角色。如下所示，对 workers 文件进行修改，将 3 台节点服务器全部指定为从节点，启动 DataNode 和 NodeManager 进程。

```
/opt/module/hadoop-3.3.4/etc/hadoop/workers
[atguigu@hadoop102 hadoop]$ vim workers
hadoop102
hadoop103
hadoop104
```

⑥ 在集群上分发配置好的 Hadoop 配置文件，这样 3 台节点服务器都可以享有相同的 Hadoop 配置。

```
[atguigu@hadoop102 hadoop]$ xsync /opt/module/hadoop-3.3.4/
```

⑦ 查看文件分发情况。

```
[atguigu@hadoop103 hadoop]$ cat /opt/module/hadoop-3.3.4/etc/hadoop/core-site.xml
```

（3）启动 Hadoop 分布式集群。

① 如果是第一次启动集群，则需要格式化 NameNode。

```
[atguigu@hadoop102 hadoop-3.3.4]$ hadoop namenode -format
```

② 在配置了 NameNode 的节点服务器后，通过执行 start-dfs.sh 命令启动 HDFS，即可同时启动所有的 DataNode 和 SecondaryNameNode。

```
[atguigu@hadoop102 hadoop-3.3.4]$ sbin/start-dfs.sh
[atguigu@hadoop102 hadoop-3.3.4]$ jps
4166 NameNode
```

```
4482 Jps
4263 DataNode
[atguigu@hadoop103 hadoop-3.3.4]$ jps
3218 DataNode
3288 Jps
[atguigu@hadoop104 hadoop-3.3.4]$ jps
3221 DataNode
3283 SecondaryNameNode
3364 Jps
```

③ 通过执行 start-yarn.sh 命令启动 YARN，即可同时启动 ResourceManager 和所有的 NodeManager。需要注意的是，NameNode 和 ResourceManger 如果不在同一台服务器上，则不能在 NameNode 上启动 YARN，应该在 ResouceManager 所在的服务器上启动 YARN。

```
[atguigu@hadoop103 hadoop-3.3.4]$ sbin/start-yarn.sh
```

通过执行 jps 命令可在各节点服务器上查看进程启动情况，若显示如下内容，则表示启动成功。

```
[atguigu@hadoop103 hadoop-3.3.4]$ sbin/start-yarn.sh
[atguigu@hadoop102 hadoop-3.3.4]$ jps
4166 NameNode
4482 Jps
4263 DataNode
4485 NodeManager
[atguigu@hadoop103 hadoop-3.3.4]$ jps
3218 DataNode
3288 Jps
3290 ResourceManager
3299 NodeManager
[atguigu@hadoop104 hadoop-3.3.4]$ jps
3221 DataNode
3283 SecondaryNameNode
3364 Jps
3389 NodeManager
```

（4）通过 Web UI 查看集群是否启动成功。

① 在 Web 端输入之前配置的 NameNode 的节点服务器地址和端口 9870，即可查看 HDFS 文件系统。例如，在浏览器中输入 http://hadoop102:9870，可以检查 NameNode 和 DataNode 是否正常。NameNode 的 Web 端如图 3-2 所示。

图 3-2　NameNode 的 Web 端

② 通过在 Web 端输入 ResourceManager 地址和端口 8088，可以查看 YARN 上任务的运行情况。例如，在浏览器输入 http://hadoop103:8088 ，即可查看本集群 YARN 的运行情况。YARN 的 Web 端如图 3-3 所示。

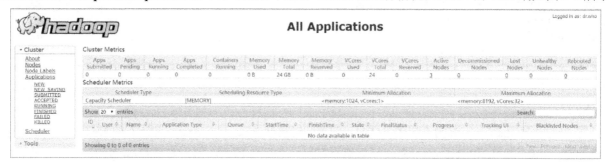

图 3-3　YARN 的 Web 端

（5）运行 PI 实例，检查集群是否启动成功。

在集群任意节点服务器上执行下面的命令，如果看到如图 3-4 所示的运行结果，则说明集群启动成功了。

```
[atguigu@hadoop102 hadoop]$ cd /opt/module/hadoop-3.3.4/share/hadoop/mapreduce/
[atguigu@hadoop102 mapreduce]$ hadoop jar hadoop-mapreduce-examples-3.3.4.jar pi 10 10
```

```
文件(F)  编辑(E)  查看(V)  搜索(S)  终端(T)  帮助(H)
                Reduce input records=20
                Reduce output records=0
                Spilled Records=40
                Shuffled Maps =10
                Failed Shuffles=0
                Merged Map outputs=10
                GC time elapsed (ms)=12714
                CPU time spent (ms)=34750
                Physical memory (bytes) snapshot=3152039936
                Virtual memory (bytes) snapshot=2861973504
                Total committed heap usage (bytes)=2688024576
                Peak Map Physical memory (bytes)=302624768
                Peak Map Virtual memory (bytes)=2606067712
                Peak Reduce Physical memory (bytes)=192966656
                Peak Reduce Virtual memory (bytes)=2606747648
        Shuffle Errors
                BAD_ID=0
                CONNECTION=0
                IO_ERROR=0
                WRONG_LENGTH=0
                WRONG_MAP=0
                WRONG_REDUCE=0
        File Input Format Counters
                Bytes Read=180
        File Output Format Counters
                Bytes Written=97
Job Finished in 52.439 seconds
2020-09-16 15:32:28,485 INFO sasl.SaslDataTransferClient: SASL encryption trust check: localH
ostTrusted = false, remoteHostTrusted = false
Estimated value of Pi is 3.20000000000000000000
```

图 3-4　PI 实例运行结果

最后输出为 Estimated value of Pi is 3.20000000000000000000。

（6）编写集群所有进程查看脚本。

启动集群后，用户需要通过 jps 命令查看各节点服务器进程的启动情况，操作起来比较麻烦，所以我们通过写一个集群所有进程查看脚本，来实现使用一个脚本查看所有节点服务器的所有进程的目的。

①在/home/atguigu/bin 目录下创建脚本 xcall.sh。

```
[atguigu@hadoop102 bin]$ vim xcall.sh
```

②脚本思路：通过 i 变量在 hadoop102、hadoop103 和 hadoop104 节点服务器间遍历，分别通过 ssh 命令进入 3 台节点服务器，执行传入参数指定命令。

在脚本中编写如下内容。

```
#! /bin/bash

for i in hadoop102 hadoop103 hadoop104
do
    echo --------- $i ----------
```

```
      ssh $i "$*"
done
```

③增加脚本执行权限。

```
[atguigu@hadoop102 bin]$ chmod +x xcall.sh
```

④执行脚本。

```
[atguigu@hadoop102 bin]$ xcall.sh jps
--------- hadoop102 ----------
1506 NameNode
2231 Jps
2088 NodeManager
1645 DataNode
--------- hadoop103 ----------
2433 Jps
1924 ResourceManager
1354 DataNode
2058 NodeManager
--------- hadoop104 ----------
1384 DataNode
1467 SecondaryNameNode
1691 NodeManager
1836 Jps
```

3.3 本章总结

本章主要对项目运行所需的环境进行安装和部署，从虚拟机和 CentOS 到 JDK 和 Hadoop，对安装部署过程进行了详细介绍。本章是整个项目的基础，重点在于 Hadoop 集群的搭建和配置，读者务必掌握。

第4章

用户行为数据采集模块

根据第 2 章对于数据采集模块的整体分析，用户行为数据的主要表现就是用户行为日志，所以本章主要采集的数据就是用户行为日志。在介绍如何采集用户行为日志之前，首先讲解用户行为日志是如何生成的，生成的日志是什么格式的，本项目在不对接真实电商项目的前提下又是如何获取海量日志数据的。对于重点采集的部分，将围绕两个重要框架展开——Kafka 和 Flume。如何发挥好 Kafka 消息中间件的作用，以及如何根据需求选定合适的 Flume 组件，将是我们需要重点解决的问题。

4.1 日志生成

4.1.1 数据埋点

用户行为日志的内容主要包括用户的各项行为信息，以及行为所处的环境信息。收集这些信息的主要目的是优化产品和为各项分析统计指标提供数据支撑。通常以埋点方式收集这些信息。

目前主流的埋点方式有代码埋点（前端或后端）、可视化埋点、全埋点。

代码埋点通过调用埋点 SDK 函数，在需要埋点的业务逻辑功能位置调用接口，上报埋点数据。例如，我们在对页面中的某个按钮进行埋点后，当这个按钮被单击时，可以在这个按钮对应的 OnClick()函数中调用 SDK 提供的数据发送接口来发送数据。

可视化埋点只需要研发人员集成采集 SDK，不需要写埋点代码。业务人员可以通过使用分析平台的圈选功能来选出需要对用户行为进行捕捉的控件，并对该事件进行命名。圈选完毕后，这些配置会被同步到各个用户的终端上，由采集 SDK 按照圈选的配置自动进行用户行为日志的采集和发送。

全埋点通过在产品中嵌入采集 SDK，前端就会自动采集页面上的全部用户行为事件，上报埋点数据，相当于先做了一个统一的埋点，然后通过页面对需要在系统中分析的数据进行配置。

埋点数据上报时机包括两种方式。

方式一：在离开该页面时，上传在这个页面发生的所有事情（页面、事件、曝光、错误等）。这种方式的优点是，采用批处理方式，减轻了服务器接收数据的压力；缺点是，响应不是特别及时。

方式二：每个事件、动作、错误等产生后就立即上报。这种方式的优点是，响应及时；缺点是，服务器接收数据的压力比较大。

本项目按照方式一进行埋点。

4.1.2 用户行为日志格式

日志大致可分为两类：一类是页面埋点日志；另一类是启动日志。

（1）页面埋点日志以页面浏览行为为单位，即一次页面浏览行为会生成一条页面埋点日志。一条完整的页面埋点日志包含一个页面浏览记录、用户在该页面所做的若干个动作记录、若干个该页面的曝光记录，以及一个在该页面发生的错误记录。除了上述行为信息，页面埋点日志还包含这些行为所处的各种环境信息，即用户信息、时间信息、地理位置信息、设备信息、应用信息、渠道信息等。

```
{
    "common": {                                    -- 环境信息
        "ar": "15",                                -- 省份 id
        "ba": "iPhone",                            -- 手机品牌
        "ch": "Appstore",                          -- 渠道
        "is_new": "1",                             -- 是否首日使用，首次使用的当日，该字段值为 1，过了 24:00，该字段
置为 0
        "md": "iPhone 8",                          -- 手机型号
        "mid": "YXfhjAYH6As2z9Iq",                 -- 设备 id
        "os": "iOS 13.2.9",                        -- 操作系统
        "sid": "3981c171-558a-437c-be10-da6d2553c517"  -- 会话 id
        "uid": "485",                              -- 会员 id
        "vc": "v2.1.134"                           -- App 版本号
    },
    "actions": [{                                  -- 动作 (事件)
        "action_id": "favor_add",                  -- 动作 id
        "item": "3",                               -- 目标 id
        "item_type": "sku_id",                     -- 目标类型
        "ts": 1585744376605                        -- 动作时间戳
        }
    ],
    "displays": [{                                 -- 曝光
            "displayType": "query",                -- 曝光类型
            "item": "3",                           -- 曝光对象 id
            "item_type": "sku_id",                 -- 曝光对象类型
            "order": 1,                            -- 出现顺序
            "pos_id": 2                            -- 坑位 id
            "pos_seq": 1                           -- 坑位序列号（同一坑位多个对象的编号）
        },
        {
            "displayType": "promotion",
            "item": "6",
            "item_type": "sku_id",
            "order": 2,
            "pos_id": 1
            "pos_seq": 1
        },
        {
            "displayType": "promotion",
            "item": "9",
            "item_type": "sku_id",
            "order": 3,
            "pos_id": 3
            "pos_seq": 1
        },
        {
            "displayType": "recommend",
            "item": "6",
            "item_type": "sku_id",
            "order": 4,
            "pos_id": 2
            "pos_seq": 1
        },
```

33

```
        {
            "displayType": "query ",
            "item": "6",
            "item_type": "sku_id",
            "order": 5,
            "pos_id": 1
            "pos_seq": 1
        }
    ],
    "page": {                             -- 页面信息
        "during_time": 7648,             -- 停留时间（毫秒）
        "item": "3",                     -- 目标 id
        "item_type": "sku_id",           -- 目标类型
        "last_page_id": "login",         -- 上页页面类型 id
        "page_id": "good_detail",        -- 页面类型 id
        "from_pos_id":999,               -- 来源坑位 id
        "from_pos_seq":999,              -- 来源坑位序列号
        "refer_id":"2",                  -- 外部营销渠道 id
        "sourceType": "promotion"        -- 页面来源类型
    },
    "err": {                             --错误
        "error_code": "1234",            --错误码
        "msg": "***********"             --错误信息
    },
    "ts": 1585744374423                  --跳入时间戳
}
```

（2）启动日志以启动行为为单位，即一次启动行为生成一条启动日志。一条完整的启动日志包括一个启动记录、一个本次启动时的错误记录，以及启动时用户所处的环境信息（包括用户信息、时间信息、地理位置信息、设备信息、应用信息、渠道信息等）。

```
{
  "common": {
    "ar": "370000",
    "ba": "Honor",
    "ch": "wandoujia",
    "is_new": "1",
    "md": "Honor 20s",
    "mid": "eQF5boERMJFOujcp",
    "os": "Android 11.0",
    "sid":"a1068e7a-e25b-45dc-9b9a-5a55ae83fc81"
    "uid": "76",
    "vc": "v2.1.134"
  },
  "start": {                             -- 启动信息
    "entry": "icon",                     -- 启动入口类型：icon 手机图标、notice 通知、install 安装后启动
    "loading_time": 18803,               -- 启动加载时间
    "open_ad_id": 7,                     -- 开屏广告 id
    "open_ad_ms": 3449,                  -- 广告播放时间
    "open_ad_skip_ms": 1989              -- 用户跳过广告时间
  },
"err":{                                  --错误
"error_code": "1234",                    --错误码
```

```
    "msg": "***********"    --错误信息
},
    "ts": 1585744304000
}
```

通过以上两个日志数据，我们可以看到，除 common（公共信息）外，一条页面埋点日志通常包含 actions（动作信息）、displays（曝光信息）、page（页面信息）和 err（错误）；一条启动日志包含 start（启动信息）和 err（错误）。

页面信息中的字段如表 4-1 所示。

表 4-1 页面信息中的字段

字 段 名 称	字 段 描 述	字 段 值
page_id	页面类型 id	home("首页"), category("品类页"), discovery("发现页"), top_n("热门排行"), favor("收藏页"), search("搜索页"), good_list("商品列表页"), good_detail("商品详情页"), good_spec("商品规格"), comment("评价"), comment_done("评价完成"), comment_list("评价列表"), cart("购物车"), trade("下单结算"), payment("支付页面"), payment_done("支付完成"), orders_all("全部订单"), orders_unpaid("订单待支付"), orders_undelivered("订单待发货"), orders_unreceipted("订单待收货"), orders_wait_comment("订单待评价"), mine("我的"), activity("活动"), login("登录"), register("注册")
last_page_id	上页页面类型 id	同 page_id
item_type	页面对象类型	sku_id("商品 skuId"), keyword("搜索关键词"), sku_ids("多个商品 skuId"), activity_id("活动 id"), coupon_id("优惠券 id")
item	页面对象 id	页面对象 id 值
sourceType	页面来源类型	promotion("商品推广"), recommend("算法推荐商品"), query("查询结果商品"), activity("促销活动")

字 段 名 称	字 段 描 述	字 段 值
from_pos_id	来源坑位 id	来源坑位 id 值
from_pos_seq	来源坑位序列号	来源坑位序列号值
refer_id	外部营销渠道 id	外部营销渠道 id 值
during_time	停留时间（毫秒）	停留时间毫秒值

动作信息中的字段如表 4-2 所示。

表 4-2　动作信息中的字段

字 段 名 称	字 段 描 述	字 段 值
action_id	动作类型 id	favor_add("收藏"), favor_cancel("取消收藏"), cart_add("添加购物车"), cart_remove("删除购物车"), cart_add_num("增加购物车商品数量"), cart_minus_num("减少购物车商品数量"), trade_add_address("增加收货地址"), get_coupon("领取优惠券")
item_type	动作目标类型	sku_id("商品 id"), coupon_id("优惠券 id")
item	动作目标 id	动作目标 id 值
ts	动作发生时间	时间戳

曝光信息中的字段如表 4-3 所示。

表 4-3　曝光信息中的字段

字 段 名 称	字 段 描 述	字 段 值
displayType	曝光类型	promotion("商品推广"), recommend("算法推荐商品"), query("查询结果商品"), activity("促销活动")
item_type	曝光对象类型	sku_id("商品 id"), activity_id("活动 id")
item	曝光对象 id	曝光对象 id 值
order	曝光顺序	曝光顺序编号
pos_id	坑位 id	营销坑位 id 值
pos_seq	坑位序列号	营销坑位内对象的序列值

启动信息中的字段如表 4-4 所示。

表 4-4　启动信息中的字段

字 段 名 称	字 段 描 述	字 段 值
entry	启动入口	icon("图标"), notification("通知"), install("安装后启动")

字 段 名 称	字 段 描 述	字 段 值
loading_time	启动加载时间	启动加载时间毫秒值
open_ad_id	开屏广告 id	开屏广告 id 值
open_ad_ms	广告播放时间	广告播放时间毫秒值
open_ad_skip_ms	用户跳过广告时间	用户跳过广告时间毫秒值

错误中的字段如表 4-5 所示。

表 4-5　错误中的字段

字 段 名 称	字 段 描 述	字 段 值
error_code	错误编码	数字值
msg	错误信息	具体报错信息

4.1.3　数据模拟

本数据仓库项目，需要读者模仿前端日志数据落盘过程自行生成模拟日志数据，读者可通过"尚硅谷教育"公众号中的项目资料获取这部分代码，可同时获取完整 jar 包。通过后续的日志生成操作，可以在虚拟机的/opt/module/applog/log 目录下生成每日的日志数据。

1．相关文件准备

（1）将 application.yml、gmall-remake-mock-2023-02-17.jar、path.json、logback.xml 上传到 hadoop102 节点服务器的/opt/module/applog 目录下。

```
[atguigu@hadoop102 module]$ mkdir applog
[atguigu@hadoop102 applog]$ ls
application.yml  gmall-remake-mock-2023-02-17.jar  logback.xml  path.json
```

（2）修改 application.yml 配置文件，通过修改该配置文件中的 mock.date 参数，可以得到不同日期的日志数据，读者也可以根据注释并按照自身要求修改其余参数。

```
[atguigu@hadoop102 applog]$ vim application.yml

#外部配置打开
logging.config: ./logback.xml
#配置 JDBC 连接池的相关参数
spring:
  datasource:
    type: com.alibaba.druid.pool.DruidDataSource
    druid:
     url:
jdbc:mysql://hadoop102:3306/gmall?characterEncoding=utf-8&allowPublicKeyRetrieval=true&u
seSSL=false&serverTimezone=GMT%2B8
     username: root
     password: "000000"
     driver-class-name: com.mysql.cj.jdbc.Driver
     max-active: 20
     test-on-borrow: true

mybatis-plus.global-config.db-config.field-strategy: not_null
mybatis-plus: mapper-locations: classpath:mapper/*.xml

mybatis: mapper-locations: classpath:mapper/*.xml
```

```
#业务日期，并非 Linux 系统时间显示的日期，而是生成模拟数据中的日期
mock.date: "2023-06-18"
#清空
mock.clear.busi: 1
#清空用户
mock.clear.user: 0
#批量生成新用户
mock.new.user: 0
#session 次数
mock.user-session.count: 200
#设备最大值
mock.max.mid: 1000000
#是否针对实时生成数据，若启用（置为 1）则数据的 yyyy-MM-dd 与 mock.date 一致而 HH:mm:ss 与系统时间一
致；若禁用则数据的 yyyy-MM-dd 与 mock.date 一致而 HH:mm:ss 随机分布，此处禁用
mock.if-realtime: 0
#访问时间分布权重
mock.start-time-weight: "10:5:0:0:0:0:5:5:5:10:10:15:20:10:10:10:10:10:20:25:30:35:30:20"
#支付类型占比 支付宝：微信：银联
mock.payment_type_weight: "40:50:10"
#页面平均访问时间
mock.page.during-time-ms: 20000
#错误概率 百分比
mock.error.rate: 3
#每条日志发送延迟 ms
mock.log.sleep: 100
#课程详情来源 用户查询，商品推广，智能推荐，促销活动
mock.detail.source-type-rate: "40:25:15:20"
mock.if-cart-rate: 100
mock.if-favor-rate: 70
mock.if-order-rate: 100
mock.if-refund-rate: 50
#搜索关键词
mock.search.keyword: "java,python,多线程,前端,数据库,大数据,hadoop,flink"
#用户数据变化概率
mock.user.update-rate: 20
# 男女浏览品牌比重（11 个品牌）
mock.tm-weight.male: "3:2:5:5:5:1:1:1:1:1:1"
mock.tm-weight.female: "1:5:1:1:2:2:2:5:5:5:5"
#外连类型比重（5 种）
mock.refer-weight: "10:2:3:4:5"
#线程池相关配置
mock.pool.core: 20
mock.pool.max-core: 100
```

（3）修改 path.json 配置文件。通过修改该配置文件，可以灵活配置用户点击路径。

```
[atguigu@hadoop102 applog]$ vim path.json
[
    {"path":["start_app","home","search","good_list","good_detail","good_detail","good_d
etail","cart","order","payment","mine","order_list","end"],"rate":100},
    {"path":["start_app","home","good_list","good_detail","good_detail","good_detail","c
art","end"],"rate":30},
```

```
  {"path":["start_app","home","activity1111","good_detail","cart","good_detail","cart"
,"order","payment","end"],"rate":30},
  {"path":["activity1111","good_detail","activity1111","good_detail","order","payment"
,"end"],"rate":200},
  {"path":["start_app","home","activity1111","good_detail","order","payment","end"],"r
ate":200},
  {"path":["start_app","home","good_detail","order","payment","end"],"rate":30},
  {"path":["good_detail","order","payment","end"],"rate":650},
  {"path":["good_detail"],"rate":30},
  {"path":["start_app","home","mine","good_detail"],"rate":30},
  {"path":["start_app","home","good_detail","good_detail","good_detail","cart","order"
,"payment","end"],"rate":200},
  {"path":["start_app","home","search","good_list","good_detail","cart","order","payme
nt","end"],"rate":200}
]
```

（4）修改 logback.xml 配置文件。通过修改该配置文件可以配置日志生成路径，修改内容如下。

```xml
<?xml version="1.0" encoding="UTF-8"?>
<configuration>
    <property name="LOG_HOME" value="/opt/module/applog/log" />
    <appender name="console" class="ch.qos.logback.core.ConsoleAppender">
        <encoder>
            <pattern>%msg%n</pattern>
        </encoder>
    </appender>

    <appender name="rollingFile" class="ch.qos.logback.core.rolling.RollingFileAppender">
        <rollingPolicy class="ch.qos.logback.core.rolling.TimeBasedRollingPolicy">
            <fileNamePattern>${LOG_HOME}/app.%d{yyyy-MM-dd}.log</fileNamePattern>
        </rollingPolicy>
        <encoder>
            <pattern>%msg%n</pattern>
        </encoder>
    </appender>

    <!-- 单独打印某一个包下的日志 -->
    <logger name="com.atguigu.mock.util.LogUtil"
            level="INFO" additivity="false">
        <appender-ref ref="rollingFile" />
        <appender-ref ref="console" />
    </logger>

    <root level="error"  >
        <appender-ref ref="console_em" />
    </root>
</configuration>
```

2. jar 包使用方式

使用 java -jar 命令运行 jar 包 gmall-remake-mock-2023-02-17.jar 即可模拟生成数据。jar 包共有以下两种使用方式。

（1）方式一：仅生成用户行为日志数据。

在/opt/module/applog 目录下执行日志生成命令。

```
[atguigu@hadoop102 applog]$ java -jar gmall-remake-mock-2023-02-17.jar test 100 2023-06-18
```
在/opt/module/applog/log 目录下查看生成的日志。
```
[atguigu@hadoop102 log]$ ll
```
对参数的解读如下：

①test：表示测试模式，只生成用户行为日志数据，不生成业务数据。

②100：生成日志的会话 session 的个数，每个 session 默认生成 1 条启动日志和 5 条页面日志。

③2023-06-18：测试模式下，模拟生成用户行为日志时，不会加载配置文件，需要通过命令行传参来指定数据日期。

④三个参数的书写顺序不能颠倒，必须与示例一致。

⑤第二个和第三个参数可以省略，默认生成 1000 个 session。

（2）方式二：同时生成用户行为日志数据和业务数据。

在/opt/module/applog 目录下执行日志生成命令。
```
[atguigu@hadoop102 applog]$ java -jar gmall-remake-mock-2023-02-17.jar
```
由于本章主要讲解用户行为日志数据的模拟和采集，因此在本章将只使用方式一，方式二的详细用法将在第 5 章具体讲解。

3．集群所有进程查看脚本

在启动集群后，用户需要通过 jps 命令查看各节点服务器进程的启动情况，操作起来比较麻烦，因此我们通过编写一个集群所有进程查看脚本来实现用一个脚本查看所有节点服务器进程的目的。

（1）在/home/atguigu/bin 目录下创建脚本 xcall.sh。
```
[atguigu@hadoop102 bin]$ vim xcall.sh
```
（2）脚本思路：通过 i 变量在 hadoop102、hadoop103 和 hadoop104 节点服务器间进行遍历，分别通过 ssh 命令进入这 3 台节点服务器，执行传入参数指定命令。

在脚本中编写如下内容。
```
#! /bin/bash

for i in hadoop102 hadoop103 hadoop104
do
        echo --------- $i ----------
        ssh $i "$*"
done
```
（3）增加脚本执行权限。
```
[atguigu@hadoop102 bin]$ chmod +x xcall.sh
```
（4）测试执行 xcall.sh 脚本。
```
[atguigu@hadoop102 bin]$ xcall.sh jps
```

4.2　消息队列 Kafka

Apache Kafka 最早是由 LinkedIn 开源的分布式消息系统，现在是 Apache 旗下的一个顶级子项目，并且已经成为开源领域被广泛应用的消息系统。Kafka 具有数据缓冲和负载均衡的作用，大大减轻了数据存储系统的压力。在向 Kafka 发送日志之前，需要先安装 Kafka，而在安装 Kafka 之前需要先安装 ZooKeeper，用于为 Kafka 提供分布式服务。本节主要带领读者完成 ZooKeeper 和 Kafka 的安装部署。

4.2.1　安装 ZooKeeper

ZooKeeper 是一个能够高效开发和维护分布式应用的协调服务，主要用于为分布式应用提供一致性服务，功能包括维护配置信息、名字服务、分布式同步、组服务等。

ZooKeeper 的安装步骤如下。

1．集群规划

在 hadoop102、hadoop103 和 hadoop104 这 3 台节点服务器上部署 ZooKeeper。

2．解压缩安装包

（1）将 ZooKeeper 安装包解压缩到/opt/module/目录下。

```
[atguigu@hadoop102 software]$ tar -zxvf apache-zookeeper-3.7.1-bin.tar.gz -C /opt/module/
```

（2）将 apache-zookeeper-3.7.1-bin 名称修改为 zookeeper-3.7.1。

```
[atguigu@hadoop102 module]$ mv apache-zookeeper-3.7.1-bin/ zookeeper-3.7.1
```

（3）将/opt/module/zookeeper-3.7.1 目录内容同步到 hadoop103、hadoop104 节点服务器上。

```
[atguigu@hadoop102 module]$ xsync zookeeper-3.7.1/
```

3．配置 zoo.cfg 文件

（1）将/opt/module/zookeeper-3.7.1/conf 目录下的 zoo_sample.cfg 重命名为 zoo.cfg。

```
[atguigu@hadoop102 conf]$ mv zoo_sample.cfg zoo.cfg
```

（2）打开 zoo.cfg 文件。

```
[atguigu@hadoop102 conf]$ vim zoo.cfg
```

在文件中找到如下内容，将数据存储目录 dataDir 做如下配置，这个目录需要自行创建。

```
dataDir=/opt/module/zookeeper-3.7.1/zkData
```

增加如下配置，指出 ZooKeeper 集群的 3 台节点服务器信息。

```
#######################cluster#######################
server.2=hadoop102:2888:3888
server.3=hadoop103:2888:3888
server.4=hadoop104:2888:3888
```

（3）配置参数解读。

```
Server.A=B:C:D。
```

- A 是一个数字，表示第几台服务器。
- B 是这台服务器的 IP 地址。
- C 是这台服务器与集群中的 Leader 服务器交换信息的端口。
- D 表示当集群中的 Leader 服务器无法正常运行时，需要通过一个端口重新选举出一个新的 Leader 服务器，而这个端口就是执行选举时服务器相互通信的端口。

在集群模式下需要配置一个 myid 文件，这个文件存储在配置的 dataDir 的目录下，其中有一个数据就是 A 的值，ZooKeeper 在启动时读取此文件，并将其中的数据与 zoo.cfg 文件中的配置信息进行比较，从而判断是哪台服务器。

（4）分发 zoo.cfg 文件。

```
[atguigu@hadoop102 conf]$ xsync zoo.cfg
```

4．配置服务器编号

（1）在/opt/module/zookeeper-3.7.1/目录下创建 zkData 文件夹。

```
[atguigu@hadoop102 zookeeper-3.7.1]$ mkdir zkData
```

（2）在/opt/module/zookeeper-3.7.1/zkData 目录下创建一个 myid 文件。

```
[atguigu@hadoop102 zkData]$ vi myid
```

在文件中添加与 Server 对应的编号，根据在 zoo.cfg 文件中配置的 Server id 与节点服务器的 IP 地址的对应关系进行添加，例如，在 hadoop102 节点服务器中添加 2。

```
2
```

注意：一定要在 Linux 中创建 myid 文件，若在文本编辑工具中创建，则有可能出现乱码。

（3）将配置好的 myid 文件复制到其他节点服务器上，并分别在 hadoop103、hadoop104 节点服务器上将 myid 文件中的内容修改为 3、4。

```
[atguigu@hadoop102 zookeeper-3.7.1]$ xsync zkData
```

5. 集群操作

（1）在 3 台节点服务器中分别启动 ZooKeeper。

```
[atguigu@hadoop102 zookeeper-3.7.1]# bin/zkServer.sh start
[atguigu@hadoop103 zookeeper-3.7.1]# bin/zkServer.sh start
[atguigu@hadoop104 zookeeper-3.7.1]# bin/zkServer.sh start
```

（2）执行如下命令，在 3 台节点服务器中查看 ZooKeeper 的服务状态。

```
[atguigu@hadoop102 zookeeper-3.7.1]# bin/zkServer.sh status
JMX enabled by default
Using config: /opt/module/zookeeper-3.7.1/bin/../conf/zoo.cfg
Mode: follower
[atguigu@hadoop103 zookeeper-3.7.1]# bin/zkServer.sh status
JMX enabled by default
Using config: /opt/module/zookeeper-3.7.1/bin/../conf/zoo.cfg
Mode: leader
[atguigu@hadoop104 zookeeper-3.7.1]# bin/zkServer.sh status
JMX enabled by default
Using config: /opt/module/zookeeper-3.7.1/bin/../conf/zoo.cfg
Mode: follower
```

4.2.2　ZooKeeper 集群启动、停止脚本

由于 ZooKeeper 没有提供多台服务器同时启动、停止的脚本，而使用单台节点服务器执行服务器启动、停止命令的操作比较烦琐，因此可将 ZooKeeper 启动、停止命令编写成脚本。具体操作步骤如下。

（1）在 hadoop102 节点服务器的/home/atguigu/bin 目录下创建脚本 zk.sh。

```
[atguigu@hadoop102 bin]$ vim zk.sh
```

脚本思路：先执行 ssh 命令分别登录集群节点服务器，再执行启动、停止或查看服务状态的命令。

在脚本中编写如下内容。

```
#! /bin/bash

case $1 in
"start"){
 for i in hadoop102 hadoop103 hadoop104
 do
  ssh $i "/opt/module/zookeeper-3.7.1/bin/zkServer.sh start"
 done
};;
"stop"){
 for i in hadoop102 hadoop103 hadoop104
 do
  ssh $i "/opt/module/zookeeper-3.7.1/bin/zkServer.sh stop"
 done
};;
"status"){
 for i in hadoop102 hadoop103 hadoop104
 do
  ssh $i "/opt/module/zookeeper-3.7.1/bin/zkServer.sh status"
```

```
done
};;
esac
```

（2）增加脚本执行权限。

```
[atguigu@hadoop102 bin]$ chmod +x zk.sh
```

（3）执行 ZooKeeper 集群启动脚本。

```
[atguigu@hadoop102 module]$ zk.sh start
```

（4）执行 ZooKeeper 集群停止脚本。

```
[atguigu@hadoop102 module]$ zk.sh stop
```

4.2.3　安装 Kafka

Kafka 是一个优秀的分布式消息队列系统。将日志消息先发送至 Kafka，可以规避数据丢失的风险，增加数据处理的可扩展性，提高数据处理的灵活性和峰值处理能力，提高系统可用性，为消息消费提供顺序保证，并且可以控制优化数据流经系统的速度，解决消息生产和消息消费速度不一致的问题。

Kafka 集群需要依赖 ZooKeeper 提供服务来保存一些元数据信息，以保证系统的可用性。在完成 ZooKeeper 的安装之后，即可安装 Kafka，具体安装步骤如下。

（1）Kafka 集群规划如表 4-6 所示。

表 4-6　Kafka 集群规划

hadoop102	hadoop103	hadoop104
ZooKeeper	ZooKeeper	ZooKeeper
Kafka	Kafka	Kafka

（2）下载安装包。

下载 Kafka 的安装包。

（3）解压缩安装包。

```
[atguigu@hadoop102 software]$ tar -zxvf kafka_2.12-3.3.1.tgz -C /opt/module/
```

（4）修改解压缩后的文件名称。

```
[atguigu@hadoop102 module]$ mv kafka_2.12-3.3.1/ kafka
```

（5）进入 Kafka 的配置目录，打开 server.properties 配置文件，修改该配置文件，Kafka 的配置文件都是以键–值对的形式存在的，需要修改的内容如下。

```
[atguigu@hadoop102 kafka]$ cd config/
[atguigu@hadoop102 config]$ vim server.properties
```

修改以下内容。

```
# broker 的全局唯一编号，不能重复（修改）
broker.id=0
#broker 对外暴露的 IP 和端口（每个节点服务器单独配置）
advertised.listeners=PLAINTEXT://hadoop102:9092
#处理网络请求的线程数量
num.network.threads=3
#用来处理磁盘 IO 的线程数量
num.io.threads=8
#发送套接字的缓冲区大小
socket.send.buffer.bytes=102400
#接收套接字的缓冲区大小
socket.receive.buffer.bytes=102400
#请求套接字的缓冲区大小
socket.request.max.bytes=104857600
```

```
#Kafka 运行日志（数据）存放的路径，路径不需要提前创建，Kafka 会自动创建，可以配置多个磁盘路径，路径与路径之
间可以用","分隔
log.dirs=/opt/module/kafka/datas
#topic 在当前 broker 上的分区个数
num.partitions=1
#用来恢复和清理 data 下数据的线程数量
num.recovery.threads.per.data.dir=1
# 每个 topic 创建时的副本数，默认为 1 个副本
offsets.topic.replication.factor=1
#segment 文件保留的最长时间，超时将被删除
log.retention.hours=168
#每个 segment 文件的大小，默认最大 1GB
log.segment.bytes=1073741824
# 检查过期数据的时间，默认 5 分钟检查一次数据是否过期
log.retention.check.interval.ms=300000
# 配置连接 ZooKeeper 集群的地址
zookeeper.connect=hadoop102:2181,hadoop103:2181,hadoop104:2181/kafka
```

（6）配置环境变量。将 Kafka 的安装目录配置到系统环境变量中，可以方便用户执行 Kafka 的相关命令。在配置完环境变量后，需要执行 source 命令使环境变量生效。

```
[atguigu@hadoop102 module]# sudo vim /etc/profile.d/my_env.sh
#KAFKA_HOME
export KAFKA_HOME=/opt/module/kafka
export PATH=$PATH:$KAFKA_HOME/bin

[atguigu@hadoop102 module]# source /etc/profile.d/my_env.sh
```

（7）将安装包和环境变量分发到集群其他节点服务器上。

```
[atguigu@hadoop102 ~]# sudo /home/atguigu/bin/xsync /etc/profile.d/my_env.sh
[atguigu@hadoop102 module]$ xsync kafka/
```

分别在 hadoop103 和 hadoop104 节点服务器上修改配置文件/opt/module/kafka/config/server.properties 中的 broker.id 及 advertised.listeners。

```
[atguigu@hadoop103 module]$ vim kafka/config/server.properties
broker.id=1
advertised.listeners=PLAINTEXT://hadoop103:9092
[atguigu@hadoop104 module]$ vim kafka/config/server.properties
broker.id=2
advertised.listeners=PLAINTEXT://hadoop104:9092
```

（8）分别在 hadoop103 和 hadoop104 节点服务器上执行以下命令，使环境变量生效。

```
[atguigu@hadoop103 module]# source /etc/profile.d/my_env.sh
[atguigu@hadoop104 module]# source /etc/profile.d/my_env.sh
```

（9）启动集群。

依次在 hadoop102、hadoop103 和 hadoop104 节点服务器上启动 Kafka。在启动之前应保证 ZooKeeper 处于运行状态。

```
[atguigu@hadoop102 kafka]$ bin/kafka-server-start.sh -daemon config/server.properties
[atguigu@hadoop103 kafka]$ bin/kafka-server-start.sh -daemon config/server.properties
[atguigu@hadoop104 kafka]$ bin/kafka-server-start.sh -daemon config/server.properties
```

（10）关闭集群。

```
[atguigu@hadoop102 kafka]$ bin/kafka-server-stop.sh
[atguigu@hadoop103 kafka]$ bin/kafka-server-stop.sh
[atguigu@hadoop104 kafka]$ bin/kafka-server-stop.sh
```

4.2.4　Kafka 集群启动、停止脚本

同 ZooKeeper 一样，将 Kafka 集群的启动、停止命令编写成脚本，方便以后调用执行。

（1）在/home/atguigu/bin 目录下创建脚本 kf.sh。

```
[atguigu@hadoop102 bin]$ vim kf.sh
```

在脚本中编写如下内容。

```
#! /bin/bash

case $1 in
"start"){
        for i in hadoop102 hadoop103 hadoop104
        do
                echo " --------启动 $i Kafka-------"

                ssh $i "source /etc/profile ; /opt/module/kafka/bin/kafka-server-start.sh
-daemon /opt/module/kafka/config/server.properties "
        done
};;
"stop"){
        for i in hadoop102 hadoop103 hadoop104
        do
                echo " --------停止 $i Kafka-------"
                ssh $i " source /etc/profile ; /opt/module/kafka/bin/kafka-server-stop.sh"
        done
};;
esac
```

（2）增加脚本执行权限。

```
[atguigu@hadoop102 bin]$ chmod +x kf.sh
```

（3）执行 Kafka 集群启动脚本。

```
[atguigu@hadoop102 module]$ kf.sh start
```

（4）执行 Kafka 集群停止脚本。

```
[atguigu@hadoop102 module]$ kf.sh stop
```

4.2.5　Kafka topic 相关操作

本节主要带领读者熟悉 Kafka 的常用命令行操作。在本数据仓库项目中，读者只需学会使用命令行操作 Kafka，若想更加深入地了解 Kafka，体验 Kafka 其他的优秀特性，可以通过"尚硅谷教育"公众号获取Kafka 的相关视频资料，自行学习。

（1）查看 Kafka topic 列表。

```
[atguigu@hadoop102  kafka]$  bin/kafka-topics.sh  --bootstrap-server  hadoop102:9092
--list
```

（2）创建 Kafka topic。

进入/opt/module/kafka/目录，创建一个 Kafka topic。

```
[atguigu@hadoop102 kafka]$ bin/kafka-topics.sh --bootstrap-server hadoop102:9092 --create
--partitions 1 --replication-factor 3 --topic first
```

（3）删除 Kafka topic 的命令。

若在创建主题时出现错误，则可以使用删除 Kafka topic 的命令对主题进行删除。

```
[atguigu@hadoop102 kafka]$ bin/kafka-topics.sh --delete --bootstrap-server hadoop102:9092
--delete --topic first
```

（4）Kafka 控制台生产消息测试。

```
[atguigu@hadoop102 kafka]$ bin/kafka-console-producer.sh \
--bootstrap-server hadoop102:9092 --topic first
>hello world
>atguigu atguigu
```

（5）Kafka 控制台消费消息测试。

```
[atguigu@hadoop102 kafka]$ bin/kafka-console-consumer.sh \
--bootstrap-server hadoop102:9092 --topic first
```

其中，--from-beginning 表示将主题中以往所有的数据都读取出来。用户可根据业务场景选择是否增加该配置。

（6）查看 Kafka topic 详情。

```
[atguigu@hadoop102 kafka]$ bin/kafka-topics.sh --bootstrap-server hadoop102:9092 --describe
--topic first
```

4.3　采集日志的 Flume

如图 4-1 所示，采集日志层 Flume 需要完成的任务为将日志从落盘文件中采集出来，传递给消息队列组件，这期间要保证数据不丢失，程序出现故障导致系统死机后可以快速重启，并对日志进行初步分类，分别发往不同的 Kafka topic，方便后续对日志数据进行分类处理。

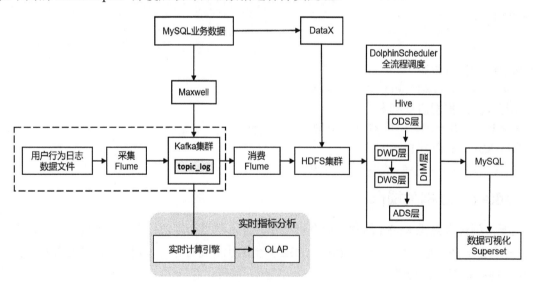

图 4-1　采集日志层 Flume 的流向

4.3.1　Flume 组件

Flume 整体上是 Source-Channel-Sink 的 3 层架构，其中，Source 层用于完成日志的收集，将日志封装成 event（事件）传入 Channel 层；Channel 层主要提供队列的功能，为从 Source 层传入的数据提供简单的缓存功能；Sink 层用于取出 Channel 层的数据，将数据送入存储文件系统，或者对接其他的 Source 层。

Flume 以 Agent 为最小独立运行单位，一个 Agent 就是一个 JVM，单个 Agent 由 Source、Sink 和 Channel 三大组件构成。

Flume 将数据表示为 event，event 由一字节数组的主体 body 和一个 key-value 结构的报头 header 构成。其中，主体 body 中封装了 Flume 传送的数据，报头 header 中容纳的 key-value 信息则是为了给数据增加标识，用于跟踪发送事件的优先级，用户可通过拦截器（Interceptor）进行修改。

Flume 的数据流由 event 贯穿始终，这些 event 由 Agent 外部的 Source 生成，Source 捕获事件后会先对其进行特定的格式化，然后 Source 会把事件推入 Channel，Channel 中的 event 会由 Sink 来拉取，Sink 拉取 event 后可以将 event 持久化或者推向另一个 Source。

此外，Flume 还有一些使其应用更加灵活的组件：拦截器、Channel 选择器（Selector）、Sink 组和 Sink 处理器。其功能如下。

- 拦截器可以部署在 Source 和 Channel 之间，用于对事件进行预处理或者过滤。Flume 内置了很多类型的拦截器，用户也可以自定义拦截器。
- Channel 选择器可以决定 Source 接收的一个特定事件写入哪些 Channel 组件。
- Sink 组和 Sink 处理器可以帮助用户实现负载均衡和故障转移。

4.3.2　Flume 安装

在进行采集日志层的 Flume Agent 配置之前，我们首先需要安装 Flume。Flume 需要被安装部署到每台节点服务器上，具体安装步骤如下。

（1）将 apache-flume-1.10.1-bin.tar.gz 上传到 Linux 的/opt/software 目录下。

（2）将 apache-flume-1.10.1-bin.tar.gz 解压缩到/opt/module/目录下。

```
[atguigu@hadoop102 software]$ tar -zxvf apache-flume-1.10.1-bin.tar.gz -C /opt/module/
```

（3）修改 apache-flume-1.10.1-bin 的名称为 flume。

```
[atguigu@hadoop102 module]$ mv apache-flume-1.10.1-bin flume
```

（4）修改 conf 目录下的 log4j2.xml 配置文件，配置日志文件的存储路径。

```
[atguigu@hadoop102 conf]$ vim log4j2.xml

<?xml version="1.0" encoding="UTF-8"?>
<!--

 Licensed to the Apache Software Foundation (ASF) under one or more
 contributor license agreements.  See the NOTICE file distributed with
 this work for additional information regarding copyright ownership.
 The ASF licenses this file to You under the Apache License, Version 2.0
 (the "License"); you may not use this file except in compliance with
 the License.  You may obtain a copy of the License at

     http://www.apache.org/licenses/LICENSE-2.0

 Unless required by applicable law or agreed to in writing, software
 distributed under the License is distributed on an "AS IS" BASIS,
 WITHOUT WARRANTIES OR CONDITIONS OF ANY KIND, either express or implied.
 See the License for the specific language governing permissions and
 limitations under the License.

-->
<Configuration status="ERROR">
  <Properties>
    <Property name="LOG_DIR">/opt/module/flume/log</Property>
  </Properties>
  <Appenders>
    <Console name="Console" target="SYSTEM_ERR">
      <PatternLayout pattern="%d (%t) [%p - %l] %m%n" />
```

```xml
      </Console>
      <RollingFile name="LogFile" fileName="${LOG_DIR}/flume.log" filePattern="${LOG_DIR}/
archive/flume.log.%d{yyyyMMdd}-%i">
        <PatternLayout    pattern="%d{dd   MMM   yyyy   HH:mm:ss,SSS}    %-5p   [%t]   (%C.%M:%L)
%equals{%x}{[]}{} - %m%n" />
        <Policies>
          <!-- Roll every night at midnight or when the file reaches 100MB -->
          <SizeBasedTriggeringPolicy size="100 MB"/>
          <CronTriggeringPolicy schedule="0 0 0 * * ?"/>
        </Policies>
        <DefaultRolloverStrategy min="1" max="20">
          <Delete basePath="${LOG_DIR}/archive">
            <!-- Nested conditions: the inner condition is only evaluated on files for which the
outer conditions are true. -->
            <IfFileName glob="flume.log.*">
              <!-- Only allow 1 GB of files to accumulate -->
              <IfAccumulatedFileSize exceeds="1 GB"/>
            </IfFileName>
          </Delete>
        </DefaultRolloverStrategy>
      </RollingFile>
    </Appenders>

    <Loggers>
      <Logger name="org.apache.flume.lifecycle" level="info"/>
      <Logger name="org.jboss" level="WARN"/>
      <Logger name="org.apache.avro.ipc.netty.NettyTransceiver" level="WARN"/>
      <Logger name="org.apache.hadoop" level="INFO"/>
<Logger name="org.apache.hadoop.hive" level="ERROR"/>
# 引入控制台输出，方便学习查看日志
      <Root level="INFO">
        <AppenderRef ref="LogFile" />
        <AppenderRef ref="Console" />
      </Root>
    </Loggers>

</Configuration>
```

（5）将配置好的 Flume 分发到集群中的其他节点服务器上。

```
[atguigu@hadoop102 module]$ xsync flume/
```

4.3.3　采集日志的 Flume 配置

1. Flume 配置分析

针对本数据仓库项目，在编写 Flume Agent 配置文件之前，首先需要进行组件选型。

（1）Source。本项目主要从一个实时写入数据的文件夹中读取数据，Source 主要包括 Spooling Directory Source、Exec Source 和 Taildir Source。Taildir Source 相比 Exec Source、Spooling Directory Source 有很多优势。Taildir Source 可以实现断点续传、多目录监控配置。而在 Flume 1.6 版本之前，用户需要自定义 Source 来记录每次读取数据的位置，从而实现断点续传。Exec Source 可以实时搜集数据，但是在 Flume 不运行或者 Shell 命令出错的情况下，数据将会丢失，从而不能记录读取数据的位置，无法实现断点续传。Spooling Directory Source 可以实现目录监控配置，但是不能实时采集数据。

（2）Channel。由于采集日志层 Flume 在读取数据后主要将数据送往 Kafka 消息队列中，因此可以使用 Kafka Channel，同时，使用 Kafka Channel 可以不配置 Sink，从而提高效率。

注意：在 Flume 1.7 版本之前，很少有人使用 Kafka Channel，因为人们发现 parseAsFlumeEvent 这个配置参数不起作用。也就是说，无论将 parseAsFlumeEvent 配置为 true 还是 false，数据都会被转为 Flume event 保存到 Kafka 中。这样造成的结果是，始终把 Flume 的 header 中的信息与内容一起写入 Kafka 的消息队列，这显然不是我们需要的，只需要把内容写入。在 Flume 1.7 版本之后，开发者对这个组件进行了优化，通过配置 parseAsFlumeEvent 参数为 false，可以避免将 Flume 的 header 中的信息与内容一起写入 Kafka 的消息队列。

完整采集日志的 Flume 配置思路如图 4-2 所示，Flume 直接通过 Taildir Source 监控 hadoop102 节点服务器上实时生成的日志文件，通过 Kafka Channel 将校验通过的日志数据发给 Kafka 的 topic_log 主题。

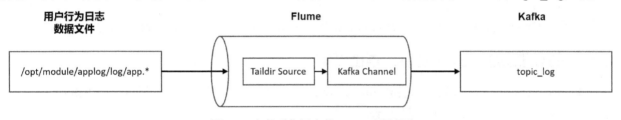

图 4-2　完整采集日志的 Flume 配置思路

2．Flume 具体配置

在 /opt/module/flume/job 目录下创建 file-to-kafka.conf 文件。

```
[atguigu@hadoop102 flume]$ mkdir job
[atguigu@hadoop102 job]$ vim file-to-kafka.conf
```

在文件中配置如下内容，加粗的内容是需要读者特别注意的。

```
#为各组件命名
a1.sources = r1
a1.channels = c1

#描述 Source
a1.sources.r1.type = TAILDIR
a1.sources.r1.filegroups = f1
a1.sources.r1.filegroups.f1 = /opt/module/applog/log/app.*
a1.sources.r1.positionFile = /opt/module/flume/taildir_position.json

#描述 Channel
a1.channels.c1.type = org.apache.flume.channel.kafka.KafkaChannel
a1.channels.c1.kafka.bootstrap.servers = hadoop102:9092,hadoop103:9092
a1.channels.c1.kafka.topic = topic_log
a1.channels.c1.parseAsFlumeEvent = false

#绑定 Source 和 Channel 以及 Sink 和 Channel 的关系
a1.sources.r1.channels = c1
```

4.3.4　采集日志的 Flume 测试

（1）启动 ZooKeeper、Kafka 集群。

```
[atguigu@hadoop102 module]$ zk.sh start
[atguigu@hadoop102 module]$ kf.sh start
```

（2）执行以下命令，在 Kafka 中创建对应 topic（如果已经创建，则可以忽略）。

```
[atguigu@hadoop102 kafka]$ bin/kafka-topics.sh --zookeeper hadoop102:2181/kafka --create
--replication-factor 1 --partitions 1 --topic topic_log
```

（3）执行以下命令启动采集日志的 Flume Agent。

在以下命令中，--name 选项用于指定本次命令执行的 Agent 名字，在本配置文件中为 a1；--conf-file 选项用于指定 job 配置文件的存储路径；--conf 选项用于指定 Flume 配置文件所在的路径。

```
[atguigu@hadoop102 flume]$ bin/flume-ng agent --name a1 --conf-file job/file-to-kafka.conf
--conf conf/
```

（4）启动 Kafka 的控制台消费者，查看 Flume 将数据发送到 Kafka 的情况。

```
[atguigu@hadoop102 kafka]$ bin/kafka-console-consumer.sh \
--bootstrap-server hadoop102:9092 --from-beginning --topic topic_log
```

（5）执行以下命令，模拟生成用户行为日志数据。

```
[atguigu@hadoop102 applog]$ java -jar gmall-remake-mock-2023-02-17.jar test 100 2023-06-18
```

若能看到 Kafka 的控制台在不停地消费日志数据，则表示采集日志的 Flume 配置成功。

4.3.5 采集日志的 Flume 启动、停止脚本

同 Kafka 一样，我们将采集日志层的 Flume 启动、停止命令编写成脚本，以便后续调用执行。

（1）在/home/atguigu/bin 目录下创建脚本 f1.sh。

```
[atguigu@hadoop102 bin]$ vim f1.sh
```

脚本思路：通过匹配输入参数的值，选择是否启动采集程序，启动采集程序后，设置日志不打印，且程序在后台运行。若停止程序，则通过管道符切割等操作获取程序的编号，并通过 kill 命令停止程序。在脚本中编写如下内容。

```
#! /bin/bash

case $1 in
"start"){
    echo " --------启动 hadoop102 采集 flume-------"
    ssh    hadoop102    "nohup    /opt/module/flume/bin/flume-ng    agent    -n    a1    -c
/opt/module/flume/conf/ -f /opt/module/flume/job/file_to_kafka.conf >/dev/null 2>&1 &"
};;
"stop"){
    echo " --------停止 hadoop102 采集 flume-------"
    ssh hadoop102 "ps -ef | grep file_to_kafka | grep -v grep |awk '{print \$2}' | xargs -n1
kill -9 "
};;
esac
```

脚本说明如下。

说明 1：nohup 命令可以在用户退出账户或关闭终端后继续运行相应的进程。nohup 就是"不挂起"的意思，即不间断地运行。

说明 2：

① "ps -ef | grep file-flume-kafka"用于获取 Flume 进程，通过查看结果可以发现存在两个进程 id，但是我们只想获取第一个进程 id（21319）。

```
atguigu 21319      1 57 15:14 ?         00:00:03
......
atguigu 21428 11422 0 15:14 pts/1   00:00:00 grep file-flume-kafka
```

② "ps -ef | grep file-flume-kafka | grep -v grep"用于过滤包含 grep 信息的进程。

```
atguigu 21319      1 57 15:14 ?         00:00:03
```

......

③ "ps -ef | grep file-flume-kafka | grep -v grep |awk '{print \$2}'" 采用 awk，默认用空格分隔后，取第二个字段，获取 21319 进程 id。

④ "ps -ef | grep file-flume-kafka | grep -v grep |awk '{print \$2}' | xargs -n1 kill -9"，xargs 表示获取前一个阶段的运行结果（21319），作为下一个命令 kill 的输入参数。实际执行的是 kill 21319。

（2）增加脚本执行权限。

```
[atguigu@hadoop102 bin]$ chmod +x f1.sh
```

（3）执行 f1 集群启动脚本。

```
[atguigu@hadoop102 module]$ f1.sh start
```

（4）执行 f1 集群停止脚本。

```
[atguigu@hadoop102 module]$ f1.sh stop
```

4.4　消费日志的 Flume

将日志数据从采集日志层 Flume 发送到 Kafka 消息队列后，接下来的工作就是将日志数据进行落盘存储，我们依然将这部分工作交给 Flume 处理，如图 4-3 所示。

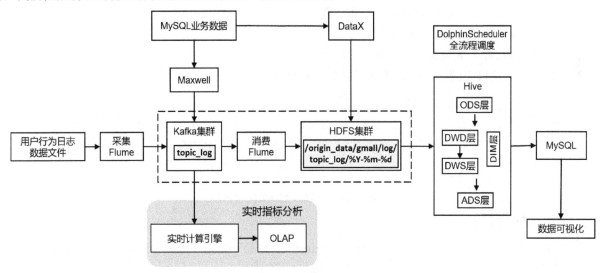

图 4-3　消费日志层 Flume 的流向

将消费日志层 Flume Agent 程序部署在 hadoop104 节点服务器上，实现 hadoop102 节点服务器负责日志的生成和采集，hadoop104 节点服务器负责日志的消费和存储。在实际生产环境中，应尽量做到将不同的任务部署在不同的节点服务器上。消费日志层 Flume 集群规划如表 4-7 所示。

表 4-7　消费日志层 Flume 集群规划

hadoop102	hadoop103	hadoop104
		Flume

4.4.1　消费日志的 Flume 配置

1. Flume 配置分析

消费日志层 Flume 主要从 Kafka 中读取消息，因此本数据仓库项目选用 Kafka Source。

Channel 主要包括 File Channel 和 Memory Channel。Memory Channel 传输数据的速度快，但是因为数据保存在 JVM 的堆内存中，若 Agent 进程失败，则会丢失数据，其应用于对数据质量要求不高的场景。File Channel 相比 Memory Channel 传输数据的速度较慢，但是对数据安全有保障，即使 Agent 进程失败也可以从失败中恢复数据。两种 Channel 各有利弊，对数据要求精度比较高的金融类企业，通常会选用 File Channel。若对数据传输的速度有更高要求，则应选用 Memory Channel。本数据仓库项目选用 File Channel。

可以通过配置 dataDirs 属性指向多个路径，每个路径对应不同的硬盘来增大 Flume 的吞吐量。尽量将 checkpointDir 和 backupCheckpointDir 配置在不同硬盘对应的目录中，以保证在 checkpointDir 出现问题后，可以快速使用 backupCheckpointDir 恢复数据。

本数据仓库项目选用 HDFS Sink，可以将日志数据直接落盘到 HDFS。将日志数据保存到 HDFS，方便后续使用 Hive 等分析计算引擎对日志数据进行分析，但是在使用 HDFS Sink 的同时应注意合理配置相关属性，避免 HDFS 存入大量小文件。

基于 HDFS 的文件保存机制的特性，每个文件都有一份元数据，其中包括文件路径、文件名、所有者、所属组、访问权限、创建时间等，这些信息都保存在 NameNode 的内存中，若小文件过多，则会占用 NameNode 服务器大量内存，影响 NameNode 的性能和使用寿命。在计算层面，默认情况下 MapReduce 程序会对每个小文件开启一个 Map 任务进行计算，非常影响计算性能，也影响磁盘寻址时间。

基于以上考虑，在对 HDFS Sink 进行配置时，可以通过调整 Flume 官方提供的 3 个参数，避免在 HDFS 中写入大量小文件，这 3 个参数分别是 hdfs.rollInterval、hdfs.rollSize、hdfs.rollCount。将 3 个参数的值分别配置为 hdfs.rollInterval=3600、hdfs.rollSize=134217728、hdfs.rollCount =0。几个参数综合作用的效果如下。

（1）文件在达到 128MB 时会滚动生成新文件。

（2）文件创建时间超过 3600 秒时会滚动生成新文件。

（3）不通过 event 个数来决定何时滚动生成新文件。

综上所述，消费日志的 Flume 配置思路如图 4-4 所示。

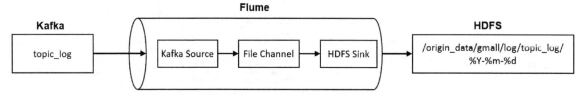

图 4-4　消费日志的 Flume 配置思路

2. Flume 具体配置

（1）在 hadoop104 节点服务器的/opt/module/flume/job 目录下创建 kafka-to-hdfs_log.conf 文件。

```
[atguigu@hadoop104 job]$ vim kafka-to-hdfs_log.conf
```

（2）在 kafka-to-hdfs_log.conf 文件中配置如下内容。

```
## 组件
a1.sources=r1
a1.channels=c1
a1.sinks=k1

## Source1
a1.sources.r1.type = org.apache.flume.source.kafka.KafkaSource
a1.sources.r1.batchSize = 5000
a1.sources.r1.batchDurationMillis = 2000
a1.sources.r1.kafka.bootstrap.servers = hadoop102:9092,hadoop103:9092,hadoop104:9092
a1.sources.r1.kafka.topics=topic_log
a1.sources.r1.interceptors = i1
#拦截器全类名应该根据所编写的拦截器进行配置
a1.sources.r1.interceptors.i1.type =
com.atguigu.gmall.flume.interceptor.TimeStampInterceptor$Builder
```

```
## Channel1
a1.channels.c1.type = file
a1.channels.c1.checkpointDir = /opt/module/flume/checkpoint/behavior1
a1.channels.c1.dataDirs = /opt/module/flume/data/behavior1/
a1.channels.c1.maxFileSize = 2146435071
a1.channels.c1.capacity = 1000000
a1.channels.c1.keep-alive = 6


## Sink
a1.sinks.k1.type = hdfs
a1.sinks.k1.hdfs.path = /origin_data/gmall/log/topic_log/%Y-%m-%d
a1.sinks.k1.hdfs.filePrefix = log-
a1.sinks.k1.hdfs.round = false

## 暂时使用 10 秒的文件滚动，在实际生产中需要修改为 3600 秒
a1.sinks.k1.hdfs.rollInterval = 10
a1.sinks.k1.hdfs.rollSize = 134217728
a1.sinks.k1.hdfs.rollCount = 0

## 控制输出文件为原生文件
a1.sinks.k1.hdfs.fileType = CompressedStream
a1.sinks.k1.hdfs.codeC = gzip

## 拼装
a1.sources.r1.channels = c1
a1.sinks.k1.channel= c1
```

4.4.2　时间戳拦截器

　　由于 Flume 默认会用 Linux 系统时间作为输出到 HDFS 路径的时间。如果数据是 23:59 产生的，Flume 在消费 Kafka 里面的数据时，有可能已经是第二日了，那么这部分数据会被发往第二日的 HDFS 路径。我们希望根据日志中的实际时间，将数据发往 HDFS 路径，因此下面拦截器的作用是获取日志中的实际时间。

　　解决思路：拦截 JSON 格式的日志，通过 fastjson 框架解析 JSON 格式的日志，获取实际时间 ts。将获取的 ts 写入拦截器 header 中，header 的 key 值必须是 timestamp，因为 Flume 框架会根据这个 key 值识别时间并将数据写入 HDFS 对应时间的路径。

　　拦截器的定义步骤如下。

　　（1）创建 Maven 工程：flume-interceptor。

　　（2）创建包名：com.atguigu.gmall.flume.interceptor。

　　（3）在 pom.xml 文件中添加如下依赖。

```
<dependencies>
    <dependency>
        <groupId>org.apache.flume</groupId>
        <artifactId>flume-ng-core</artifactId>
        <version>1.10.0</version>
        <scope>provided</scope>
    </dependency>

    <dependency>
```

```xml
        <groupId>com.alibaba</groupId>
        <artifactId>fastjson</artifactId>
        <version>1.2.62</version>
    </dependency>
</dependencies>

<build>
    <plugins>
        <plugin>
            <artifactId>maven-compiler-plugin</artifactId>
            <version>2.3.2</version>
            <configuration>
                <source>1.8</source>
                <target>1.8</target>
            </configuration>
        </plugin>
        <plugin>
            <artifactId>maven-assembly-plugin</artifactId>
            <configuration>
                <descriptorRefs>
                    <descriptorRef>jar-with-dependencies</descriptorRef>
                </descriptorRefs>
            </configuration>
            <executions>
                <execution>
                    <id>make-assembly</id>
                    <phase>package</phase>
                    <goals>
                        <goal>single</goal>
                    </goals>
                </execution>
            </executions>
        </plugin>
    </plugins>
</build>
```

需要注意的是，<scope></scope>标签中 provided 的含义是在编译时使用该 jar 包，但在打包时不使用该 jar 包，因为集群上已经存在 Flume 的 jar 包了。

（4）在 com.atguigu.gmall.flume.interceptor 包下创建 TimeStampInterceptor 类。

```java
package com.atguigu.gmall.flume.interceptor;

import com.alibaba.fastjson.JSONObject;
import org.apache.flume.Context;
import org.apache.flume.Event;
import org.apache.flume.interceptor.Interceptor;

import java.nio.charset.StandardCharsets;
import java.util.ArrayList;
import java.util.List;
import java.util.Map;

public class TimeStampInterceptor implements Interceptor {
```

```
private ArrayList<Event> events = new ArrayList<>();

@Override
public void initialize() {
}

@Override
public Event intercept(Event event) {
    Map<String, String> headers = event.getHeaders();
    String log = new String(event.getBody(), StandardCharsets.UTF_8);
    JSONObject jsonObject = JSONObject.parseObject(log);
    String ts = jsonObject.getString("ts");
    headers.put("timestamp", ts);
    return event;
}

@Override
public List<Event> intercept(List<Event> list) {
    events.clear();
    for (Event event : list) {
        events.add(intercept(event));
    }
    return events;
}

@Override
public void close() {
}

public static class Builder implements Interceptor.Builder {
    @Override
    public Interceptor build() {
        return new TimeStampInterceptor();
    }

    @Override
    public void configure(Context context) {
    }
}
}
```

（5）打包，如图 4-5 所示。

```
flume-interceptor-1.0-SNAPSHOT.jar
flume-interceptor-1.0-SNAPSHOT-jar-with-dependencies.jar
```

图 4-5 Flume 拦截器 jar 包

（6）将打好的包放入 hadoop102 节点服务器的/opt/module/flume/lib 目录下。

```
[atguigu@hadoop102 lib]$ ls | grep interceptor
flume-interceptor-1.0-SNAPSHOT-jar-with-dependencies.jar
```

（7）将 Flume 分发到 hadoop103、hadoop104 节点服务器。

```
[atguigu@hadoop102 module]$ xsync flume/
```

4.4.3 消费日志的 Flume 测试

（1）启动 ZooKeeper、Kafka、HDFS 集群，如果已经启动，则无须重复执行。

```
[atguigu@hadoop102 ~]$ zk.sh start
[atguigu@hadoop102 ~]$ kf.sh start
[atguigu@hadoop102 ~]$ start-dfs.sh
```

（2）启动采集日志的 Flume Agent。

```
[atguigu@hadoop102 module]$ f1.sh start
```

（3）启动消费日志的 Flume Agent。

```
[atguigu@hadoop102    flume]$    bin/flume-ng    agent    --name    a1   --conf-file   job/
kafka-to-hdfs_log.conf --conf conf/
```

（4）执行以下命令，模拟生成用户行为日志数据。

```
[atguigu@hadoop102 applog]$ java -jar gmall-remake-mock-2023-02-17.jar test 100 2023-06-18
```

（5）观察 HDFS 的 Web 页面，如图 4-6 所示，查看是否有数据文件出现。

图 4-6　HDFS 落盘成功的日志文件

4.4.4 消费日志的 Flume 启动、停止脚本

将消费日志层 Flume 的启动、停止命令编写成脚本，以便后续调用执行。脚本包括启动消费日志层 Flume 程序和根据 Flume 的任务编号停止其运行。与采集日志层 Flume 启动、停止脚本类似，编写步骤如下。

（1）在/home/atguigu/bin 目录下创建脚本 f2.sh。

```
[atguigu@hadoop102 bin]$ vim f2.sh
```

在脚本中编写如下内容。

```
#! /bin/bash

case $1 in
"start")
    echo " --------启动 hadoop104 日志数据 flume-------"
    ssh   hadoop104   "nohup   /opt/module/flume/bin/flume-ng   agent   -n   a1   -c
/opt/module/flume/conf -f /opt/module/flume/job/kafka_to_hdfs_log.conf >/dev/null 2>&1 &"
;;
"stop")

    echo " --------停止 hadoop104 日志数据 flume-------"
    ssh hadoop104 "ps -ef | grep kafka_to_hdfs_log | grep -v grep |awk '{print \$2}' |
xargs -n1 kill"
;;
```

```
esac
```

（2）增加脚本执行权限。

```
[atguigu@hadoop102 bin]$ chmod +x f2.sh
```

（3）执行 f2 集群启动脚本。

```
[atguigu@hadoop102 module]$ f2.sh start
```

（4）执行 f2 集群停止脚本。

```
[atguigu@hadoop102 module]$ f2.sh stop
```

4.5　本章总结

本章主要对用户行为数据采集模块进行了讲解，包括采集框架 Flume 的安装配置、Kafka 的安装部署和 ZooKeeper 的安装部署，并对采集系统的整体框架进行了详细讲解。在本章中，读者除了需要学会搭建完整的数据采集系统，还需要掌握数据采集框架 Flume 的基本用法。例如，如何编辑 Flume 的 Agent 配置文件，以及如何设置 Flume 的各项属性，此外，还应具备一定的 Shell 脚本编写能力，学会编写基本的程序启动、停止脚本。

第5章

业务数据采集模块

第 4 章介绍了如何采集用户行为日志数据，这部分数据只是数据仓库中数据源的一部分，另一部分重要的数据源就是业务数据。业务数据通常是指各企业在处理业务过程中产生的数据，例如，用户在电商网站中注册、下单、支付等过程中产生的数据。业务数据通常是存储在 Oracle、MySQL 等关系数据库中的结构化数据，将业务数据采集到数据仓库系统中是非常有必要的。本章主要讲解业务数据采集模块如何搭建，以及电商业务的基础知识。

5.1 电商业务概述

在进行需求实现之前，先对业务数据仓库的基础理论进行讲解，包含本数据仓库项目主要涉及的电商方面的相关常识及业务流程、电商业务数据表的结构等。

5.1.1 电商业务流程

如图 5-1 所示，电商业务流程以一个普通用户的浏览足迹为例进行讲解，用户打开电商网站首页开始浏览，可能通过品类查询，也可能通过全文搜索寻找自己中意的商品，这些商品信息都被存储在后台的管理系统中。

图 5-1　电商业务流程

当用户找到自己中意的商品，想要购买时，可能将商品添加到购物车，此时发现需要登录，登录后对商品进行结算，这时候购物车的管理和商品订单信息的生成都会对业务数据仓库产生影响，会生成相应的订单数据和支付数据。

订单正式生成后，系统还会对订单进行跟踪处理，直到订单全部完成。

电商的主要业务流程包括用户在前台浏览商品时的商品详情管理，用户将商品加入购物车进行支付时用户个人中心和支付服务的管理，用户支付完成后订单后台服务的管理，这些流程涉及十几张或几十张业务数据表，甚至更多。

数据仓库是用于辅助管理者决策的，与业务流程息息相关，建设数据模型的首要前提是了解业务流程，只有了解了业务流程，才能为数据仓库的建设提供指导方向，从而反过来为业务提供更好的决策数据支撑，让数据仓库的价值实现最大化。

5.1.2　电商常识

SKU 是 Stock Keeping Unit（存货单位）的简称，现在已经被引申为产品统一编号，每种产品均对应唯一的 SKU。SPU 是 Standard Product Unit（标准产品单位）的简称，是商品信息聚合的最小单位，是一组可复用、易检索的标准化信息集合。通过 SPU 表示一类商品的好处就是该类商品各型号间可以共用商品图片、海报、销售属性等。

例如，iPhone 11 手机就是 SPU。一部白色、128GB 内存的 iPhone 11 就是 SKU。在电商网站的商品详情页，所有不同类型的 iPhone 11 手机可以共用商品海报和商品图片等信息，避免了数据的冗余。

平台属性是指在对商品进行检索时所选择的属性值，是一类商品的共有属性，比如当用户选购手机时所关注的内存属性、CPU 属性、屏幕尺寸属性等。销售属性是由该商品的卖家管理的，只是这一件商品的属性，比如当用户购买一部 iPhone 11 手机时所选择的外壳颜色、内存大小等属性。

营销坑位又名"营销展位"，是指电商平台（包括移动端或 PC 端）用来展示产品、促销活动或信息的特定位置。

电商场景中的营销渠道是指可以将用户引流至电商平台的虚拟渠道，如百度推广、小红书软文等。

5.1.3　电商业务表结构

表 5-1～表 5-36 所示为本数据仓库项目电商业务系统中所有的相关表。电商业务表结构对于数据仓库的搭建非常重要，在进行数据导入前，开发人员首先要做的就是熟悉电商业务表结构。

开发人员可按照如下 3 步来熟悉电商业务表结构。

第 1 步大概观察所有表的类型，了解表大概分为哪几类，以及每张表里包含哪些数据，通过观察可以发现，所有表大体与活动、订单、优惠券、用户相关且包括各类码表等。

第 2 步应认真分析了解每张表中每行数据代表的含义，例如，订单表中的一行数据代表的是一条订单信息，用户表中的一行数据代表的是一个用户的信息，评价表中的一行数据代表的是用户对某个商品的一条评价等。

第 3 步要详细查看每张表的每个字段的含义及业务逻辑，通过了解每个字段的含义，可以知道每张表都与哪些表产生了关联，例如，订单表中出现了 user_id 字段，就可以肯定订单表与用户表有关联。表的业务逻辑是指什么操作会造成这张表中数据的修改、删除或新增。还以订单表为例，当用户产生下单行为时，会新增一条订单数据，当订单状态发生变化时，订单状态字段就会被修改。

通过以上 3 步，开发人员可以对所有表做到了然于胸，这对后续数据仓库需求的分析也是大有裨益的。

表 5-1　活动信息表（activity_info）

字　段　名	字　段　说　明
id	活动 id
activity_name	活动名称
activity_type	活动类型（1=满减，2=折扣）
activity_desc	活动描述
start_time	开始时间
end_time	结束时间
create_time	创建时间
operate_time	修改时间

表 5-2　活动规则表（activity_rule）

字　段　名	字　段　说　明
id	活动规则 id
activity_id	活动 id
activity_type	活动类型（1=满减，2=折扣）
condition_amount	满减金额，当活动类型为满减时，此字段有值
condition_num	满减件数，当活动类型为折扣时，此字段有值
benefit_amount	优惠金额，当活动类型为满减时，此字段有值
benefit_discount	优惠折扣，当活动类型为折扣时，此字段有值
benefit_level	优惠级别
create_time	创建时间
operate_time	修改时间

表 5-3　活动商品关联表（activity_sku）

字　段　名	字　段　说　明
id	编号
activity_id	活动 id
sku_id	商品 id
create_time	创建时间

表 5-4　平台属性表（base_attr_info）

字　段　名	字　段　说　明
id	编号
attr_name	平台属性名称
category_id	品类 id
category_level	品类层级

表 5-5　平台属性值表（base_attr_value）

字　段　名	字　段　说　明
id	编号
value_name	平台属性值名称
attr_id	平台属性 id

表 5-6　一级品类表（base_category1）

字　段　名	字　段　说　明
id	一级品类 id
name	一级品类名称
create_time	创建时间
operate_time	修改时间

表 5-7　二级品类表（base_category2）

字 段 名	字 段 说 明
id	二级品类 id
name	二级品类名称
category1_id	一级品类 id
create_time	创建时间
operate_time	修改时间

表 5-8　三级品类表（base_category3）

字 段 名	字 段 说 明
id	三级品类 id
name	三级品类名称
category2_id	二级品类 id
create_time	创建时间
operate_time	修改时间

表 5-9　编码字典表（base_dic）

字 段 名	字 段 说 明
dic_code	编号
dic_name	编码名称
parent_code	父编号
create_time	创建日期
operate_time	修改日期

表 5-10　省份表（base_province）

字 段 名	字 段 说 明
id	省份 id
name	省份名称
region_id	地区 id
area_code	地区编码
iso_code	旧版 ISO-3166-2 编码，供可视化使用
iso_3166_2	新版 ISO-3166-2 编码，供可视化使用
create_time	创建时间
operate_time	修改时间

表 5-11　地区表（base_region）

字 段 名	字 段 说 明
id	地区 id
region_name	地区名称
create_time	创建时间
operate_time	修改时间

表 5-12　品牌表（base_trademark）

字　段　名	字　段　说　明
id	品牌 id
tm_name	品牌名称
logo_url	品牌 Logo 的图片路径
create_time	创建时间
operate_time	修改时间

表 5-13　购物车表（cart_info）

字　段　名	字　段　说　明
id	编号
user_id	用户 id
sku_id	商品 id
cart_price	放入购物车时的价格
sku_num	加购物车件数
img_url	商品图片路径
sku_name	商品名称（冗余）
is_checked	是否被选中
create_time	加购物车时间
operate_time	修改时间
is_ordered	是否已经下单
order_time	下单时间
source_type	来源类型
source_id	来源类型 id

表 5-14　评价表（comment_info）

字　段　名	字　段　说　明
id	编号
user_id	用户 id
nick_name	用户昵称
head_img	头像
sku_id	商品 id
spu_id	标准产品单位 id
order_id	订单 id
appraise	评价（1=好评，2=中评，3=差评）
comment_txt	评价内容
create_time	评价时间
operate_time	修改时间

表 5-15　优惠券信息表（coupon_info）

字　段　名	字　段　说　明
id	编号
coupon_name	优惠券名称
coupon_type	优惠券类型（1=现金券，2=折扣券，3=满减券，4=满件打折券）
condition_amount	满减金额，若优惠券类型为满减券，则此字段有值
condition_num	满减件数，若优惠券类型为满件打折券，则此字段有值
activity_id	活动 id

续表

字　段　名	字　段　说　明
benefit_amount	优惠金额，若优惠券类型为现金券或满减券，则此字段有值
benefit_discount	优惠折扣，若优惠券类型为折扣券或满件打折券，则此字段有值
create_time	创建时间
range_type	范围类型字典码（3301=品类券，3302=品牌券，3303=单品券）
limit_num	最多领取次数
taken_count	已领取次数
start_time	领取开始时间
end_time	领取结束时间
operate_time	修改时间
expire_time	过期时间
range_desc	范围描述

表 5-16　优惠券优惠范围表（coupon_range）

字　段　名	字　段　说　明
id	编号
coupon_id	优惠券 id
range_type	范围类型字典码（3301=品类券，3302=品牌券，3303=单品券）
range_id	优惠范围对象 id

表 5-17　优惠券领用表（coupon_use）

字　段　名	字　段　说　明
id	编号
coupon_id	优惠券 id
user_id	用户 id
order_id	订单 id
coupon_status	优惠券状态（1=未使用，2=已使用）
create_time	创建时间
get_time	领取时间
using_time	使用时间
used_time	支付时间
expire_time	过期时间

表 5-18　收藏表（favor_info）

字　段　名	字　段　说　明
id	编号
user_id	用户 id
sku_id	商品 id
spu_id	标准产品单位 id
is_cancel	是否已取消（0=正常，1=已取消）
create_time	收藏时间
cancel_time	取消收藏时间

表 5-19　订单明细表（order_detail）

字　段　名	字　段　说　明
id	编号
order_id	订单 id

字 段 名	字 段 说 明
sku_id	商品 id
sku_name	商品名称（冗余）
img_url	商品图片地址
order_price	购买价格（下单时的商品价格）
sku_num	购买件数
create_time	创建时间
source_type	来源类型
source_id	来源类型 id
split_total_amount	拆分后商品金额
split_activity_amount	拆分后活动优惠金额
split_coupon_amount	拆分后优惠券优惠金额
operate_time	修改时间

表 5-20 订单明细活动关联表（order_detail_activity）

字 段 名	字 段 说 明
id	编号
order_id	订单 id
order_detail_id	订单明细 id
activity_id	活动 id
activity_rule_id	活动规则 id
sku_id	商品 id
create_time	创建时间
operate_time	修改时间

表 5-21 订单明细优惠券关联表（order_detail_coupon）

字 段 名	字 段 说 明
id	编号
order_id	订单 id
order_detail_id	订单明细 id
coupon_id	优惠券 id
coupon_use_id	优惠券领取 id
sku_id	商品 id
create_time	创建时间
operate_time	修改时间

表 5-22 订单表（order_info）

字 段 名	字 段 说 明
id	编号
consignee	收件人
consignee_tel	收件人电话
total_amount	总金额
order_status	订单状态
user_id	用户 id

续表

字 段 名	字 段 说 明
payment_way	付款方式
delivery_address	送货地址
order_comment	订单备注
out_trade_no	订单交易编号（第三方支付用）
trade_body	订单描述（第三方支付用）
create_time	创建时间
operate_time	修改时间
expire_time	失效时间
process_status	进度状态
tracking_no	物流单编号
parent_order_id	父订单编号
img_url	商品图片路径
province_id	省份 id
activity_reduce_amount	促销金额
coupon_reduce_amount	优惠券优惠金额
original_total_amount	原价金额
feight_fee	运费
feight_fee_reduce	运费减免
refundable_time	可退款日期（签收后 30 日）

表 5-23　退单表（order_refund_info）

字 段 名	字 段 说 明
id	编号
user_id	用户 id
order_id	订单 id
sku_id	商品 id
refund_type	退款类型
refund_num	退单商品件数
refund_amount	退款金额
refund_reason_type	原因类型
refund_reason_txt	原因内容
refund_status	退款状态（0=待审批，1=已退款）
create_time	创建时间
operate_time	修改时间

表 5-24　订单状态流水表（order_status_log）

字 段 名	字 段 说 明
id	编号
order_id	订单 id
order_status	订单状态
create_time	创建时间
operate_time	修改时间

表 5-25　支付表（payment_info）

字　段　名	字　段　说　明
id	编号
out_trade_no	对外业务编号
order_id	订单 id
user_id	用户 id
payment_type	支付类型（微信或支付宝）
trade_no	交易编号
total_amount	支付金额
subject	交易内容
payment_status	支付状态
create_time	创建时间
callback_time	回调时间
callback_content	回调信息
operate_time	修改时间

表 5-26　退款表（refund_payment）

字　段　名	字　段　说　明
id	编号
out_trade_no	对外业务编号
order_id	订单 id
sku_id	商品 id
payment_type	支付类型（微信或支付宝）
trade_no	交易编号
total_amount	退款金额
subject	交易内容
refund_status	退款状态
create_time	创建时间
callback_time	回调时间
callback_content	回调信息
operate_time	修改时间

表 5-27　SKU 平台属性表（sku_attr_value）

字　段　名	字　段　说　明
id	编号
attr_id	平台属性 id（冗余）
value_id	平台属性值 id
sku_id	商品 id
attr_name	平台属性名称
value_name	平台属性值名称
create_time	创建时间
operate_time	修改时间

表 5-28　SKU 信息表（sku_info）

字　段　名	字　段　说　明
id	商品 id
spu_id	标准产品单位 id

字　段　名	字　段　说　明
price	价格
sku_name	商品名称
sku_desc	商品描述
weight	重量
tm_id	品牌 id（冗余）
category3_id	三级品类 id（冗余）
sku_default_img	默认显示图片（冗余）
is_sale	是否在售（1=是，0=否）
create_time	创建时间
operate_time	修改时间

表 5-29　SKU 销售属性表（sku_sale_arrt_value）

字　段　名	字　段　说　明
id	编号
sku_id	商品 id
spu_id	标准产品单位 id（冗余）
sale_attr_value_id	销售属性值 id
sale_attr_id	销售属性 id
sale_attr_name	销售属性名称
sale_attr_value_name	销售属性值名称
create_time	创建时间
operate_time	修改时间

表 5-30　SPU 信息表（spu_info）

字　段　名	字　段　说　明
id	标准产品单位 id
spu_name	标准产品单位名称
description	商品描述（后台简述）
category3_id	三级品类 id
tm_id	品牌 id
create_time	创建时间
operate_time	修改时间

表 5-31　SPU 销售属性表（spu_sale_attr）

字　段　名	字　段　说　明
id	编号（业务中无关联）
spu_id	标准产品单位 id
sale_attr_id	销售属性 id
sale_attr_name	销售属性名称（冗余）
create_time	创建时间
operate_time	修改时间

表 5-32　SPU 销售属性值表（spu_sale_attr_value）

字　段　名	字　段　说　明
id	编号
spu_id	标准产品单位 id

续表

字 段 名	字 段 说 明
sale_attr_id	销售属性 id
sale_attr_value_name	销售属性值名称
sale_attr_name	销售属性名称（冗余）
create_time	创建时间
operate_time	修改时间

表 5-33　用户地址表（user_address）

字 段 名	字 段 说 明
id	编号
user_id	用户 id
province_id	省份 id
user_address	用户地址
consignee	收件人
phone_num	手机号码
is_default	是否是默认的
create_time	创建时间
operate_time	修改时间

表 5-34　用户表（user_info）

字 段 名	字 段 说 明
id	编号
login_name	用户名称
nick_name	用户昵称
passwd	用户密码
name	用户姓名
phone_num	手机号码
email	邮箱
head_img	头像
user_level	用户级别
birthday	用户生日
gender	性别（M=男，F=女）
create_time	创建时间
operate_time	修改时间
status	状态

表 5-35　营销坑位表（promotion_pos）

字 段 名	字 段 说 明
id	营销坑位 id
pos_location	营销坑位位置
pos_type	营销坑位类型
promotion_type	营销类型
create_time	创建时间
operate_time	修改时间

表 5-36　营销渠道表（promotion_refer）

字　段　名	字　段　说　明
id	营销渠道 id
refer_location	营销渠道名称
create_time	创建时间
operate_time	修改时间

如图 5-2 和图 5-3 所示为本电商数据仓库系统涉及的业务数据表关系图。图 5-2 所示为电商业务相关表关系图。图 5-3 所示为后台管理系统相关表关系图。前面所述的 36 张表以订单表、用户表、SKU 信息表、活动规则表和优惠券信息表为中心，延伸出了优惠券领用表、支付表、订单明细表、订单状态流水表、评价表、退款表等。用户表用于提供用户的详细信息，支付表用于提供订单的支付详情，订单明细表用于提供订单的商品数量等信息，SKU 信息表用于为订单明细表提供商品的详细信息。

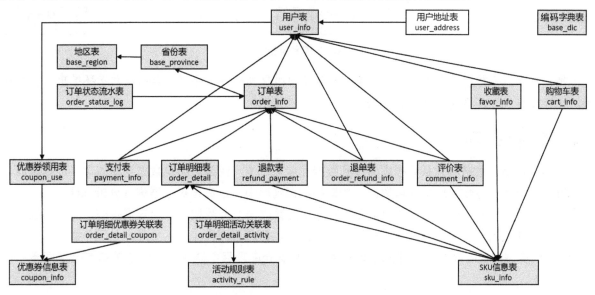

图 5-2　电商业务相关表关系图

如果只通过图片了解表之间的关系，则熟悉起来会比较困难。建议读者以业务线为主要思路来进行梳理，如图 5-2 所示，每条业务线都会涉及一张本业务的主表。例如：

- 评价业务涉及的表有评价表。
- 收藏业务涉及的表有收藏表、用户表、SKU 信息表。
- 加购物车业务涉及的表有购物车表、用户表和 SKU 信息表。
- 领取优惠券业务涉及的表有优惠券领用表、用户表、优惠券信息表。
- 下单业务属于比较复杂的业务，涉及的表也比较多，有订单表、用户表、省份表、地区表、订单状态流水表、订单明细表、订单明细优惠券关联表、订单明细活动关联表、优惠券信息表、活动规则表。
- 支付业务涉及的表有支付表、订单表、用户表。
- 退单业务涉及的表有退单表、订单表、用户表、SKU 信息表。
- 退款业务涉及的表有退款表、订单表、SKU 信息表。
- 评价业务涉及的表有评价表、用户表、订单表、SKU 信息表。

后台管理系统涉及的表主要分为 3 个部分，分别是商品部分、活动部分和优惠券部分。商品部分以 SKU 信息表为中心，活动部分以活动商品关联表为中心，优惠券部分以优惠券优惠范围表为中心，如图 5-3 所示。

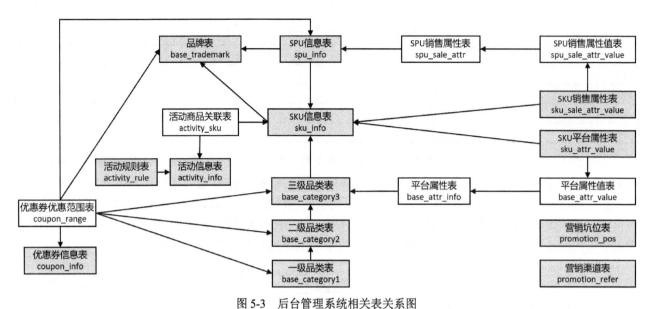

图 5-3 后台管理系统相关表关系图

注意：如图 5-2 和图 5-3 所示，浅色底纹的表无须同步至数据仓库中。在实际开发环境中，开发人员会根据统计指标规划需要同步的业务数据表。

5.1.4 数据同步策略

数据同步是指将数据从关系数据库同步到数据存储系统中，业务数据是数据仓库的重要数据来源，我们需要每日定时从业务数据库中抽取数据，传输到数据仓库中，之后再对数据进行分析统计。

为保证统计结果的正确性，需要保证数据仓库中的数据与业务数据库中的数据是同步的。离线数据仓库的计算周期通常为日，因此数据同步周期也通常为日，即每日同步一次。

针对不同类型的表应该设置不同的同步策略，本数据仓库项目主要用到的同步策略有全量同步和增量同步。

1. 每日全量同步策略

每日全量同步策略，就是每日存储一份完整数据作为一个分区，如图 5-4 所示。该同步策略适用于表数据量不大，且每日既有新数据插入，又有旧数据修改的场景。

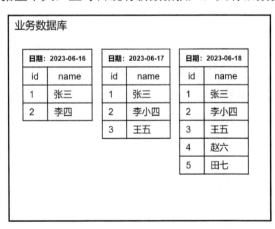

图 5-4 每日全量同步策略示意图

维度表（如品牌表、活动规则表、优惠券信息表）数据量通常比较小，可以进行每日全量同步，即每日存储一份完整数据。

2. 每日增量同步策略

每日增量同步策略，就是每日存储一份增量数据作为一个分区，如图 5-5 所示。该同步策略每日只将业务数据中的新增及变化数据同步到数据仓库中。采用每日增量同步策略的表，通常需要在首日先进行一次全量同步。每日增量同步策略适用于表数据量大，且每日只有新数据插入的场景。

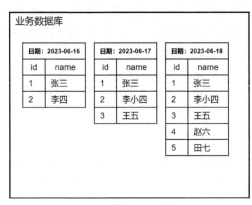 

图 5-5　每日增量同步策略示意图

例如，支付表每日只会发生数据的新增，不会发生历史数据的修改，适合采用每日增量同步策略。

以上两种数据同步策略都能保证数据仓库和业务数据库的数据同步，那么应该如何选择呢？下面对这两种策略进行简要对比，如表 5-37 所示。

表 5-37　同步策略对比

同步策略	优　点	缺　点
每日全量同步策略	逻辑简单	在某些情况下效率较低。例如，某张表数据量较大，但是每日数据的变化比例很低，若采用每日全量同步策略，则会重复同步和存储大量相同的数据
每日增量同步策略	效率高，无须同步和存储重复数据	逻辑复杂，需要将每日的新增及变化数据与原来的数据进行整合，才能使用

根据上述对比，可以得出以下结论：

若业务表数据量比较大，且每日数据变化的比例比较低，则应采用每日增量同步策略，否则采用每日全量同步策略。

针对现有 36 张表的特点制定各表的同步策略，如图 5-6 所示。

图 5-6　业务数据表同步策略

其中，cart_info 表在全量同步策略与增量同步策略中均有出现，此处暂不做解释，在后续章节中会进行详细讲解。

5.1.5 数据同步工具选择

数据同步工具种类繁多，大致可分为两类：一类是以 DataX、Sqoop 为代表的基于 select 查询的离线批量同步工具；另一类是以 Maxwell、Canal 为代表的基于数据库数据变动日志（如 MySQL 的 binlog，它会实时记录数据库所有的 insert、update 及 delete 操作）的实时流式同步工具。

全量同步通常使用 DataX、Sqoop 等基于 select 查询的离线批量同步工具，而增量同步既可以使用 DataX、Sqoop 等工具，也可以使用 Maxwell、Canal 等工具。增量同步工具对比如表 5-38 所示。

表 5-38　增量同步工具对比

增量同步工具	对数据库的要求	数据的中间状态
DataX/Sqoop	基于 select 查询，若想通过 select 查询获取新增及变化数据，就要求数据表中存在 create_time、update_time 等字段，然后根据这些字段获取变动数据	由于是离线批量同步，因此若一条数据在一日内变化多次，则该方案只能获取最后一个状态，无法获取中间状态
Maxwell/Canal	要求数据库记录变动操作，如 MySQL 需要开启 binlog	由于是实时获取所有的数据变动操作，因此可以获取变动数据的所有中间状态

基于表 5-38，本数据仓库项目选用 Maxwell 作为增量同步工具，以保证采集到所有的数据变动操作，获取变动数据的所有中间状态；选用 DataX 作为全量同步工具。

5.2　业务数据采集

业务数据通常存储在关系数据库中。为了采集数据，首先要生成业务数据，然后选用合适的数据采集工具。本数据仓库项目选用 MySQL 作为业务数据的生成和存储数据库，选用 DataX、Maxwell 作为数据采集工具。本节主要讲解 MySQL、DataX 和 Maxwell 的安装部署、业务数据的生成和业务数据导入数据仓库的相关内容。

5.2.1 MySQL 安装

1. 安装包准备

将本书附赠资料中的 MySQL 安装包和后续需要执行的脚本文件全部上传至/opt/software/mysql 目录下。

```
[atguigu@hadoop102~]# mkdir /opt/software/mysql
[atguigu@hadoop102 software]$ cd /opt/software/mysql/
[atguigu@hadoop102 mysql]$ ll
install_mysql.sh
mysql-community-client-8.0.31-1.el7.x86_64.rpm
mysql-community-client-plugins-8.0.31-1.el7.x86_64.rpm
mysql-community-common-8.0.31-1.el7.x86_64.rpm
mysql-community-icu-data-files-8.0.31-1.el7.x86_64.rpm
mysql-community-libs-8.0.31-1.el7.x86_64.rpm
mysql-community-libs-compat-8.0.31-1.el7.x86_64.rpm
mysql-community-server-8.0.31-1.el7.x86_64.rpm
mysql-connector-j-8.0.31.jar
```

2. 安装

（1）如果读者采用的是阿里云服务器，则需要执行这一步。如果读者使用的是个人计算机上的虚拟机系统，则跳过这一步。

由于阿里云服务器默认安装的是 Linux 最小版系统，缺乏 libaio 依赖，需要单独安装。

①卸载 MySQL 依赖。虽然此时服务器上尚未安装 MySQL，但是这一步必不可少。

```
[atguigu@hadoop102 mysql]# sudo yum remove mysql-libs
```

②下载 libaio 依赖并安装。

```
[atguigu@hadoop102 mysql]# sudo yum install libaio
[atguigu@hadoop102 mysql]# sudo yum -y install autoconf
```

（2）在 hadoop102 节点服务器上执行以下命令，切换至 root 用户。

```
[atguigu@hadoop102 mysql]$ su root
```

（3）执行/opt/software/mysql/目录下的 install_mysql.sh 脚本。

脚本的内容如下所示，通过以下脚本安装 MySQL 后，MySQL 的 root 用户登录密码为 000000。

```
[root@hadoop102 mysql]# vim install_mysql.sh

#!/bin/bash
set -x
[ "$(whoami)" = "root" ] || exit 1
[ "$(ls *.rpm | wc -l)" = "7" ] || exit 1
test -f mysql-community-client-8.0.31-1.el7.x86_64.rpm && \
test -f mysql-community-client-plugins-8.0.31-1.el7.x86_64.rpm && \
test -f mysql-community-common-8.0.31-1.el7.x86_64.rpm && \
test -f mysql-community-icu-data-files-8.0.31-1.el7.x86_64.rpm && \
test -f mysql-community-libs-8.0.31-1.el7.x86_64.rpm && \
test -f mysql-community-libs-compat-8.0.31-1.el7.x86_64.rpm && \
test -f mysql-community-server-8.0.31-1.el7.x86_64.rpm || exit 1


# 卸载 MySQL
systemctl stop mysql mysqld 2>/dev/null
rpm -qa | grep -i 'mysql\|mariadb' | xargs -n1 rpm -e --nodeps 2>/dev/null
rm -rf /var/lib/mysql /var/log/mysqld.log /usr/lib64/mysql /etc/my.cnf /usr/my.cnf


set -e
# 安装并启动 MySQL
yum install -y *.rpm >/dev/null 2>&1
systemctl start mysqld


#更改密码级别并重启 MySQL
sed -i '/\[mysqld\]/avalidate_password.length=4\nvalidate_password.policy=0' /etc/my.cnf
systemctl restart mysqld


# 更改 MySQL 配置
tpass=$(cat /var/log/mysqld.log | grep "temporary password" | awk '{print $NF}')
cat << EOF | mysql -uroot -p"${tpass}" --connect-expired-password >/dev/null 2>&1
set password='000000';
update mysql.user set host='%' where user='root';
alter user 'root'@'%' identified with mysql_native_password by '000000';
flush privileges;
EOF
```

执行脚本。

```
[root@hadoop102 mysql]# sh install_mysql.sh
```

（4）在 hadoop102 节点服务器上从 root 用户退出至 atguigu 用户。

```
[root@hadoop102 mysql]# exit
```

3．使用 MySQL 可视化客户端建库建表

业务数据的建库、建表通过导入脚本完成。建议读者安装一个数据库可视化工具，本节以 Navicat 为例进行讲解。Navicat 的安装包可以在本书提供的公众号中获取，安装过程不再讲解，数据生成步骤如下。

（1）通过 Navicat 创建数据库 gmall，如图 5-7 所示。

图 5-7　新建数据库

（2）设置数据库名、字符集和排序规则，如图 5-8 所示。

图 5-8　设置数据库名、字符集和排序规则

（3）运行 SQL 文件，导入数据库结构脚本，文件选择数据库结构脚本所在路径，即可创建所有的业务数据表，如图 5-9 所示。

图 5-9　运行 SQL 文件

5.2.2　业务数据生成

1．jar 包使用方式

在第 4 章的用户行为日志数据的模拟过程中，我们上传了用于模拟数据的配置文件和 jar 包。在讲解 jar 包的使用方式时曾经提到过，使用 java -jar 命令运行 jar 包 gmall-remake-mock-2023-02-17.jar 可以同时生成用户行为日志数据和业务数据。

配置文件 application.yml 中有几项关键的配置项会影响到业务数据的模拟生成，如下所示。

```
#业务日期，并非 Linux 系统时间的日期，而是生成模拟数据中的日期
mock.date: "2023-06-18"
#是否清空业务（business）数据，1 表示清空，0 表示不清空
mock.clear.busi: 1
#是否清空用户表中的数据，1 表示清空，0 表示不清空
mock.clear.user: 1
#批量生成新用户
mock.new.user: 0
```

第一次模拟生成业务数据时，应将以上配置项修改成以下值，表示清空业务数据库中的原有数据，并生成一定数量的新用户。

```
mock.date: "2023-06-18"
mock.clear.busi: 1
mock.clear.user: 1
mock.new.user: 100
```

以后生成业务数据时，将配置项保持以下值，并通过修改业务日期生成不同日期的数据。若需要产生新用户数据，则根据需求修改 mock.new.user 配置项。

```
mock.date: "2023-06-08"
mock.clear.busi: 0
mock.clear.user: 0
mock.new.user: 0
```

2．数据模拟实战

（1）修改 application.yml 文件，关键配置项如下所示，mock.date 参数设置为 2023-06-14，mock.clear.busi 和 mock.clear.user 参数 1，表示清空原有数据，生成第一天 2023-06-14 的业务数据。

```
mock.date: "2023-06-14"
mock.clear.busi: 1
mock.clear.user: 1
mock.new.user: 500
```

在/opt/module/applog 目录下执行以下命令，生成 2023-06-14 的业务数据。

```
[atguigu@hadoop102 applog]$ java -jar gmall-remake-mock-2023-02-17.jar
```

在 Navicat 中查看新生成的数据，如图 5-10 所示。

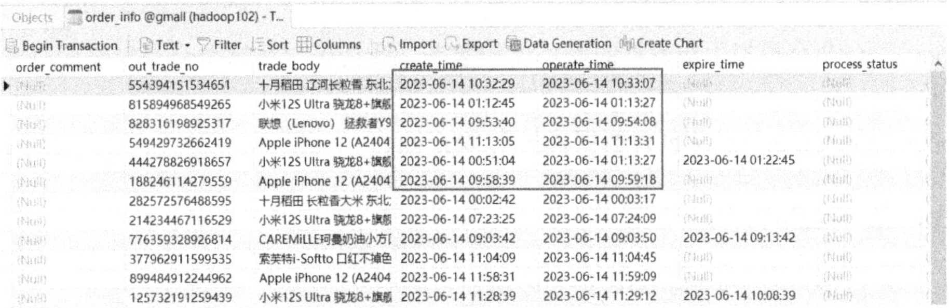

order_comment	out_trade_no	trade_body	create_time	operate_time	expire_time	process_status
(Null)	554394151534651	十月稻田 辽河长粒香 东北	2023-06-14 10:32:29	2023-06-14 10:33:07	(Null)	(Null)
(Null)	815894968549265	小米12S Ultra 骁龙8+旗舰	2023-06-14 01:12:45	2023-06-14 01:13:27	(Null)	(Null)
(Null)	828316198925317	联想（Lenovo）拯救者Y9	2023-06-14 09:53:40	2023-06-14 09:54:08	(Null)	(Null)
(Null)	549429732662419	Apple iPhone 12 (A2404	2023-06-14 11:13:05	2023-06-14 11:13:31	(Null)	(Null)
(Null)	444278826918657	小米12S Ultra 骁龙8+旗舰	2023-06-14 00:51:04	2023-06-14 01:13:27	2023-06-14 01:22:45	(Null)
(Null)	188246114279559	Apple iPhone 12 (A2404	2023-06-14 09:58:39	2023-06-14 09:59:18	(Null)	(Null)
(Null)	282572576488595	十月稻田 长粒香大米 东北	2023-06-14 00:02:42	2023-06-14 00:03:17	(Null)	(Null)
(Null)	214234467116529	小米12S Ultra 骁龙8+旗舰	2023-06-14 07:23:25	2023-06-14 07:24:09	(Null)	(Null)
(Null)	776359328926814	CAREMiLLE珂曼奶油小方[	2023-06-14 09:03:42	2023-06-14 09:03:50	2023-06-14 09:13:42	(Null)
(Null)	377962911599535	索芙特i-Softto 口红不掉色	2023-06-14 11:04:09	2023-06-14 11:04:45	(Null)	(Null)
(Null)	899484912244962	Apple iPhone 12 (A2404	2023-06-14 11:58:31	2023-06-14 11:59:09	(Null)	(Null)
(Null)	125732191259439	小米12S Ultra 骁龙8+旗舰	2023-06-14 11:28:39	2023-06-14 11:29:12	2023-06-14 10:08:39	(Null)

图 5-10　新生成的 2023-06-14 的业务数据

（2）修改 application.yml 文件，关键配置项如下所示，mock.date 设置为 2023-06-15，mock.clear.busi 和 mock.clear.user 设置为 0，表示不清空原有数据，生成 2023-06-15 的业务数据。mock.new.user 根据用户需要设置。

```
mock.date: "2023-06-15"
mock.clear.busi: 0
mock.clear.user: 0
mock.new.user: 0
```

在/opt/module/applog 目录下执行以下命令，生成 2023-06-15 的业务数据。

```
[atguigu@hadoop102 applog]$ java -jar gmall-remake-mock-2023-02-17.jar
```

在 Navicat 中查看新生成的数据，如图 5-11 所示。

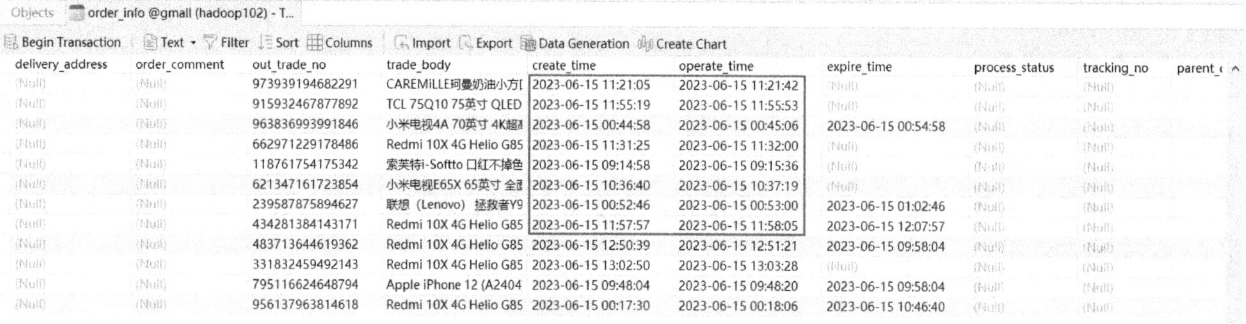
Objects | order_info @gmall (hadoop102) - T...
Begin Transaction | Text | Filter | Sort | Columns | Import | Export | Data Generation | Create Chart

delivery_address	order_comment	out_trade_no	trade_body	create_time	operate_time	expire_time	process_status	tracking_no	parent_
(Null)	(Null)	973939194682291	CAREMiLLE珂曼奶油小方[	2023-06-15 11:21:05	2023-06-15 11:21:42	(Null)	(Null)	(Null)	
(Null)	(Null)	915932467877892	TCL 75Q10 75英寸 QLED	2023-06-15 11:55:19	2023-06-15 11:55:53	(Null)	(Null)	(Null)	
(Null)	(Null)	963836993991846	小米电视4A 70英寸 4K超	2023-06-15 00:44:58	2023-06-15 00:45:06	2023-06-15 00:54:58	(Null)	(Null)	
(Null)	(Null)	662971229178486	Redmi 10X 4G Helio G85	2023-06-15 11:31:25	2023-06-15 11:32:00	(Null)	(Null)	(Null)	
(Null)	(Null)	118761754175342	索芙特i-Softto 口红不掉色	2023-06-15 09:14:58	2023-06-15 09:15:36	(Null)	(Null)	(Null)	
(Null)	(Null)	621347161723854	小米电视E65X 65英寸 全面	2023-06-15 10:36:40	2023-06-15 10:37:19	(Null)	(Null)	(Null)	
(Null)	(Null)	239587875894627	联想（Lenovo）拯救者Y9	2023-06-15 00:52:46	2023-06-15 00:53:00	2023-06-15 01:02:46	(Null)	(Null)	
(Null)	(Null)	434281384143171	Redmi 10X 4G Helio G85	2023-06-15 11:57:57	2023-06-15 11:58:05	2023-06-15 12:07:57	(Null)	(Null)	
(Null)	(Null)	483713644619362	Redmi 10X 4G Helio G85	2023-06-15 12:50:39	2023-06-15 12:51:21	2023-06-15 09:58:04	(Null)	(Null)	
(Null)	(Null)	331832459492143	Redmi 10X 4G Helio G85	2023-06-15 13:02:50	2023-06-15 13:03:28	(Null)	(Null)	(Null)	
(Null)	(Null)	795116624648794	Apple iPhone 12 (A2404	2023-06-15 09:48:04	2023-06-15 09:48:20	2023-06-15 09:58:04	(Null)	(Null)	
(Null)	(Null)	956137963814618	Redmi 10X 4G Helio G85	2023-06-15 00:17:30	2023-06-15 00:18:06	2023-06-15 10:46:40	(Null)	(Null)	

图 5-11　新生成的 2023-06-15 的业务数据

（3）生成 2023 年 6 月 16 日及以后日期的数据时，只需要修改 mock.date 和 mock.new.user 配置项的值即可。

```
mock.date: "2023-06-16"
mock.new.user: 50
```

在/opt/module/applog 目录下执行以下命令，生成 2023-06-16 的业务数据。

```
[atguigu@hadoop102 applog]$ java -jar gmall-remake-mock-2023-02-17.jar
```

在 Navicat 中查看新生成的数据，如图 5-12 所示。

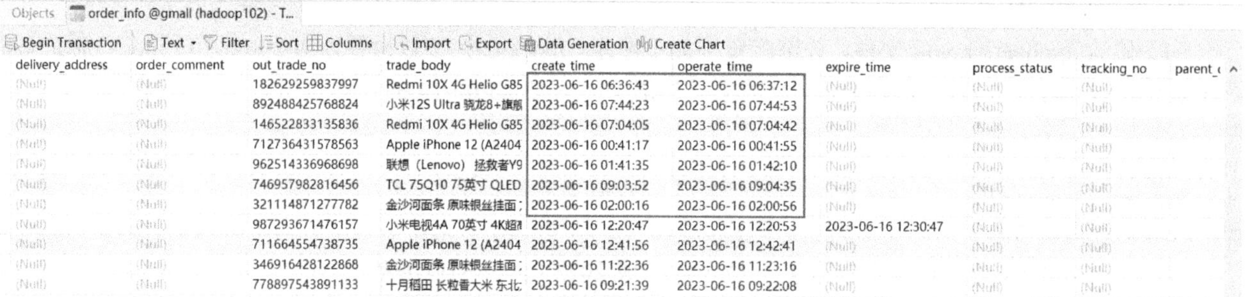
Objects | order_info @gmall (hadoop102) - T...
Begin Transaction | Text | Filter | Sort | Columns | Import | Export | Data Generation | Create Chart

delivery_address	order_comment	out_trade_no	trade_body	create_time	operate_time	expire_time	process_status	tracking_no	parent_
(Null)	(Null)	182629259837997	Redmi 10X 4G Helio G85	2023-06-16 06:36:43	2023-06-16 06:37:12	(Null)	(Null)	(Null)	
(Null)	(Null)	892488425768824	小米12S Ultra 骁龙8+旗舰	2023-06-16 07:44:23	2023-06-16 07:44:53	(Null)	(Null)	(Null)	
(Null)	(Null)	146522833135836	Redmi 10X 4G Helio G85	2023-06-16 07:04:05	2023-06-16 07:04:42	(Null)	(Null)	(Null)	
(Null)	(Null)	712736431578563	Apple iPhone 12 (A2404	2023-06-16 00:41:17	2023-06-16 00:41:55	(Null)	(Null)	(Null)	
(Null)	(Null)	962514336968698	联想（Lenovo）拯救者Y9	2023-06-16 01:41:35	2023-06-16 01:42:10	(Null)	(Null)	(Null)	
(Null)	(Null)	746957982816456	TCL 75Q10 75英寸 QLED	2023-06-16 09:03:52	2023-06-16 09:04:35	(Null)	(Null)	(Null)	
(Null)	(Null)	321114871277782	金沙河面条 原味银丝挂面；	2023-06-16 02:00:16	2023-06-16 02:00:56	(Null)	(Null)	(Null)	
(Null)	(Null)	987293671476157	小米电视4A 70英寸 4K超	2023-06-16 12:20:47	2023-06-16 12:20:53	2023-06-16 12:30:47	(Null)	(Null)	
(Null)	(Null)	711664554738735	Apple iPhone 12 (A2404	2023-06-16 12:41:56	2023-06-16 12:42:41	(Null)	(Null)	(Null)	
(Null)	(Null)	346916428122868	金沙河面条 原味银丝挂面；	2023-06-16 11:22:36	2023-06-16 11:23:16	(Null)	(Null)	(Null)	
(Null)	(Null)	778897543891133	十月稻田 长粒香大米 东北；	2023-06-16 09:21:39	2023-06-16 09:22:08	(Null)	(Null)	(Null)	

图 5-12　新生成的 2023-06-16 的业务数据

3. 数据模拟脚本

重复执行 java -jar 命令模拟生成数据的操作比较复杂，我们可以将这个命令封装成脚本，脚本内容和使用方式如下。

（1）在/home/atguigu/bin 目录下创建数据模拟脚本 lg.sh。

```
[atguigu@hadoop102 bin]$ vim lg.sh
```

（2）在 lg.sh 中编写如下内容。

```
#!/bin/bash
echo "========== hadoop102 =========="
ssh hadoop102 "cd /opt/module/applog/; nohup java -jar gmall-remake-mock-2023-02-17.jar $1
$2 $3 >/dev/null 2>&1 &"
```

```
done
```

注：

①/opt/module/applog 为 jar 包及配置文件所在的路径。

②/dev/null 代表 Linux 的空设备文件，所有向这个文件中写入的内容都会丢失，俗称"黑洞"。

标准输入 0：从键盘获得输入/proc/self/fd/0。

标准输出 1：输出到屏幕（即控制台）/proc/self/fd/1。

错误输出 2：输出到屏幕（即控制台）/proc/self/fd/2。

（3）修改脚本的执行权限。

```
[atguigu@hadoop102 bin]$ chmod +x lg.sh
```

（4）脚本使用方式一：只生成用户行为日志数据。

```
[atguigu@hadoop102 module]$ lg.sh test 100
```

（5）脚本使用方式二：同时生成用户行为日志数据和业务数据。

```
[atguigu@hadoop102 module]$ lg.sh
```

5.2.3 DataX 安装

DataX 是阿里巴巴开源的一个异构数据源离线同步工具，致力于实现关系数据库（MySQL、Oracle 等）、HDFS、Hive、ODPS、HBase、FTP 等各种异构数据源之间稳定、高效的数据同步功能。为了解决异构数据源同步问题，DataX 将复杂的同步链路变成了星形数据链路，如图 5-13 所示，DataX 作为中间传输载体负责连接各种数据源。当需要接入一个新的数据源时，只需要将此数据源对接到 DataX，便能与已有数据源做到无缝数据同步。

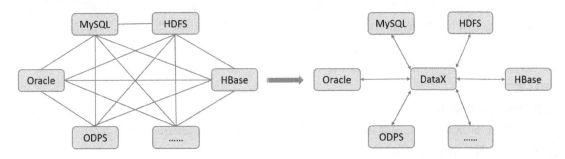

图 5-13 DataX 数据同步链路

DataX 作为离线数据同步框架，采用 Framework+Plugin 架构，将数据源的读取和写入操作抽象为 Reader/Writer 插件，纳入整个同步框架中。其中，Reader 插件是数据采集模块，负责采集数据并将数据发送给 Framework；Writer 插件是数据写入模块，负责从 Framework 读取数据并写入目的端。

DataX 目前已经拥有比较全面的插件体系，主流的 RDBMS（关系数据库管理系统）、NoSQL、大数据计算系统都已经接入。DataX 目前支持的数据库插件如表 5-39 所示。

表 5-39 DataX 目前支持的数据库插件

类　　型	数　据　源	Reader（读）	Writer（写）
RDBMS	MySQL	√	√
	Oracle	√	√
	OceanBase	√	√
	SQL Server	√	√
	PostgreSQL	√	√
	DRDS	√	√
	通用 RDBMS	√	√

续表

类 型	数 据 源	Reader（读）	Writer（写）
阿里云数据仓库数据存储	ODPS	√	√
	ADS		√
	OSS	√	√
	OCS	√	√
NoSQL 数据存储	OTS	√	√
	HBase 0.94	√	√
	HBase 1.1	√	√
	Phoenix 4.x	√	√
	Phoenix 5.x	√	√
	MongoDB	√	√
	Hive	√	√
	Cassandra	√	√
非结构化数据存储	TxtFile	√	√
	FTP	√	√
	HDFS	√	√
	Elasticsearch		√
时间序列数据库	OpenTSDB	√	
	TSDB	√	√

DataX 的使用十分简单，用户只需要根据自己同步数据的数据源和目的地选择相应的 Reader 和 Writer，并将 Reader 和 Writer 的信息配置在一个 JSON 格式的文件中，然后执行对应的命令行提交数据同步任务即可。

DataX 采集到的数据可以在 HDFS Reader 中配置格式，在本数据仓库项目中，将保存为用 "\t" 分隔的 TEXT 格式文件。

DataX 的安装步骤如下。

（1）将安装包 datax.tar.gz 上传至 hadoop102 节点服务器的/opt/software 目录下。

（2）将安装包解压缩至/opt/module 目录下。

```
[atguigu@hadoop102 software]$ tar -zxvf datax.tar.gz -C /opt/module/
```

（3）执行如下自检命令。

```
[atguigu@hadoop102 ~]$ python /opt/module/datax/bin/datax.py /opt/module/datax/job/
job.json
```

若出现以下内容，则说明安装成功。

```
... ...
2021-10-12 21:51:12.335 [job-0] INFO  JobContainer -
任务启动时刻                    : 2021-10-12 21:51:02
任务结束时刻                    : 2021-10-12 21:51:12
任务总计耗时                    :                 10s
任务平均流量                    :          253.91KB/s
记录写入速度                    :          10000rec/s
读出记录总数                    :              100000
读写失败总数                    :                   0
```

5.2.4 Maxwell 安装

Maxwell 是由美国 Zendesk 公司开源，用 Java 编写的 MySQL 变动数据抓取软件。它会实时监控 MySQL 的数据变动操作（包括 insert、update、delete），并将变动数据以 JSON 格式发送给 Kafka、Kinesis 等流数据处理平台。

Maxwell 的工作原理是实时读取 MySQL 的二进制日志（binlog），并从中获取变动数据，再将变动数据以 JSON 格式发送至 Kafka 等流数据处理平台。二进制日志是 MySQL 服务端非常重要的一种日志，它会保存 MySQL 的所有数据变动记录。

Maxwell 监控到 MySQL 的变动数据后，将其输出至 Kafka 中，格式示例如图 5-14 所示。

插入	更新	删除
mysql>	mysql>	mysql>
insert into gmall.student values(1,'zhangsan');	**update** gmall.student set name='lisi' where id=1;	**delete** from gmall.student where id=1;
Maxwell 输出：	Maxwell 输出：	Maxwell 输出：

{
  "database": "gmall",
  "table": "student",
  "type": "**insert**",
  "ts": 1634004537,
  "xid": 1530970,
  "commit": true,
  "data": {
    "id": 1,
    "name": "zhangsan"
  }
}
	{
	  "database": "gmall",
	  "table": "student",
	  "type": "**update**",
	  "ts": 1634004653,
	  "xid": 1531916,
	  "commit": true,
	  "data": {
	    "id": 1,
	    "name": "lisi"
	  },
	  "old": {
	    "name": "zhangsan"
	  }
	}
		{
		  "database": "gmall",
		  "table": "student",
		  "type": "**delete**",
		  "ts": 1634004751,
		  "xid": 1532725,
		  "commit": true,
		  "data": {
		    "id": 1,
		    "name": "lisi"
		  }
		}

图 5-14　Maxwell 输出数据格式示例

图 5-14 中的 JSON 字段说明如表 5-40 所示。

表 5-40　JSON 字段说明

字　　段	说　　明
database	变动数据所属的数据库
table	变动数据所属的表
type	数据变动类型
ts	数据变动发生的时间
xid	事务 id
commit	事务提交标志，可用于重新组装事务
data	对于 insert 类型，表示插入的数据；对于 update 类型，表示修改之后的数据；对于 delete 类型，表示删除的数据
old	对于 update 类型，表示修改之前的数据，只包含变动字段

Maxwell 除了提供监控 MySQL 数据变动的功能，还提供历史数据的 bootstrap（全量初始化）功能，命令如下。

```
[atguigu@hadoop102 maxwell]$ /opt/module/maxwell/bin/maxwell-bootstrap --database gmall
--table user_info --config /opt/module/maxwell/config.properties
```

采用 bootstrap 功能输出的数据与图 5-14 所示的变动数据格式有一些不同，代码如下所示。第一条 type 为 bootstrap-start 和最后一条 type 为 bootstrap-complete 的内容是 bootstrap 开始和结束的标志，不包含数据，中间的 type 为 bootstrap-insert 的内容中的 data 字段才是表格数据，且一次 bootstrap 输出的所有记录的 ts 都相同，为 bootstrap 开始的时间。

```
{
    "database": "fooDB",
    "table": "barTable",
    "type": "bootstrap-start",
    "ts": 1450557744,
```

```
    "data": {}
}
{
    "database": "fooDB",
    "table": "barTable",
    "type": "bootstrap-insert",
    "ts": 1450557744,
    "data": {
        "txt": "hello"
    }
}
{
    "database": "fooDB",
    "table": "barTable",
    "type": "bootstrap-insert",
    "ts": 1450557744,
    "data": {
        "txt": "bootstrap!"
    }
}
{
    "database": "fooDB",
    "table": "barTable",
    "type": "bootstrap-complete",
    "ts": 1450557744,
    "data": {}
}
```

读者应该对 Maxwell 输出数据的格式有所了解，方便后续对数据进行分析解读。

Maxwell 的安装与配置步骤如下。

1．下载并解压缩安装包

（1）下载安装包。Maxwell-1.30 及其以上的版本不再支持 JDK 1.8，若读者的集群环境为 JDK 1.8，则需下载 Maxwell-1.29 及其以下版本。

（2）将安装包 maxwell-1.29.2.tar.gz 上传至/opt/software 目录下。

（3）将安装包解压缩至/opt/module 目录下。

```
[atguigu@hadoop102 maxwell]$ tar -zxvf maxwell-1.29.2.tar.gz -C /opt/module/
```

（4）修改名称。

```
[atguigu@hadoop102 module]$ mv maxwell-1.29.2/ maxwell
```

2．配置 MySQL

MySQL 服务器的 binlog 默认是关闭的，如果需要同步 binlog 数据，则需要在配置文件中将其开启。

（1）打开 MySQL 的配置文件 my.cnf。

```
[atguigu@hadoop102 ~]$ sudo vim /etc/my.cnf
```

（2）增加如下配置。

```
[mysqld]

#数据库 id
server-id = 1
#启动 binlog，log-bin 参数的值会作为 binlog 的文件名
log-bin=mysql-bin
```

```
#binlog 类型，Maxwell 要求 binlog 类型为 row
binlog_format=row
#启用 binlog 的数据库，需要根据实际情况进行修改
binlog-do-db=gmall
```

其中，binlog_format 参数配置的是 MySQL 的 binlog 类型，共有如下 3 种可选类型。

① statement：基于语句。binlog 会记录所有会修改数据的 SQL 语句，包括 insert、update、delete 等。

优点：节省空间。

缺点：有可能造成数据不一致，例如，insert 语句中包含 now()函数，当写入 binlog 和读取 binlog 时，函数的所得值不同。

② row：基于行。binlog 会记录每次写操作后被操作行记录的变化。

优点：保持数据的绝对一致性。

缺点：占用较大空间。

③ mixed：混合模式。默认为 statement，如果 SQL 语句可能导致数据不一致，就自动切换到 row。

Maxwell 要求 binlog 必须采用 row 类型。

3．创建 Maxwell 所需的数据库和用户

因为 Maxwell 需要在 MySQL 中存储其运行过程中需要的一些数据，包括 binlog 同步的断点位置（Maxwell 支持断点续传）等，因此需要在 MySQL 中为 Maxwell 创建数据库及用户。

（1）创建数据库。

```
msyql> CREATE DATABASE maxwell;
```

（2）更改 MySQL 数据库密码策略。

```
mysql> set global validate_password_policy=0;
mysql> set global validate_password_length=4;
```

（3）创建 maxwell 用户并赋予其必要的权限。

```
mysql> CREATE USER 'maxwell'@'%' IDENTIFIED BY 'maxwell';
mysql> GRANT ALL ON maxwell.* TO 'maxwell'@'%';
mysql> GRANT SELECT, REPLICATION CLIENT, REPLICATION SLAVE ON *.* TO 'maxwell'@'%';
```

4．配置 Maxwell

（1）修改 Maxwell 配置文件的名称。

```
[atguigu@hadoop102 maxwell]$ cd /opt/module/maxwell
[atguigu@hadoop102 maxwell]$ cp config.properties.example config.properties
```

（2）修改 Maxwell 配置文件。

```
[atguigu@hadoop102 maxwell]$ vim config.properties

#Maxwell 数据发送目的地，可选配置有 stdout、file、kafka、kinesis、pubsub、sqs、rabbitmq、redis
producer=kafka
#目标 Kafka 集群地址
kafka.bootstrap.servers=hadoop102:9092,hadoop103:9092,hadoop104:9092
#目标 Kafka topic，可采用静态配置，如 maxwell，也可采用动态配置，如%{database}_%{table}
kafka_topic=topic_db

#MySQL 相关配置
host=hadoop102
user=maxwell
password=maxwell
jdbc_options=useSSL=false&serverTimezone=Asia/Shanghai
```

5．Maxwell 的启动与停止

若 Maxwell 发送数据的目的地为 Kafka 集群，则需要先确保 Kafka 集群为启动状态。

（1）启动 Maxwell。

```
[atguigu@hadoop102 ~]$ /opt/module/maxwell/bin/maxwell --config /opt/module/maxwell/
config.properties --daemon
```

（2）停止 Maxwell。

```
[atguigu@hadoop102 ~]$ ps -ef | grep maxwell | grep -v grep | grep maxwell | awk '{print $2}'
| xargs kill -9
```

（3）Maxwell 启动、停止脚本。

① 创建 Maxwell 启动、停止脚本。

```
[atguigu@hadoop102 bin]$ vim mxw.sh
```

② 脚本内容如下，根据脚本传入参数判断是执行启动命令还是停止命令。

```bash
#!/bin/bash

MAXWELL_HOME=/opt/module/maxwell

status_maxwell(){
    result=`ps -ef | grep maxwell | grep -v grep | wc -l`
    return $result
}

start_maxwell(){
    status_maxwell
    if [[ $? -lt 1 ]]; then
        echo "启动 Maxwell"
        $MAXWELL_HOME/bin/maxwell --config $MAXWELL_HOME/config.properties --daemon
    else
        echo "Maxwell 正在运行"
    fi
}

stop_maxwell(){
    status_maxwell
    if [[ $? -gt 0 ]]; then
        echo "停止 Maxwell"
        ps -ef | grep maxwell | grep -v grep | awk '{print $2}' | xargs kill -9
    else
        echo "Maxwell 未运行"
    fi
}

case $1 in
    start )
        start_maxwell
    ;;
    stop )
        stop_maxwell
    ;;
    restart )
```

```
    stop_maxwell
    start_maxwell
  ;;
esac
```

5.2.5　全量同步

全量数据由 DataX 从 MySQL 业务数据库直接同步到 HDFS 中，具体数据流向如图 5-15 所示。

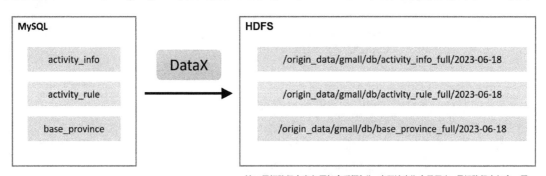

注：目标路径中表名须包含后缀 full，表示该表为全量同步；目标路径中包含一层
　　日期，用以对不同日期的数据进行区分。

图 5-15　全量同步数据流向

1．DataX 配置文件示例

我们为每张需要执行全量同步策略的表编写一个 DataX 的 JSON 配置文件，此处以 activity_info 表为例，配置文件内容如下。

```json
{
    "job": {
        "content": [
            {
                "reader": {
                    "name": "mysqlreader",
                    "parameter": {
                        "column": [
                            "id",
                            "activity_name",
                            "activity_type",
                            "activity_desc",
                            "start_time",
                            "end_time",
                            "create_time"
                        ],
                        "connection": [
                            {
                                "jdbcUrl": [
                                    "jdbc:mysql://hadoop102:3306/gmall"
                                ],
                                "table": [
                                    "activity_info"
                                ]
                            }
                        ],
                        "password": "000000",
```

```
                    "splitPk": "",
                    "username": "root"
                }
            },
            "writer": {
                "name": "hdfswriter",
                "parameter": {
                    "column": [
                        {
                            "name": "id",
                            "type": "bigint"
                        },
                        {
                            "name": "activity_name",
                            "type": "string"
                        },
                        {
                            "name": "activity_type",
                            "type": "string"
                        },
                        {
                            "name": "activity_desc",
                            "type": "string"
                        },
                        {
                            "name": "start_time",
                            "type": "string"
                        },
                        {
                            "name": "end_time",
                            "type": "string"
                        },
                        {
                            "name": "create_time",
                            "type": "string"
                        }
                    ],
                    "compress": "gzip",
                    "defaultFS": "hdfs://hadoop102:8020",
                    "fieldDelimiter": "\t",
                    "fileName": "activity_info",
                    "fileType": "text",
                    "path": "${targetdir}",
                    "writeMode": "append"
                }
            }
        }
    ],
    "setting": {
        "speed": {
            "channel": 1
        }
```

```
        }
    }
}
```

　　注意： 由于目标路径包含一层日期，用于对不同日期的数据进行区分，因此 path 参数并未写入固定值，需要在提交任务时通过参数动态传入，参数名称为 targetdir。

2．DataX 配置文件生成器

　　本数据仓库项目需要执行全量同步策略的表一共有 17 张，在实际生产环境中会更多，依次编写配置文件意味着巨大的工作量。为方便起见，本书提供了 DataX 配置文件生成器，生成器的使用方式如下。

　　（1）在 hadoop102 节点服务器的/opt/module 目录下创建 gen_datax_config 目录，并上传生成器 jar 包 datax-config-generator-1.0-SNAPSHOT-jar-with-dependencies.jar 和配置文件 configuration.properties。

```
[atguigu@hadoop102 ~]$ mkdir /opt/module/gen_datax_config
[atguigu@hadoop102 ~]$ cd /opt/module/gen_datax_config
[atguigu@hadoop102 gen_datax_config]$ ls
datax-config-generator-1.0-SNAPSHOT-jar-with-dependencies.jar
configuration.properties
```

　　（2）配置文件 configuration.properties 的内容如下所示。

```
#MySQL 用户名
mysql.username=root
#MySQL 密码
mysql.password=000000
#MySQL 服务所在 host
mysql.host=hadoop102
#MySQL 端口号
mysql.port=3306
#需要导入 HDFS 的 MySQL 数据库
mysql.database.import=gmall
#从 HDFS 导出数据的目的 MySQL 数据库
#mysql.database.export=gmall
#需要导入的表，若为空，则表示数据库下的所有表全部导入
mysql.tables.import=activity_info,activity_rule,base_trademark,cart_info,base_category1,
base_category2,base_category3,coupon_info,sku_attr_value,sku_sale_attr_value,base_dic,sk
u_info,base_province,spu_info,base_region,promotion_pos,promotion_refer
#需要导出的表，若为空，则表示数据库下的所有表全部导出
#mysql.tables.export=
#是否为分表，1 为是，0 为否
is.seperated.tables=0
#HDFS 集群的 NameNode 地址
hdfs.uri=hdfs://hadoop102:8020
#生成的导入配置文件的存储目录
import_out_dir=/opt/module/datax/job/import
#生成的导出配置文件的存储目录
#export_out_dir=
```

　　（3）执行 DataX 配置文件生成器 jar 包。

```
[atguigu@hadoop102 gen_datax_config]$ java -jar datax-config-generator-1.0-SNAPSHOT-
jar-with-dependencies.jar
```

　　（4）查看生成的导入配置文件的存储目录。

```
[atguigu@hadoop102 ~]$ ls /opt/module/datax/job/import
gmall.activity_info.json         gmall.base_category3.json        gmall.base_trademark.json
gmall.promotion_refer.json       gmall.spu_info.json
```

```
gmall.activity_rule.json          gmall.base_dic.json                    gmall.cart_info.json
gmall.sku_attr_value.json
gmall.base_category1.json         gmall.base_province.json              gmall.coupon_info.json
gmall.sku_info.json
gmall.base_category2.json         gmall.base_region.json                gmall.promotion_pos.json
gmall.sku_sale_attr_value.json
```

3．测试生成的 DataX 配置文件

以 activity_info 表为例，测试用脚本生成的 DataX 配置文件是否可用。

（1）由于 DataX 同步任务要求目标路径提前存在，因此需要用户手动创建路径，当前 activity_info 表的目标路径应为/origin_data/gmall/db/activity_info_full/2023-06-14。

```
[atguigu@hadoop102 bin]$ hadoop fs -mkdir /origin_data/gmall/db/activity_info_full/
2023-06-14
```

（2）执行 DataX 同步命令。

```
[atguigu@hadoop102 bin]$ python /opt/module/datax/bin/datax.py -p"-Dtargetdir=
/origin_data/gmall/db/activity_info_full/2023-06-14" /opt/module/datax/job/import/
gmall.activity_info.json
```

（3）观察 HDFS 目标路径是否出现同步数据，如图 5-16 所示。

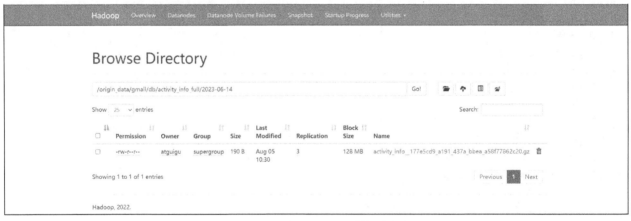

图 5-16　HDFS 目标路径出现同步数据

4．全量同步脚本

为方便使用以及后续的任务调度，此处编写一个全量同步脚本。

（1）在/home/atguigu/bin 目录下创建 mysql_to_hdfs_full.sh 脚本。

```
[atguigu@hadoop102 bin]$ vim ~/bin/mysql_to_hdfs_full.sh
```

脚本内容如下。

```
#!/bin/bash

DATAX_HOME=/opt/module/datax

# 如果传入日期，则 do_date 等于传入的日期，否则等于前一日的日期
if [ -n "$2" ] ;then
    do_date=$2
else
    do_date=`date -d "-1 day" +%F`
fi


# 处理目标路径，此处的处理逻辑是，如果目标路径不存在，则创建；若存在，则清空，目的是保证同步任务可重复执行
handle_targetdir() {
```

```
hadoop fs -test -e $1
if [[ $? -eq 1 ]]; then
  echo "路径$1 不存在，正在创建......"
  hadoop fs -mkdir -p $1
else
  echo "路径$1 已经存在"
fi
}


# 数据同步
import_data() {
  datax_config=$1
  target_dir=$2

  handle_targetdir $target_dir
  echo "正在处理 $1"
  # 将标准输出和错误输出重定向到 /tmp/datax_run.log 文件中
  python       $DATAX_HOME/bin/datax.py       -p"-Dtargetdir=$target_dir"       $datax_config
>/tmp/datax_run.log 2>&1
  # 若上述命令执行抛出异常，则返回值不为 0，在控制台打印错误日志
  if [ $? -ne 0 ]
  then
    echo "处理失败，日志如下："
    cat /tmp/datax_run.log
  fi
}


case $1 in
activity_info | activity_rule | base_category1 | base_category2 | base_category3 | base_dic
| base_province | base_region | base_trademark | cart_info | coupon_info | sku_attr_value
| sku_info | sku_sale_attr_value | spu_info | promotion_pos | promotion_refer)
  import_data $DATAX_HOME/job/import/gmall.${1}.json /origin_data/gmall/db/${1}_
full/$do_date
  ;;
"all")
  for tab in activity_info activity_rule base_category1 base_category2 base_category3
base_dic base_province base_region base_trademark cart_info coupon_info sku_attr_value
sku_info sku_sale_attr_value spu_info promotion_pos promotion_refer
  do
    import_data $DATAX_HOME/job/import/gmall.${tab}.json /origin_data/gmall/db/${tab}_
full/$do_date
  done
  ;;
esac
```

（2）为 mysql_to_hdfs_full.sh 脚本增加执行权限。

```
[atguigu@hadoop102 bin]$ chmod +x ~/bin/mysql_to_hdfs_full.sh
```

（3）测试同步脚本。

```
[atguigu@hadoop102 bin]$ mysql_to_hdfs_full.sh all 2023-06-14
```

（4）查看 HDFS 目标路径是否出现全量数据，全量表共有 17 张，如图 5-17 所示。

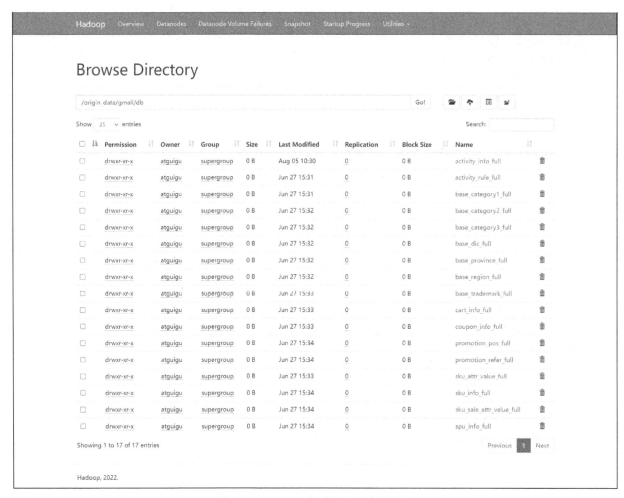

图 5-17　HDFS 目标路径出现全量数据

5.2.6　增量同步

在选择数据同步工具时，我们已经决定使用 Maxwell 进行增量同步。如图 5-18 所示，首先通过 Maxwell 将需要执行增量同步策略的表的变动数据发送至 Kafka 对应的 topic 中，然后使用 Flume 将 Kafka 中的数据采集并保存至 HDFS 中。

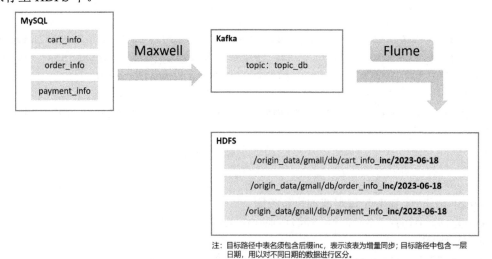

注：目标路径中表名须包含后缀inc，表示该表为增量同步；目标路径中包含一层日期，用以对不同日期的数据进行区分。

图 5-18　增量同步数据流向

1．Maxwell 配置及启动测试

（1）启动 ZooKeeper 及 Kafka 集群。

```
[atguigu@hadoop102 module]$ zk.sh start
[atguigu@hadoop102 module]$ kf.sh start
```

（2）启动一个 Kafka 控制台消费者，消费 topic_db 的数据。

```
[atguigu@hadoop103 kafka]$ bin/kafka-console-consumer.sh --bootstrap-server hadoop102: 9092
--topic topic_db
```

（3）启动 Maxwell。

```
[atguigu@hadoop102 bin]$ mxw.sh start
```

（4）模拟业务数据生成。

```
[atguigu@hadoop102 ~]$ lg.sh
```

（5）观察 Kafka 消费者能否消费到数据。

```
{"database":"gmall","table":"cart_info","type":"update","ts":1592270938,"xid":13090,"xof
fset":1573,"data":{"id":100924,"user_id":"93","sku_id":16,"cart_price":4488.00,"sku_num"
:1,"img_url":"http://47.93.148.192:8080/group1/M00/00/02/rBHu8l-sklaALrngAAHGDqdpFtU741.
jpg","sku_name":"华为 HUAWEI P40 麒麟 990 5G SoC 芯片 5000 万超感知徕卡三摄 30 倍数字变焦 8GB+128GB
亮黑色全网通 5G 手机","is_checked":null,"create_time":"2023-06-14 09:28:57","operate_time":
null,"is_ordered":1,"order_time":"2021-10-17  09:28:58","source_type":"2401","source_id":
null},"old":{"is_ordered":0,"order_time":null}}
```

2．Flume 配置

Flume 需要将 Kafka 中 topic_db 的数据传输至 HDFS 中，因此需要选用 Kafka Source 及 HDFS Sink，Channel 选用 File Channel。

需要注意的是，Maxwell 将监控到的业务数据库中的全部变动数据发往了同一个 Kafka 主题，因此不同表格的变动数据是混合在一起的。因此我们需要自定义一个拦截器，在拦截器中识别数据中的表格信息，获取 tableName，添加至 header 中。HDFS Sink 在将数据落盘至 HDFS 时，通过识别 header 中的 tableName，可以将不同表格的数据写入不同的路径下。

Flume 关键配置如图 5-19 所示。

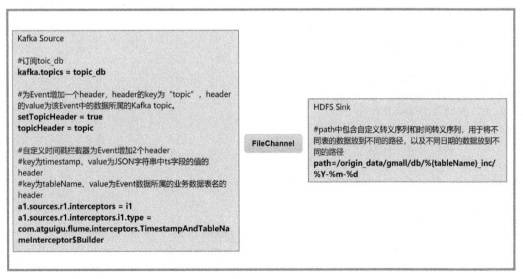

图 5-19　Flume 关键配置

具体数据示例如图 5-20 所示，一条变动数据被 Maxwell 采集发送至 Kafka 的 topic_db 主题中，其中包含时间戳 ts。Flume 的 Kafka Source 在采集到这条数据之后，通过图 5-19 所示的关键配置，将 tableName=comment_info 和 timestamp=1592097204000 两个键值对写入 header。HDFS 将这条数据落盘时，即可根据

header 中封装的 tableName 和 ts 信息，写入对应的文件夹中。通过以上操作，使得数据可以存放于对应表名命名的文件夹下的对应时间命名的文件中。

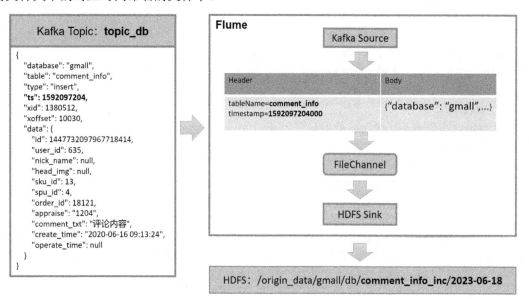

图 5-20　Flume 具体数据示例

Flume 的具体配置过程如下。

（1）在 hadoop104 节点服务器的 Flume 的 job 目录下创建 kafka_to_hdfs_db.conf 文件。

```
[atguigu@hadoop104 flume]$ mkdir job
[atguigu@hadoop104 flume]$ vim job/kafka_to_hdfs_db.conf
```

（2）配置文件内容如下。

```
a1.sources = r1
a1.channels = c1
a1.sinks = k1

a1.sources.r1.type = org.apache.flume.source.kafka.KafkaSource
a1.sources.r1.batchSize = 5000
a1.sources.r1.batchDurationMillis = 2000
a1.sources.r1.kafka.bootstrap.servers = hadoop102:9092,hadoop103:9092
a1.sources.r1.kafka.topics = topic_db
a1.sources.r1.kafka.consumer.group.id = flume
a1.sources.r1.setTopicHeader = true
a1.sources.r1.topicHeader = topic
a1.sources.r1.interceptors = i1
a1.sources.r1.interceptors.i1.type =
com.atguigu.gmall.flume.interceptor.TimestampAndTableNameInterceptor$Builder

a1.channels.c1.type = file
a1.channels.c1.checkpointDir = /opt/module/flume/checkpoint/behavior2
a1.channels.c1.dataDirs = /opt/module/flume/data/behavior2/
a1.channels.c1.maxFileSize = 2146435071
a1.channels.c1.capacity = 1000000
a1.channels.c1.keep-alive = 6

## sink1
a1.sinks.k1.type = hdfs
```

```
a1.sinks.k1.hdfs.path = /origin_data/gmall/db/%{tableName}_inc/%Y-%m-%d
a1.sinks.k1.hdfs.filePrefix = db
a1.sinks.k1.hdfs.round = false

a1.sinks.k1.hdfs.rollInterval = 10
a1.sinks.k1.hdfs.rollSize = 134217728
a1.sinks.k1.hdfs.rollCount = 0

a1.sinks.k1.hdfs.fileType = CompressedStream
a1.sinks.k1.hdfs.codeC = gzip

## 拼装
a1.sources.r1.channels = c1
a1.sinks.k1.channel= c1
```

（3）编写 Flume 拦截器。

此拦截器用于将 Maxwell 采集到的数据中的时间戳添加到 header 中，并将秒级时间戳转换为毫秒级时间戳。

① 在 4.4.2 节创建的 Maven 工程 flume-interceptor 的 com.atguigu.gmall.flume.interceptor 包下创建 TimestampAndTableNameInterceptor 类，代码如下。

```java
package com.atguigu.gmall.flume.interceptor;
import com.alibaba.fastjson.JSONObject;
import org.apache.flume.Context;
import org.apache.flume.Event;
import org.apache.flume.interceptor.Interceptor;

import java.nio.charset.StandardCharsets;
import java.util.List;
import java.util.Map;

public class TimestampAndTableNameInterceptor implements Interceptor {
    @Override
    public void initialize() {
    }

    @Override
    public Event intercept(Event event) {
        Map<String, String> headers = event.getHeaders();
        String log = new String(event.getBody(), StandardCharsets.UTF_8);

        JSONObject jsonObject = JSONObject.parseObject(log);

        Long ts = jsonObject.getLong("ts");
        //Maxwell 输出的数据中的 ts 字段单位为秒，HDFS Sink 要求单位为毫秒
        String timeMills = String.valueOf(ts * 1000);

        String tableName = jsonObject.getString("table");

        headers.put("timestamp", timeMills);
        headers.put("tableName", tableName);
        return event;
    }
```

```
@Override
public List<Event> intercept(List<Event> events) {
    for (Event event : events) {
        intercept(event);
    }
    return events;
}

@Override
public void close() {
}

public static class Builder implements Interceptor.Builder {
    @Override
    public Interceptor build() {
        return new TimestampAndTableNameInterceptor ();
    }

    @Override
    public void configure(Context context) {
    }
}
}
```

② 重新打包，结果如图 5-21 所示。

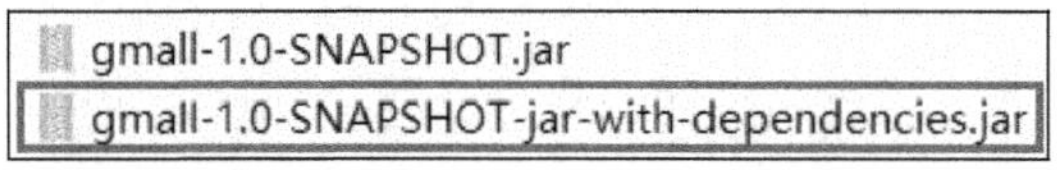

图 5-21　打包结果

③ 将打好的包放入 hadoop104 节点服务器的/opt/module/flume/lib 目录下。

```
[atguigu@hadoop104 lib]$ ls | grep interceptor
gmall-1.0-SNAPSHOT-jar-with-dependencies.jar
```

3．采集通道测试

（1）确保 ZooKeeper、Kafka 集群、Maxwell 已经启动。

（2）启动 hadoop104 节点服务器的 Flume Agent。

```
[atguigu@hadoop104 flume]$ bin/flume-ng agent -n a1 -c conf/ -f job/kafka_to_hdfs_db.conf
-Dflume.root.logger=info,console
```

（3）模拟生成数据。

```
[atguigu@hadoop104 bin]$ lg.sh
```

（4）观察 HDFS 目标路径是否有增量数据出现，如图 5-22 所示。

若 HDFS 目标路径已有 inc 结尾的增量数据出现，就证明数据通道已经打通。

4．数据目标路径的日期说明

如果打开图 5-22 中任意一个 inc 结尾的增量数据文件，会发现路径中的日期并非模拟数据的业务日期，而是当前日期。这是由于 Maxwell 输出的 JSON 字符串中 ts 字段的值是 MySQL 中 binlog 日志的数据变动日期。在本模拟项目中，数据的业务日期在模拟日志过程中通过修改配置文件来指定，因此与数据变动日期可能不一致。而在真实场景下，数据的业务日期与变动日期应当是一致的。

此处为了模拟真实环境，将 Maxwell 源码进行改动，增加一个参数 mock_date，该参数的作用就是指定 Maxwell 输出 JSON 字符串中 ts 字段的日期。

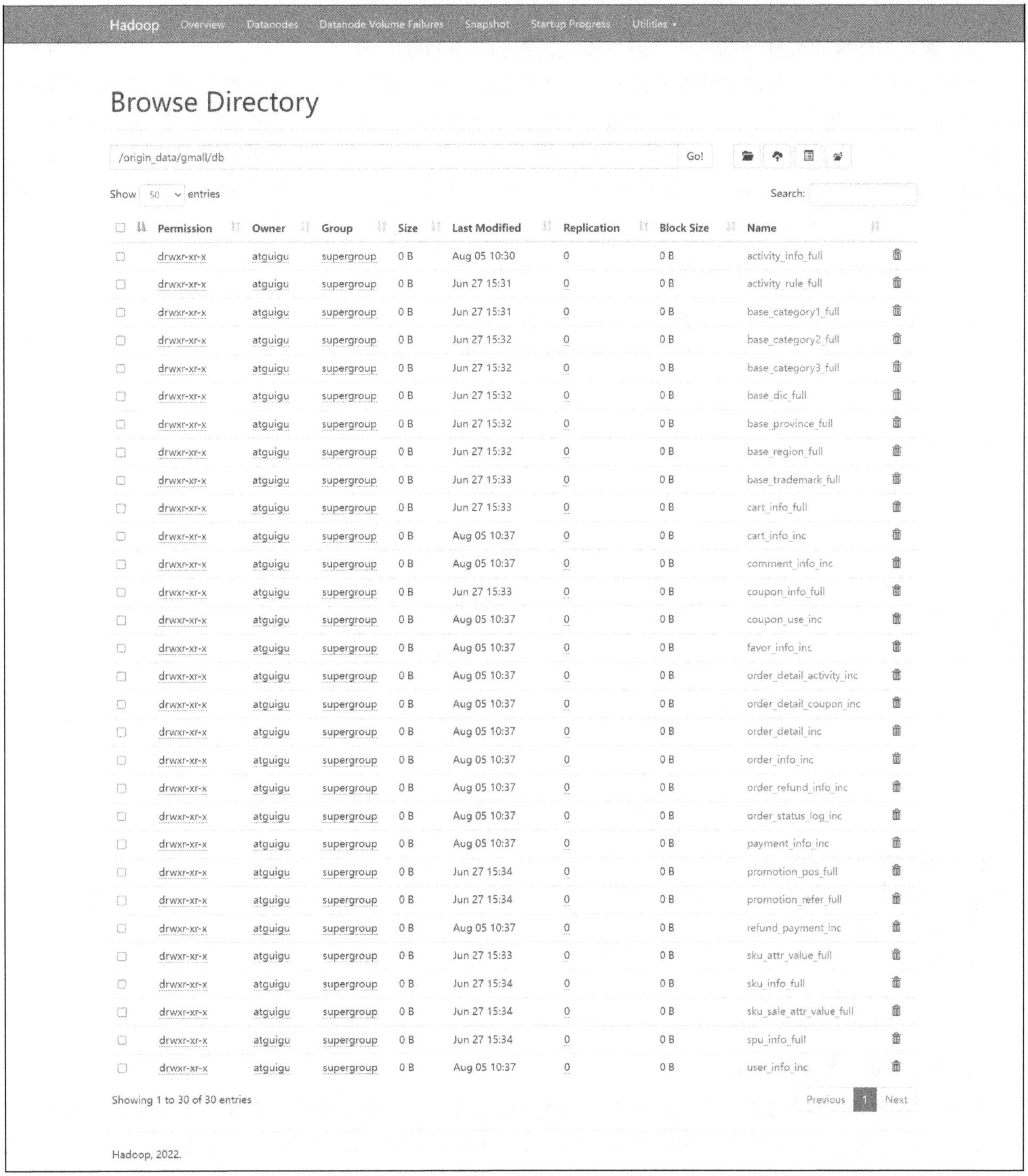

Permission	Owner	Group	Size	Last Modified	Replication	Block Size	Name
drwxr-xr-x	atguigu	supergroup	0 B	Aug 05 10:30	0	0 B	activity_info_full
drwxr-xr-x	atguigu	supergroup	0 B	Jun 27 15:31	0	0 B	activity_rule_full
drwxr-xr-x	atguigu	supergroup	0 B	Jun 27 15:31	0	0 B	base_category1_full
drwxr-xr-x	atguigu	supergroup	0 B	Jun 27 15:32	0	0 B	base_category2_full
drwxr-xr-x	atguigu	supergroup	0 B	Jun 27 15:32	0	0 B	base_category3_full
drwxr-xr-x	atguigu	supergroup	0 B	Jun 27 15:32	0	0 B	base_dic_full
drwxr-xr-x	atguigu	supergroup	0 B	Jun 27 15:32	0	0 B	base_province_full
drwxr-xr-x	atguigu	supergroup	0 B	Jun 27 15:32	0	0 B	base_region_full
drwxr-xr-x	atguigu	supergroup	0 B	Jun 27 15:33	0	0 B	base_trademark_full
drwxr-xr-x	atguigu	supergroup	0 B	Jun 27 15:33	0	0 B	cart_info_full
drwxr-xr-x	atguigu	supergroup	0 B	Aug 05 10:37	0	0 B	cart_info_inc
drwxr-xr-x	atguigu	supergroup	0 B	Aug 05 10:37	0	0 B	comment_info_inc
drwxr-xr-x	atguigu	supergroup	0 B	Jun 27 15:33	0	0 B	coupon_info_full
drwxr-xr-x	atguigu	supergroup	0 B	Aug 05 10:37	0	0 B	coupon_use_inc
drwxr-xr-x	atguigu	supergroup	0 B	Aug 05 10:37	0	0 B	favor_info_inc
drwxr-xr-x	atguigu	supergroup	0 B	Aug 05 10:37	0	0 B	order_detail_activity_inc
drwxr-xr-x	atguigu	supergroup	0 B	Aug 05 10:37	0	0 B	order_detail_coupon_inc
drwxr-xr-x	atguigu	supergroup	0 B	Aug 05 10:37	0	0 B	order_detail_inc
drwxr-xr-x	atguigu	supergroup	0 B	Aug 05 10:37	0	0 B	order_info_inc
drwxr-xr-x	atguigu	supergroup	0 B	Aug 05 10:37	0	0 B	order_refund_info_inc
drwxr-xr-x	atguigu	supergroup	0 B	Aug 05 10:37	0	0 B	order_status_log_inc
drwxr-xr-x	atguigu	supergroup	0 B	Aug 05 10:37	0	0 B	payment_info_inc
drwxr-xr-x	atguigu	supergroup	0 B	Jun 27 15:34	0	0 B	promotion_pos_full
drwxr-xr-x	atguigu	supergroup	0 B	Jun 27 15:34	0	0 B	promotion_refer_full
drwxr-xr-x	atguigu	supergroup	0 B	Aug 05 10:37	0	0 B	refund_payment_inc
drwxr-xr-x	atguigu	supergroup	0 B	Jun 27 15:33	0	0 B	sku_attr_value_full
drwxr-xr-x	atguigu	supergroup	0 B	Jun 27 15:34	0	0 B	sku_info_full
drwxr-xr-x	atguigu	supergroup	0 B	Jun 27 15:34	0	0 B	sku_sale_attr_value_full
drwxr-xr-x	atguigu	supergroup	0 B	Jun 27 15:34	0	0 B	spu_info_full
drwxr-xr-x	atguigu	supergroup	0 B	Aug 05 10:37	0	0 B	user_info_inc

图 5-22　HDFS 目标路径出现增量数据

接下来进行测试。

（1）修改 Maxwell 配置文件 config.properties，增加 mock_date 参数，代码如下。

```
#该日期需要和/opt/module/applog/application.yml 中的 mock.date 参数值保持一致
mock_date=2023-06-14
```

注：该参数仅供学习使用，修改该参数后重启 Maxwell 才可生效。

（2）重启 Maxwell，使修改的参数生效。

```
[atguigu@hadoop102 bin]$ mxw.sh restart
```

（3）重新生成模拟数据。

```
[atguigu@hadoop102 bin]$ lg.sh
```

（4）观察 HDFS 目标路径的日期是否与模拟数据的业务日期一致。

增加以上配置项后，每次需要生成新一日的业务数据并进行采集之前，都需要先修改 Maxwell 配置文件 config.properties 中的 mock_date 参数。例如，需要生成 2023-06-19 的业务数据并进行采集，首先将 Maxwell 配置文件 config.properties 中的 mock_date 参数修改为 2023-06-19，然后将数据模拟程序配置文件 application.yml 中的 mock_date 参数修改为 2023-06-19，再执行 lg.sh，最后查看 HDFS 目标路径的日期是否与模拟数据的业务日期一致。

5．编写 Flume 启动、停止脚本

为方便使用，此处编写一个 Flume 启动、停止脚本。

（1）在 hadoop102 节点服务器的/home/atguigu/bin 目录下创建脚本 f3.sh。

```
[atguigu@hadoop102 bin]$ vim f3.sh
```

在脚本中填写如下内容。

```bash
#!/bin/bash

case $1 in
"start")
        echo " --------启动 hadoop104 节点业务数据 Flume-------"
        ssh hadoop104 "nohup /opt/module/flume/bin/flume-ng agent -n a1 -c /opt/module/
flume/conf -f /opt/module/flume/job/kafka_to_hdfs_db.conf >/dev/null 2>&1 &"
;;
"stop")

        echo " --------停止 hadoop104 节点业务数据 Flume-------"
        ssh hadoop104 "ps -ef | grep kafka_to_hdfs_db | grep -v grep |awk '{print \$2}' | xargs
-n1 kill"
;;
esac
```

（2）增加脚本执行权限。

```
[atguigu@hadoop102 bin]$ chmod +x f3.sh
```

（3）启动 Flume。

```
[atguigu@hadoop102 module]$ f3.sh start
```

（4）停止 Flume。

```
[atguigu@hadoop102 module]$ f3.sh stop
```

6．增量数据首日全量初始化

在通常情况下，增量数据需要在首日进行一次全量初始化，将现有数据一次性同步至数据仓库中，后续每日再进行增量同步。首日全量初始化可以使用 Maxwell 的 bootstrap 功能，为方便起见，下面编写一个增量数据首日全量初始化脚本。

（1）在/home/atguigu/bin 目录下创建 mysql_to_kafka_inc_init.sh 脚本。

```
[atguigu@hadoop102 bin]$ vim mysql_to_kafka_inc_init.sh
```

脚本内容如下。

```bash
#!/bin/bash

# 该脚本的作用是初始化所有的增量表，只需执行一次

MAXWELL_HOME=/opt/module/maxwell

import_data() {
```

```
    $MAXWELL_HOME/bin/maxwell-bootstrap    --database    gmall    --table    $1    --config
$MAXWELL_HOME/config.properties
}

case $1 in
"cart_info")
  import_data cart_info
  ;;
"comment_info")
  import_data comment_info
  ;;
"coupon_use")
  import_data coupon_use
  ;;
"favor_info")
  import_data favor_info
  ;;
"order_detail")
  import_data order_detail
  ;;
"order_detail_activity")
  import_data order_detail_activity
  ;;
"order_detail_coupon")
  import_data order_detail_coupon
  ;;
"order_info")
  import_data order_info
  ;;
"order_refund_info")
  import_data order_refund_info
  ;;
"order_status_log")
  import_data order_status_log
  ;;
"payment_info")
  import_data payment_info
  ;;
"refund_payment")
  import_data refund_payment
  ;;
"user_info")
  import_data user_info
  ;;
"all")
  import_data cart_info
  import_data comment_info
  import_data coupon_use
  import_data favor_info
  import_data order_detail
  import_data order_detail_activity
  import_data order_detail_coupon
```

```
 import_data order_info
 import_data order_refund_info
 import_data order_status_log
 import_data payment_info
 import_data refund_payment
 import_data user_info
 ;;
esac
```

（2）为 mysql_to_kafka_inc_init.sh 脚本增加执行权限。

```
[atguigu@hadoop102 bin]$ chmod +x ~/bin/mysql_to_kafka_inc_init.sh
```

（3）清理历史数据。

为方便查看结果，现将之前 HDFS 上同步的增量数据删除。

```
[atguigu@hadoop102 ~]$ hadoop fs -ls /origin_data/gmall/db | grep _inc | awk '{print $8}'
| xargs hadoop fs -rm -r -f
```

（4）执行 mysql_to_kafka_inc_init.sh 脚本。

```
[atguigu@hadoop102 bin]$ mysql_to_kafka_inc_init.sh all
```

（5）检查同步结果。

观察 HDFS 上是否重新出现同步数据。

7．增量同步总结

在进行增量同步时，需要先在首日进行一次全量初始化，后续每日进行增量同步。在首日进行全量初始化时，需要先启动数据通道，包括 Maxwell、Kafka、Flume，然后执行增量数据首日全量初始化脚本 mysql_to_kafka_inc_init.sh 进行初始化，后续每日只需保证采集通道正常运行即可，Maxwell 便会实时将变动数据发往 Kafka 中。

5.3　采集通道启动和停止脚本

通过第 4 章和第 5 章以上内容的讲解，我们已经知道，整个采集通道涉及多个框架。在实际开发过程中，需要按照顺序依次启动这些框架和进程，过程十分烦琐。我们将整个采集通道涉及的所有命令和脚本统一封装成脚本，可以大大简化流程。

（1）在/home/atguigu/bin 目录下创建脚本 cluster.sh。

```
[atguigu@hadoop102 bin]$ vim cluster.sh
```

在脚本中编写如下内容。

```
#! /bin/bash

case $1 in
"start"){
        echo ================== 启动 集群 ==================
        #启动 ZooKeeper 集群
        zk.sh start
        #启动 Hadoop 集群
        hdp.sh start
        #启动 Kafka 采集集群
        kf.sh start
        #启动采集 Flume
        f1.sh start
        #启动日志消费 Flume
        f2.sh start
```

```
    #启动业务消费 Flume
    f3.sh start
    #启动 Maxwell
    mxw.sh start
    };;
"stop"){
    echo ================== 停止 集群 ==================
    #停止 Maxwell
    mxw.sh stop
    #停止 业务消费 Flume
    f3.sh stop
    #停止 日志消费 Flume
    f2.sh stop
    #停止 日志采集 Flume
    f1.sh stop
    #停止 Kafka 采集集群
    kf.sh stop
    #停止 Hadoop 集群
    hdp.sh stop
    #循环直至 Kafka 集群进程全部停止
    kafka_count=$(xcall jps | grep Kafka | wc -l)
    while [ $kafka_count -gt 0 ]
    do
        sleep 1
        kafka_count=$(jpsall | grep Kafka | wc -l)
      echo "当前未停止的 Kafka 进程数为 $kafka_count"
    done
    #停止 ZooKeeper 集群
    zk.sh stop
};;
esac
```

（2）增加脚本执行权限。

```
[atguigu@hadoop102 bin]$ chmod +x cluster.sh
```

（3）执行脚本启动采集通道。

```
[atguigu@hadoop102 bin]$ cluster.sh start
```

（4）执行脚本停止采集通道。

```
[atguigu@hadoop102 bin]$ cluster.sh stop
```

5.4　本章总结

　　本章主要对业务数据采集模块进行了搭建。在搭建过程中读者可以发现，业务数据的数据表数量众多且多种多样，因此需要针对不同类型的数据表制定不同的数据同步策略，在制定好策略的前提下选用合适的数据采集工具。经过本章的学习，希望读者对电商业务数据的采集工作有更多的了解。

第6章

数据仓库搭建模块

前两章主要进行数据采集模块的搭建，分别将用户行为日志数据和业务数据采集到数据存储系统中。此时，数据在数据存储系统中还没有发挥任何价值，本章将完成数据仓库搭建的核心工作，对采集到的数据进行计算和分析。想从海量数据中获取有用的信息并不像想象的那么简单，并不是执行简单的数据提取操作就可以做到的。在进行数据的分析和计算之前，我们首先讲解数据仓库的关键理论知识，然后搭建数据分析处理的开发环境，最后以数据仓库的理论知识为指导，分层搭建数据仓库，得到最终的需求数据。

6.1 数据仓库理论准备

无论数据仓库的规模有多大，在搭建数据仓库之初，读者都应该掌握一定的基础理论知识，对数据仓库的整体架构有所规划，这样才能搭建出合理高效的数据仓库体系。

本章将围绕数据建模展开，介绍数据仓库建模理论的深层内核知识。

6.1.1 数据建模概述

数据模型是描述数据、数据联系、数据语义及一致性约束的概念工具的集合。数据建模简单来说就是基于对业务的理解，将各种数据进行整合和关联，并最终使得这些数据有更强的可用性和可读性，让数据使用者可以快速获取有价值的数据，提高数据响应速度，为企业带来更高的效益。

那么为什么要进行数据建模呢？

如果把数据看作图书馆里的图书，我们希望看到它们在书架上分门别类地放置；如果把数据看作城市里的建筑，我们希望城市规划布局合理；如果把数据看作计算机中的文件和文件夹，我们希望按照自己的习惯整理文件夹，而不希望有糟糕混乱的桌面，经常为找一个文件而不知所措。

数据建模是一套面向数据的方法，用来指导数据的整合和存储，使数据的存储和组织更有意义。数据建模具有以下优点：

- 进行全面的业务梳理，改进业务流程。

在进行数据建模之前，必须对企业进行全面的业务梳理。通过建立业务模型，我们可以全面了解企业的业务架构和整个业务的运行情况，能够将业务按照一定的标准进行分类和规范，以提高业务效率。

- 建立全方位的数据视角，消除信息孤岛和数据差异。

通过构建数据模型，可以为企业提供一个整体的数据视角，而不再是每个部分"各自为政"。通过构建数据模型，可以勾勒出各部门之间内在的业务联系，消除部门之间的信息孤岛。通过规范化的数据模型建设，还可以实现各部门间的数据一致性，消除部门间的数据差异。

- 提高数据仓库的灵活性。

通过构建数据模型，能够很好地将底层技术与上层业务分离开。当上层业务发生变化时，通过查看数据模型，底层技术可以轻松完成业务变动，从而提高整个数据仓库的灵活性。

- 加快数据仓库系统建设速度。

通过构建数据模型，开发人员和业务人员可以更加清晰地制定系统建设任务，以及进行长期目标的规划，明确当前开发任务，加快系统建设速度。

综上所述，合理的数据建模可以提升查询性能、提高用户效率、改善用户体验、提升数据质量、降低企业成本。

数据存储系统需要使用数据模型来指导数据的组织和存储，以便在性能、成本、效率和质量之间取得平衡。数据建模要遵循的原则如下：

- 高内聚和低耦合。

将业务相近或相关、粒度相同的数据设计为一个逻辑或物理模式，将高概率同时访问的数据放在一起，将低概率同时访问的数据分开存储。

- 核心模型与扩展模型分离。

建立核心模型与扩展模型体系，核心模型包括的字段支持常用的核心业务，扩展模型包括的字段支持个性化或少量应用的业务，两种模型尽量分离，以提高核心模型体系的简洁性和可维护性。

- 成本与性能平衡。

适当的数据冗余可以换取数据查询性能的提升，但是不宜过度冗余。

- 数据可回滚。

在不改变处理逻辑、不修改代码的情况下，重新执行任务后结果不变。

- 一致性。

不同表的相同字段命名与定义具有一致性。

- 命名清晰、可理解。

表名要清晰、一致，易于理解，方便使用。

6.1.2 关系模型与范式理论

数据仓库搭建过程中应采用哪种建模理论是大数据领域绕不过去的一个讨论命题。主流的数据仓库设计模型有两种，分别是 Bill Inmon 支持的关系模型（Relation Model）和 Ralph Kimball 支持的维度模型。

关系模型用表的集合来表示数据和数据之间的关系。每张表有多个列，每列有唯一的列名。关系模型是基于记录的模型的一种。每张表包含某种特定类型的记录，每个记录类型定义了固定数目的字段（或属性）。表的列对应记录类型的属性。在商用数据处理应用中，关系模型已经成为当今主要使用的数据模型，之所以占据主要位置，是因为和早期的数据模型（如网络模型或层次模型）相比，关系模型以其简易性简化了编程者的工作。

Bill Inmon 的建模理论将数据建模分为 3 个层次：高层建模（ER 模型，Entity Relationship）、中间层建模（称为数据项集或 DIS）、底层建模（称为物理模型）。高层建模是指站在全企业的高度，以实体（Entity）和关系（Relationship）为特征来描述企业业务。中间层建模以 ER 模型为基础，将每个主题域进一步扩展成各自的中间层模型。底层建模是从中间层数据模型创建扩展而来的，使模型中开始包含一些关键字和物理特性。

通过上文可以看到，关系数据库基于关系模型，使用一系列表来表达数据以及这些数据之间的联系。一般而言，关系数据库设计的目的是生成一组关系模式，使用户在存储信息时可以避免不必要的冗余，并且让用户可以方便地获取信息。这是通过设计满足范式（Normal Form）的模式来实现的。目前业界的范式包括第一范式（1NF）、第二范式（2NF）、第三范式（3NF）、巴斯-科德范式（BCNF）、第四范式（4NF）和第五范式（5NF）。范式可以理解为一张数据表的表结构符合的设计标准的级别。使用范式的根本目的包括如下两点：

（1）减少数据冗余，尽量让每个数据只出现一次。

（2）保证数据的一致性。

以上两点非常重要，因为在数据仓库发展之初，磁盘是很贵的存储介质，必须减少数据冗余，才能减少磁盘的存储空间，降低开发成本。而且以前是没有分布式系统的，若想扩充存储空间，只能增加磁盘，而磁盘的个数也是有限的，并且若数据冗余严重，对数据进行一次修改，则需要修改多张表，很难保证数据的一致性。

严格遵循范式理论的缺点是在获取数据时需要通过表与表之间的关联拼接出最后的数据。

1. 什么是函数依赖

函数依赖示例如表 6-1 所示。

表 6-1 函数依赖示例：学生成绩表

学　号	姓　名	系　名	系　主　任	课　名	分数（分）
1	李小明	经济系	王强	高等数学	95
1	李小明	经济系	王强	大学英语	87
1	李小明	经济系	王强	普通化学	76
2	张莉莉	经济系	王强	高等数学	72
2	张莉莉	经济系	王强	大学英语	98
2	张莉莉	经济系	王强	计算机基础	82
3	高芳芳	法律系	刘玲	高等数学	88
3	高芳芳	法律系	刘玲	法学基础	84

函数依赖分为完全函数依赖、部分函数依赖和传递函数依赖。

（1）完全函数依赖。

设（X,Y）是关系 R 的两个属性集合，X'是 X 的真子集，存在 X→Y，但对每一个 X'都有 X'!→Y，则称 Y 完全依赖于 X。

比如，通过（学号,课名）可推出分数，但是单独用学号推不出分数，那么可以说分数完全依赖于（学号,课名）。

即通过（A,B）能得出 C，但是单独通过 A 或 B 得不出 C，那么可以说 C 完全依赖于（A,B）。

（2）部分函数依赖。

假如 Y 依赖于 X，但同时 Y 并不完全依赖于 X，那么可以说 Y 部分依赖于 X。

比如，通过（学号,课名）可推出姓名，也可以直接通过学号推出姓名，所以姓名部分依赖于（学号,课名）。

即通过（A,B）能得出 C，通过 A 也能得出 C，或者通过 B 也能得出 C，那么可以说 C 部分依赖于（A,B）。

（3）传递函数依赖。

设（X,Y,Z）是关系 R 中互不相同的属性集合，存在 X→Y(Y !→X)，Y→Z，则称 Z 传递依赖于 X。

比如，通过学号可推出系名，通过系名可推出系主任，但是通过系主任推不出学号，系主任主要依赖于系名。这种情况可以说系主任传递依赖于学号。

即通过 A 可得到 B，通过 B 可得到 C，但是通过 C 得不到 A，那么可以说 C 传递依赖于 A。

2. 第一范式

第一范式（1NF）的核心原则是属性不可分割。如表 6-2 所示，商品列中的数据不是原子数据项，是可以分割的，明显不符合第一范式。

表 6-2 不符合第一范式的表格设计

id	商　品	商　家　id	用　户　id
001	5 台计算机	×××旗舰店	00001

对表 6-2 进行修改，使表格符合第一范式的要求，如表 6-3 所示。

表 6-3 符合第一范式的表格设计

id	商 品	数 量	商 家 id	用 户 id
001	计算机	5 台	×××旗舰店	00001

实际上，第一范式是所有关系数据库的最基本要求，在关系数据库（如 SQL Server、Oracle、MySQL）中创建数据表时，如果数据表的设计不符合这个最基本的要求，那么操作一定是不能成功的。也就是说，只要在关系数据库中已经存在的数据表，就一定是符合第一范式的。

3. 第二范式

第二范式（2NF）的核心原则是不能存在部分函数依赖。

表 6-1 明显存在部分函数依赖。这张表的主键是（学号，课名），分数确实完全依赖于（学号，课名），但是姓名并不完全依赖于（学号，课名）。

将表 6-1 进行调整，去掉部分函数依赖，使其符合第二范式，如表 6-4 和表 6-5 所示。

表 6-4 学号-课名-分数表

学 号	课 名	分数（分）
1	高等数学	95
1	大学英语	87
1	普通化学	76
2	高等数学	72
2	大学英语	98
2	计算机基础	82
3	高等数学	88
3	法学基础	84

表 6-5 学号-姓名-系明细表

学 号	姓 名	系 名	系 主 任
1	李小明	经济系	王强
2	张莉莉	经济系	王强
3	高芳芳	法律系	刘玲

4. 第三范式

第三范式（3NF）的核心原则是不能存在传递函数依赖。

表 6-5 中存在传递函数依赖，通过系主任不能推出学号，将表格进一步拆分，使其符合第三范式，如表 6-6 和表 6-7 所示。

表 6-6 学号-姓名表

学 号	姓 名	系 名
1	李小明	经济系
2	张莉莉	经济系
3	高芳芳	法律系

表 6-7 系名-系主任表

系 名	系 主 任
经济系	王强
法律系	刘玲

关系模型示意图如图 6-1 所示，其严格遵循第三范式（3NF）。从图 6-1 中可以看出，模型较为松散，物理表数量多，但数据冗余程度低。由于数据分布于众多的表中，因此这些数据可以更为灵活地被应用，

功能性较强。关系模型主要应用于 OLTP 系统中，OLTP 是传统的关系数据库的主要应用，主要用于基本的、日常的事务处理，如银行交易等。为了保证数据的一致性及避免冗余，大部分业务系统的表遵循第三范式。

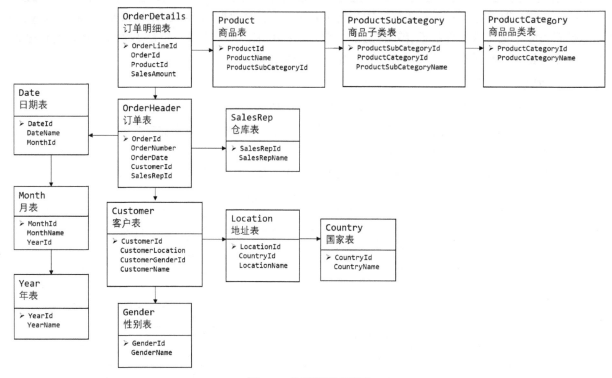

图 6-1　关系模型示意图

规范化带来的好处是显而易见的，但是在数据仓库的搭建中，规范化程度越高，意味着划分的表越多，在查询数据时就会出现更多的表连接操作。

6.1.3　维度模型

当今的数据处理大致可以分成两大类：联机事务处理 OLTP 和联机分析处理 OLAP。OLTP 已经讲过，它是传统的关系数据库的主要应用，主要用于基本的、日常的事务处理。而 OLAP 是数据仓库系统的主要应用，支持复杂的分析操作，侧重决策支持，并且可提供直观、易懂的查询结果。OLTP 与 OLAP 的主要区别如表 6-8 所示。

表 6-8　OLTP 与 OLAP 的主要区别

对 比 属 性	OLTP	OLAP
读特性	每次查询只返回少量记录	对大量记录进行汇总
写特性	随机、低延时写入用户的输入	批量导入
使用场景	用户，Java EE 项目	内部分析师，为决策提供支持
数据表征	最新数据状态	随时间变化的历史状态
数据规模	GB	TB 到 PB

维度模型是一种将大量数据结构化的逻辑设计手段，包含维度和度量指标。维度模型不像关系模型（目的是消除冗余数据），它面向分析设计，最终目的是提高查询性能，最终结果会增加数据冗余，并且违反第三范式。

维度建模是数据仓库领域的另一位大师——Ralph Kimball 所支持和倡导的数据仓库建模理论。维度模型将复杂的业务通过事实和维度两个概念呈现。事实通常对应业务过程，而维度通常对应业务过程发生时所处的环境。

一个典型的维度模型示意图如图 6-2 所示，其中位于中心的 SalesOrder（销售流水表）为事实表，保存的是下单这个业务过程的所有记录。位于周围的每张表都是维度表，包括 Customer（客户表）、Date（日期表）、Location（地址表）和 Product（商品表）等，这些维度表组成了每个订单发生时所处的环境，即何人、何时、在何地购买了何种商品。从图 6-2 中可以看出，维度模型相对清晰、简洁。

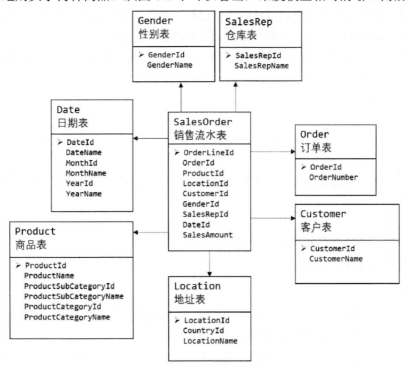

图 6-2　维度模型示意图

维度模型主要应用于 OLAP 系统中，通常以某一张事实表为中心进行表的组织，主要面向查询，特征是可能存在数据冗余，但是用户能够方便地获取数据。

采用关系模型建模虽然数据冗余程度低，但是在大规模数据中进行跨表分析统计查询时，会造成多表关联，这会大大降低执行效率。因此，通常我们采用维度模型建模，把各种相关表整理成事实表和维度表，所有的维度表围绕事实表进行解释。

6.1.4　维度建模理论之事实表

在数据仓库维度建模理论中，通常将表分为事实表和维度表两大类。事实表加维度表能够描述一个完整的业务事件。

事实表指存储有事实记录的表。事实表中的每行数据代表一个业务事件，如下单、支付、退款、评价等。"事实"这个术语表示的是业务事件中的度量，如可统计次数、个数、金额等。例如，2020 年 5 月 21 日，宋老师在京东花费 2500 元买了一部手机，在这个业务事件中，涉及的维度有时间、用户、商家、商品，涉及的事实则是 2500 元、一部。

事实表作为数据仓库建模的核心，需要根据业务过程来设计，包含了引用的维度和与业务过程有关的度量。事实表中的每行数据包括具有可加性的数值类型的度量和与维度表相连接的外键，并且通常都具有两个及两个以上的外键。

事实表的特征有以下 3 点。

- 通常数据量会比较大。
- 内容相对比较窄，列数通常比较少，主要是一些外键 id 和度量字段。

- 经常会发生变化，每日都会增加新数据。

作为度量业务过程的事实，一般为整型或浮点型的十进制数值类型，有可加性、半可加性和不可加性3种类型。

- 可加性事实。最灵活、最有用的事实是完全可加的，可加性事实可以按照与事实表关联的任意维度进行汇总，如订单金额。
- 半可加性事实。半可加性事实可以对某些维度进行汇总，但不能对所有维度进行汇总。差额是常见的半可加性事实，除时间维度外，差额可以跨所有维度进行汇总操作，如每日的余额加起来毫无意义。
- 不可加性事实。一些事实是完全不可加的，如比率。对不可加性事实，一种好的方法是将其分解为可加的组件来实现聚集。

事实表通常有以下几种。

- 事务事实表。

事务事实表是指以每个事务或事件为单位的表，例如，一笔支付记录作为事实表中的一行数据。

- 周期快照事实表。

周期快照事实表中不会保留所有数据，只保留固定时间间隔的数据，例如，每日或每月的销售额，以及每月的账户余额等。

- 累积快照事实表。

累积快照事实表用于跟踪业务事实的变化。

下面对各事实表进行详细介绍。

1. 事务事实表

事务事实表用来记录各业务过程，它保存的是各业务过程的原子操作事件，即最细粒度的操作事件。粒度是指事实表中一行数据所表达的业务细节程度。

事务事实表可用于分析与各业务过程相关的各项统计指标，由于其保存了最细粒度的记录，因此可以提供最大限度的灵活性，可以支持无法预期的各种细节层次的统计需求。

在构建事务事实表时，一般可遵循以下4个步骤：选择业务过程→声明粒度→确认维度→确认事实。

（1）选择业务过程。

在业务系统中挑选我们感兴趣的业务过程。业务过程可以概括为一个个不可拆分的行为事件，例如，电商交易中的下单、取消订单、付款、退单等都是业务过程。在通常情况下，一个业务过程对应一张事务事实表。

（2）声明粒度。

在确定业务过程后，需要为每个业务过程声明粒度，即精确定义每张事务事实表的每行数据表示什么。应该尽可能地选择最细粒度，以此来满足各种细节程度的统计需求。

典型的粒度声明：订单事实表中的一行数据表示的是一个订单中的一个商品项。

（3）确定维度。

确定维度具体是指确定与每张事务事实表相关的维度。

在确定维度时，应尽可能多地选择与业务过程相关的环境信息。因为维度的丰富程度决定了维度模型能够支持的指标丰富程度。

（4）确定事实。

此处的"事实"一词，指的是每个业务过程的度量（通常是可累加的数值类型的值，如次数、个数、件数、金额等）。

经过上述4个步骤，事务事实表就基本设计完成了。第1步可以确定有哪些事务事实表，第2步可以确定每张事务事实表的每行数据是什么，第3步可以确定每张事务事实表的维度外键，第4步可以确定每张事务事实表的度量字段。

事务事实表可以保存所有业务过程的最细粒度的操作事件，因此理论上可以满足与各业务过程相关的各种统计粒度的需求，但对于某些特定类型的需求，其逻辑可能会比较复杂，或者效率会比较低。

- 存量型指标。

存量型指标包括商品库存、账户余额等。此处以电商中的虚拟货币业务为例，虚拟货币业务主要包含的业务过程为获取货币和使用货币，两个业务过程各自对应一张事务事实表，一张用于存储所有获取货币的原子操作事件，另一张用于存储所有使用货币的原子操作事件。

假定现在有一个需求，要求统计截至当日的各用户虚拟货币余额。由于获取货币和使用货币均会影响余额，因此需要对两张事务事实表进行聚合，且需要区分二者对余额的影响（加或减），另外需要对这两张表的全表数据进行聚合，才能得到统计结果。

可以看到，无论是从逻辑上还是从效率上考虑，这都不是一个好的方案。

- 多事务关联统计。

例如，现在需要统计最近 30 日，用户下单到支付的时间间隔的平均值。统计思路应该是先找到下单事务事实表和支付事务事实表，过滤出最近 30 日的记录，然后按照订单 id 对这两张事实表进行关联，接着用支付时间减去下单时间，最后求出平均值。

逻辑上虽然并不复杂，但是其效率较低，因为下单事务事实表和支付事务事实表均为大表，大表与大表的关联操作应尽量避免。

可以看到，在上述两种场景下事务事实表的表现并不理想。下面介绍的另外两种类型的事实表，用于弥补事务事实表的不足。

2. 周期快照事实表

周期快照事实表以具有规律性的、可预见的时间间隔来记录事实，主要用于分析一些存量型（如商品库存、账户余额）或者状态型（如空气温度、行驶速度）指标。

如表 6-9 所示为某电商网站商品的周期快照事实表中的一行数据，记录了商品历史至今的交易数量、交易金额、加入购物车次数、收藏次数。

表 6-9 周期快照事实表

商 品 id	业 务 日 期	交易数量（个）	交易金额（元）	加入购物车次数（次）	收藏次数（次）
001	2020-06-24	100	5000	203	323

对于商品库存、账户余额这些存量型指标，业务系统中通常会计算并保存最新结果，因此定期同步一份全量数据到数据仓库，构建周期快照事实表，就能轻松应对此类统计需求，而无须再对事务事实表中大量的历史记录进行聚合。

对于空气温度、行驶速度这些状态型指标，由于它们的值往往是连续的，我们无法捕获其变动的原子事务操作，因此无法使用事务事实表统计此类数据，而只能定期对其进行采样，构建周期快照事实表。

构建周期快照事实表的步骤如下。

（1）确定粒度。

周期快照事实表的粒度可由采样周期和维度描述，因此确定采样周期和维度后即可确定粒度。

采样周期通常选择每日。维度可根据统计指标决定，例如，统计指标为统计每个仓库中每种商品的库存，则可确定维度为仓库和商品。确定完采样周期和维度后，即可确定该表的粒度为每日、仓库、商品。

（2）确认事实。

事实也可根据统计指标决定，例如，统计指标为统计每个仓库中每种商品的库存，则事实为商品库存。

3. 累积快照事实表

累积快照事实表是基于一个业务流程中的多个关键业务过程联合处理而构建的事实表，如交易流程中的下单、支付、发货、确认收货业务过程。

如表 6-10 所示，数据仓库中可能需要累计或者存储从下单开始，到订单商品被打包、运输和签收的各个业务阶段的时间点数据来跟踪订单生命周期的进展情况。当这个业务过程进行时，事实表的记录也要不断更新。

表 6-10　累积快照事实表

订 单 id	用 户 id	下 单 时 间	打 包 时 间	发 货 时 间	签 收 时 间
001	000001	2020-02-12 10:10	2020-02-12 11:10	2020-02-12 12:10	2020-02-12 13:10

累积快照事实表通常具有多个日期字段，每个日期对应业务流程中的一个关键业务过程（里程碑）。

累积快照事实表主要用于分析业务过程（里程碑）之间的时间间隔等需求。例如，前文提到的用户下单到支付的平均时间间隔，使用累积快照事实表进行统计，就能避免两个事务事实表的关联操作，从而使操作变得简单、高效。

累积快照事实表的构建流程与事务事实表类似，也可采用以下 4 个步骤。

（1）选择业务过程。

选择一个业务流程中需要进行关联分析的多个关键业务过程，多个业务过程对应一张累积快照事实表。

（2）声明粒度。

精确定义每行数据表示的含义，尽量选择最细粒度。

（3）确认维度。

选择与各业务过程相关的维度，需要注意的是，每个业务过程均需要一个日期维度。

（4）确认事实。

选择各业务过程的度量。

6.1.5　维度建模理论之维度表

维度表也称维表，有时也称查找表，是与事实表相对应的一种表。维度表保存了维度的属性值，可以与事实表做关联，相当于将事实表中经常重复出现的属性抽取、规范出来用一张表进行管理。维度表一般存储的是对事实的描述信息。每张维度表对应现实世界中的一个对象或概念，如用户、商品、日期和地区等。例如，订单状态表、商品品类表分别如表 6-11 和表 6-12 所示。

表 6-11　订单状态表

订单状态编号	订单状态名称
1	未支付
2	支付
3	发货中
4	已发货
5	已完成

表 6-12　商品品类表

商品品类编号	品 类 名 称
1	服装
2	保健品
3	电器
4	图书

维度表通常具有以下 3 个特征：

● 维度表的范围很宽，通常具有很多属性，列比较多。

- 与事实表相比，维度表的行数相对较少，通常小于 10 万行。
- 维度表的内容相对固定，不会轻易发生改变。

使用维度表可以大大缩小事实表，便于对维度进行管理和维护，当增加、删除和修改维度的属性时，不必对事实表的大量记录进行改动。维度表可以为多张事实表服务，减少重复工作。

维度表的构建步骤如下。

（1）确定维度（表）。

在构建事实表时，已经确定了与每张事实表相关的维度，理论上每个相关维度均需对应一张维度表。需要注意的是，可能存在多张事实表与同一个维度都相关的情况，这种情况需要保证维度的唯一性，即只创建一张维度表。另外，如果某些维度表的维度属性很少，例如只有一个国家名称，则可不创建该维度表，而把该表的维度属性直接增加到与它相关的事实表中，这个操作称为维度退化。

（2）确定主维表和相关维表。

此处的主维表和相关维表均指业务系统中与某维度相关的表。例如，业务系统中与商品相关的表有 sku_info、spu_info、base_trademark、base_category3、base_category2、base_category1 等，其中，sku_info 称为商品维度的主维表，其余表则称为商品维度的相关维表。维度表的粒度通常与主维表相同。

（3）确定维度属性。

确定维度属性即确定维度表字段。维度属性主要来自业务系统中与该维度对应的主维表和相关维表。维度属性可直接从主维表或相关维表中选择，也可通过进一步加工得到。

在确定维度属性时，需要遵循以下原则：

- 尽可能生成丰富的维度属性。

维度属性是后续做分析统计时的查询约束条件、分组字段的基本来源，是数据易用性的关键。维度属性的丰富程度直接影响数据模型能够支持的指标的丰富程度。

- 尽量不使用编码，而使用明确的文字说明，一般编码和文字说明可以共存。
- 尽量沉淀出通用的维度属性。

有些维度属性的获取，需要进行比较复杂的逻辑处理，例如，需要通过多个字段拼接得到。为避免后续每次使用时进行重复处理，可将这些维度属性沉淀到维度表中。

维度表的四大设计要点如下。

1．规范化与反规范化

规范化是指使用一系列范式设计数据库的过程，其目的是减少数据冗余，增强数据的一致性。在通常情况下，规范化之后，一张表中的字段会被拆分到多张表中。

反规范化是指将多张表的数据合并到一张表中，其目的是减少表之间的关联操作，提高查询性能。

在构建维度表时，如果对其进行规范化，得到的维度模型称为雪花模型；如果对其进行反规范化，得到的模型称为星形模型。

关于星形模型与雪花模型，将在 6.1.6 节中做详细讲解。

数据仓库系统主要用于数据分析和统计，所以是否方便用户进行统计和分析决定了模型的优劣。采用雪花模型，用户在统计和分析的过程中需要进行大量的关联操作，使用复杂度高，同时查询性能很差，而星形模型则方便、易用且性能好。因此，出于易用性和性能的考虑，维度表一般不是很规范化。

2．维度变化

维度属性通常不是静态的，而是随时间变化的，数据仓库的一个重要特点就是反映历史的变化，因此如何保存维度数据的历史状态是维度设计的重要工作之一。通常采用全量快照表或拉链表保存维度数据的历史状态。

（1）全量快照表。

离线数据仓库的计算周期通常为每日一次，因此可以每日保存一份全量的维度数据。这种方式的优点和缺点都很明显。

优点是简单有效，开发和维护成本低，方便理解和使用。

缺点是浪费存储空间，尤其是当数据的变化比例比较低时。

（2）拉链表。

拉链表的意义在于能够更加高效地保存维度数据的历史状态。

什么是拉链表？

拉链表是维护历史状态及最新状态数据的一种表，用于记录每条信息的生命周期，一旦一条信息的生命周期结束，就重新开始记录一条新的信息，并把当前日期作为生效开始日期，如表 6-13 所示。

表 6-13　用户状态拉链表

用 户 id	手 机 号 码	生效开始日期	生效结束日期
1	136****9090	2019-01-01	2019-05-01
1	137****8989	2019-05-02	2019-07-02
1	182****7878	2019-07-03	2019-09-05
1	155****1234	2019-09-06	9999-12-31

如果当前信息至今有效，则在生效结束日期中填入一个极大值（如 9999-12-31）。

为什么要做拉链表？

拉链表适用于如下场景：数据量比较大，且数据部分字段会发生变化，变化的比例不大且频率不高。若采用每日全量同步策略导入数据，则会占用大量内存且会保存很多不变的信息。在此种情况下使用拉链表，既能反映数据的历史状态，又能最大限度地节省存储空间。

比如，用户信息会发生变化，但是变化比例不大。如果用户数量具有一定规模，采用每日全量同步策略保存数据，效率会很低。

用户表中的数据每日有可能新增，也有可能修改，但修改频率并不高，属于缓慢变化维度，因此此处采用拉链表存储用户维度数据。

如何使用拉链表？

某张用户信息拉链表如表 6-14 所示，存放的是所有用户的姓名信息，若想获取某个日期的数据全量切片，可以通过生效开始日期≤某个日期≤生效结束日期得到。

表 6-14　用户信息拉链表

用户 id	姓　　名	生效开始时间	生效结束日期
1	张三	2019-01-01	9999-12-31
2	李四	2019-01-01	2019-01-02
2	李小四	2019-01-03	9999-12-31
3	王五	2019-01-01	9999-12-31
4	赵六	2019-01-02	9999-12-31

例如，若想获取 2019-01-01 的全量用户数据，可通过使用 SQL 语句 select * from user_info where start_date<='2019-01-01' and end_date>='2019-01-01';得到，查询结果如表 6-15 所示。

表 6-15　查询结果

用户 id	姓　　名	生效开始时间	生效结束日期
1	张三	2019-01-01	9999-12-31
2	李四	2019-01-01	2019-01-02
3	王五	2019-01-01	9999-12-31

3．多值维度

事实表中的一条记录在某张维度表中有多条记录与之对应，称为多值维度。例如，下单事实表中的一条记录为一个订单，一个订单可能包含多个商品，因此商品维度表中就可能有多条数据与之对应。

针对这种情况，通常采用以下 2 种方案解决。

第 1 种：降低事实表的粒度，例如，将订单事实表的粒度由一个订单降低为一个订单中的一个商品项。

第 2 种：在事实表中采用多字段保存多个维度值，每个字段保存一个维度 id。这种方案只适用于多值维度个数固定的情况。

建议尽量采用第 1 种方案解决多值维度问题。

4．多值属性

维度表中的某个属性同时有多个值，称为"多值属性"，例如，商品维度的平台属性和销售属性，每个商品均有多个属性值。

针对这种情况，通常采用以下 2 种方案解决。

第 1 种：将多值属性放到一个字段，该字段内容为"key1:value1,key2:value2"的形式，例如，一部手机的平台属性值为"品牌:华为,系统:鸿蒙,CPU:麒麟 990"。

第 2 种：将多值属性放到多个字段，每个字段对应一个属性。这种方案只适用于多值属性个数固定的情况。

6.1.6　雪花模型、星形模型与星座模型

在维度建模的基础上又分为 3 种模型：星形模型、雪花模型与星座模型。其中，最常用的是星形模型。

星形模型中有 1 张事实表，以及 0 张或多张维度表，事实表与维度表通过主键、外键相关联，维度表之间没有关联。当所有维度表都直接连接到事实表上时，整个图解就像星星一样，所以将该模型称为星形模型，如图 6-3 所示。星形模型是最简单也是最常用的模型。由于星形模型只有一张大表，因此相对于其他模型来说，其更适合被用于进行大数据处理，而其他模型也可以通过一定的转换，变为星形模型。星形模型是一种非规范化的结构，多维数据集的每一个维度都直接与事实表相连接，不存在渐变维度，所以数据有一定的冗余。例如，在地域维度表中，存在国家 A 省 B 的城市 C 以及国家 A 省 B 的城市 D 两条记录，那么国家 A 和省 B 的信息分别存储了两次，即存在冗余。

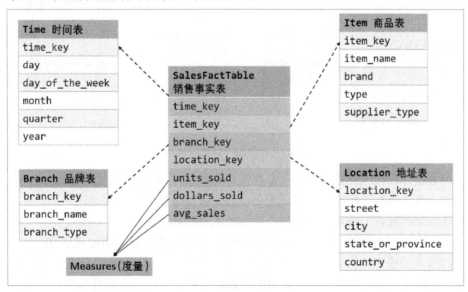

图 6-3　星形模型建模示意图

当有一张或多张维度表没有直接连接到事实表上，而是通过其他维度表连接到事实表上时，其图解就像多个雪花连接在一起，所以称为雪花模型。雪花模型是对星形模型的扩展。它对星形模型的维度表进行进一步层次化，原有的各维度表可能被扩展为小的事实表，形成一些局部的"层次"区域，这些被分解的表都连接到主维表而不是事实表上，如图 6-4 所示。雪花模型的优点是通过最大限度地减少数据存储量，以及联合较小的维度表来改善查询性能。雪花模型去除了数据冗余，比较靠近第三范式，但是无法完全遵守，因为遵守第三范式的成本太高。

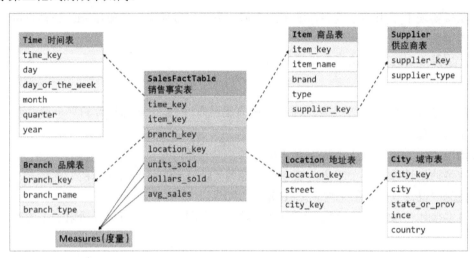

图 6-4　雪花模型建模示意图

星座模型与前两种模型的区别是事实表的数量，星座模型基于多张事实表，且事实表之间共享一些维度表。星座模型与前两种模型并不冲突。图 6-5 所示为星座模型建模示意图。因为很多数据仓库包含多张事实表，所以通常使用星座模型。

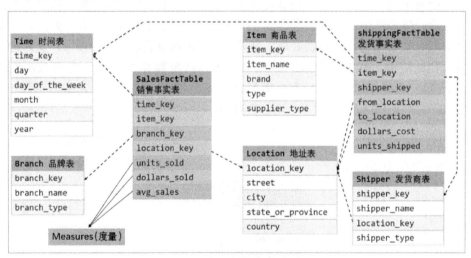

图 6-5　星座模型建模示意图

星形模型因为数据存在很大冗余，所以很多查询不需要与外部表进行连接，因此在一般情况下查询效率比雪花模型要高。星形模型不用考虑很多规范化因素，所以设计与实现都比较简单。雪花模型由于去除了冗余，有些统计需要通过表的连接才能完成，查询效率比较低。

通过对比我们可以看出，数据仓库大多时候是比较适合使用星形模型构建底层 Hive 数据表的，大量数据的冗余可以减少表的查询次数，提升查询效率。星形模型对于 OLAP 系统是非常友好的，这一点在 Kylin 中体现得非常彻底。而雪花模型更常应用于关系数据库中。目前在企业实际开发中，不会只选择一种模型，而是根据情况灵活组合，甚至并存（一层维度和多层维度都保存）。但是从整体来看，企业更倾向于选择维度更小的星形模型。尤其是 Hadoop 体系，减少表与表之间的连接操作就是减少中间数据的传输和计算，性能差距很大。

6.2 数据仓库建模实践

在了解了数据仓库建模的相关理论之后，本节将针对本数据仓库项目的实际情况做出具体的建模计划。

6.2.1 名词概念

在做具体的建模计划之前，我们首先来了解一些在数据仓库建模过程中会用到的名词概念，也包含曾经提到过的一些概念，在这里再次做简单讲解，温故而知新。

- 宽表。

宽表从字面意义上讲就是字段比较多的表，通常是指将业务主题相关的指标与维度、属性关联在一起的表。

- 粒度。

粒度是设计数据仓库的一个重要方面。粒度是指数据仓库的数据单位中保存数据的细化或综合程度的级别。细化程度越高，粒度级就越小；相反，细化程度越低，粒度级就越大。

笼统地说，粒度就是维度的组合。

- 维度退化。

将一些常用的维度属性直接写到事实表中的维度操作称为维度退化。

- 维度层次。

维度层次是指维度中的一些描述属性以层次方式或一对多的方式相互关联，可以理解为包含连续主从关系的属性层次。层次的底层代表维度中描述最低级别的详细信息，顶层代表最高级别的概要信息。维度常常有多个这样的嵌入式层次结构。

- 下钻。

下钻是指数据明细从粗粒度到细粒度的过程，会细化某些维度。下钻是商业用户分析数据时采用的最基本的方法。下钻仅需要在查询上增加一个维度属性，附加在 SQL 的 Group By 语句中。属性可以来自任何与查询使用的事实表关联的维度。下钻不需要存在层次的定义或下钻路径。

- 上卷。

上卷是指数据的汇总聚合，即从细粒度到粗粒度的过程，会无视某些维度。

- 规范化。

按照第三范式，使用事实表和维度表的方式管理数据称为规范化。规范化常用于 OLTP 系统的设计。通过规范化处理可以将重复属性移至自身所属的表中，删除冗余数据。上文中提到的雪花模型就是典型的数据规范化处理。

- 反规范化。

将维度的属性合并到单个维度中的操作称为反规范化。反规范化会产生包含全部信息的宽表，形成数据冗余，实现用维度表的空间换取数据简明性和查询性能提升的效果，常用于 OLAP 系统的设计。

- 业务过程。

业务过程是组织完成的操作型活动，如获得订单、付款、退货等。多数事实表关注某一业务过程的结果，过程的选择是非常重要的，因为过程定义了特定的设计目标，以及粒度、维度和事实。每个业务过程对应企业数据仓库总线矩阵的一行。

- 原子指标。

原子指标基于某一业务过程的度量，是业务定义中不可再拆解的指标，原子指标的核心功能就是对指标的聚合逻辑进行定义。我们可以得出结论，原子指标包含三要素，分别是业务过程、度量和聚合逻辑。

- 派生指标。

派生指标基于原子指标、时间周期和维度，用于圈定业务统计范围并分析获取业务统计指标的数值。

- 衍生指标。

衍生指标是在一个或多个派生指标的基础上，通过各种逻辑运算复合而成的。例如，比率、比例等类型的指标。衍生指标也会对应实际的统计需求。

- 数据域。

数据域是联系较为紧密的数据主题的集合。通常根据业务类别、数据来源、数据用途等多个维度，对企业的业务数据进行区域划分。将同类型数据存放在一起，便于使用者快速查找需要的内容。不同使用目的的数据，分类标准不同。例如，电商行业通常可以划分为交易域、流量域、用户域、互动域、工具域等。

- 业务总线矩阵。

企业数据仓库的业务总线矩阵是用于设计企业数据仓库总线架构的基本工具。矩阵的行表示业务过程，列表示维度。矩阵中的点表示维度与给定的业务过程的关系。

6.2.2 为什么要分层

想要使数据仓库中的数据真正发挥最大的作用，必须对其进行分层，数据仓库分层的优点如下。

- 将复杂问题简单化。可以将一个复杂的任务分解成多个步骤来完成，每一层只处理单一的任务。
- 减少重复开发。规范数据分层，通过使用中间层数据，可以大大减少重复计算量，增加计算结果的复用性。
- 隔离原始数据。使真实数据与最终统计数据解耦。
- 清晰数据结构。每个数据分层都有它的作用域，这样我们在使用表的时候更方便定位和理解。
- 数据血缘追踪。我们最终向业务人员展示的是一张能直观看到结果的数据表，但是这张表的数据来源可能有很多，如果结果表出现问题，则可以快速定位到问题位置，并清楚危害范围。

数据仓库具体如何分层取决于设计者对数据仓库的整体规划，不过大部分的思路是相似的。本书将数据仓库分为 5 层，如图 6-6 所示。

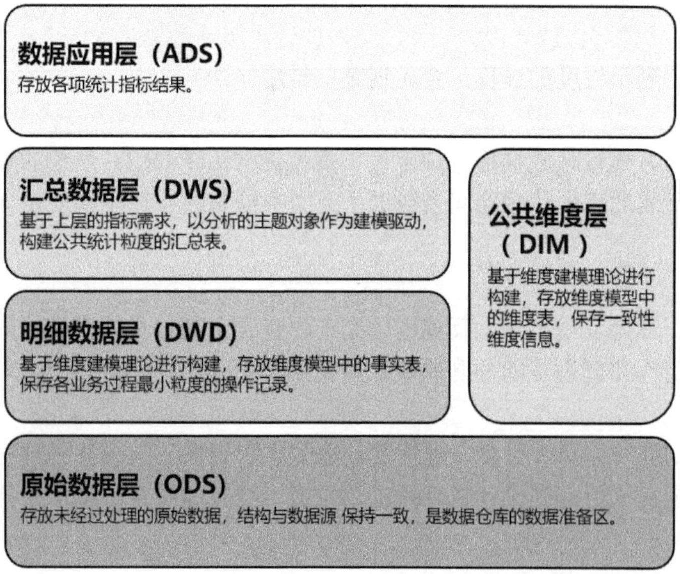

分层简称	全称
ODS	Operational Data Store
DWD	Data Warehouse Detail
DIM	Dimension
DWS	Data Warehouse Summary
ADS	Application Data Service

图 6-6 数据仓库分层规划

- 原始数据层（ODS）：存放原始数据，直接装载原始日志、数据，数据保持原貌不做处理。

- 明细数据层（DWD）：对 ODS 层中的数据进行清洗（去除空值、脏数据、超过极限范围的数据）、维度退化、脱敏等。
- 汇总数据层（DWS）：以 DWD 层中的数据为基础，按日进行轻度汇总。
- 公共维度层（DIM）：基于维度建模理论进行构建，存放维度模型中的维度表，保存一致性维度信息。
- 数据应用层（ADS）：面向实际的数据需求，为各种统计报表提供数据。

6.2.3　数据仓库搭建流程

图 6-7 所示为数据仓库搭建流程。

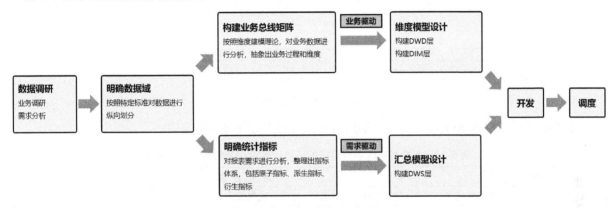

图 6-7　数据仓库搭建流程

1．数据调研

数据调研的工作分为两项，分别是业务调研和需求分析。这两项工作做得是否充分，直接影响数据仓库的质量。

（1）业务调研。

业务调研的主要目的是熟悉业务流程和业务数据。

熟悉业务流程要求做到明确每个业务的具体流程，需要将该业务所包含的具体业务过程一一列举出来。

熟悉业务数据要求做到将数据（包括埋点日志和业务数据表）与业务过程对应起来，明确每个业务过程会对哪些表的数据产生影响，以及产生什么影响。产生的影响需要具体到，是新增一条数据，还是修改一条数据，并且需要明确新增的内容或者修改的逻辑。

下面以电商的交易业务为例进行演示，交易业务涉及的业务过程有买家下单、买家支付、卖家发货、买家收货，具体流程如图 6-8 所示。

（2）需求分析。

例如，统计最近一日各省份手机品类的订单总额。

在分析以上需求时，需要明确需求所包括的业务过程及维度，例如，该需求包括的业务过程是买家下单，包含的维度有日期、省份、商品品类。

（3）总结。

做完业务调研和需求分析之后，要保证每个需求都能找到与之对应的业务过程及维度。若现有数据无法满足需求，则需要和业务方进行沟通，例如，某个页面需要新增某个行为的埋点。

2．明确数据域

数据仓库模型设计除了进行横向分层，通常还需要根据业务情况纵向划分数据域。

划分数据域的意义是便于数据的管理和应用。通常可以根据业务过程或者部门进行划分，本数据仓库项目根据业务过程进行划分，需要注意的是，一个业务过程只能属于一个数据域。

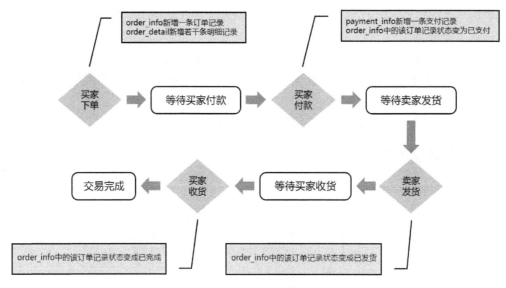

图 6-8　交易业务具体流程

如表 6-16 所示为本数据仓库项目所需的所有业务过程及数据域划分详情。

表 6-16　本数据仓库项目所需的所有业务过程及数据域划分详情

数 据 域	业 务 过 程
交易域	加购物车、下单、取消订单、支付成功、退单、退款成功
流量域	页面浏览、启动、动作、曝光、错误
用户域	注册、登录
互动域	收藏、评价
工具域	优惠券领取、优惠券使用（下单）、优惠券使用（支付）

3．构建业务总线矩阵

业务总线矩阵中包含维度模型所需的所有事实（业务过程）和维度，以及各业务过程与各维度的关系。如图 6-9 所示，矩阵的行是一个个业务过程，矩阵的列是一个个的维度，行列的交点表示业务过程与维度的关系。

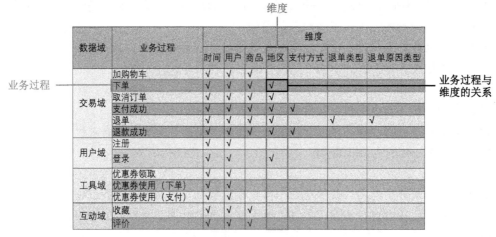

图 6-9　业务总线矩阵示例

一个业务过程对应维度模型中的一张事务事实表，一个维度则对应维度模型中的一张维度表，所以构建业务总线矩阵的过程就是构建维度模型的过程。但需要注意的是，业务总线矩阵中通常只包含事务事实表，另外两种类型的事实表需要单独构建。

按照事务事实表的构建流程（选择业务过程→声明粒度→确定维度→确定事实），得到的最终的业务总线矩阵如表 6-17 所示，后续 DWD 层与 DIM 层的搭建都需要参考该矩阵。

表 6-17　业务总线矩阵

数据域	业务过程	粒度	维度													度量
			时间	用户	商品	地区	活动	优惠券	支付方式	退单类型	退单原因类型	渠道	设备	营销坑位	营销渠道	
交易域	加购物车	一次添加购物车的操作	√	√	√											商品件数
	下单	一个订单中的一个商品项	√	√	√	√	√	√								下单商品件数/下单原始金额/下单最终金额/活动优惠金额/优惠券优惠金额
	取消订单	一次取消订单操作	√	√	√	√	√	√								下单商品件数/下单原始金额/下单最终金额/活动优惠金额/优惠券优惠金额
	支付成功	一个订单中一个商品项的支付成功操作	√	√	√	√	√	√	√							支付商品件数/支付原始金额/支付最终金额/活动优惠金额/优惠券优惠金额
	退单	一次退单操作	√	√	√	√				√	√					退单商品件数/退单金额
	退款成功	一次退款成功操作	√	√	√	√			√							退款商品件数/退款金额
流量域	页面浏览	一次页面浏览记录	√		√	√						√		√	√	浏览时长
	动作	一次动作记录	√	√	√	√	√					√	√			无事实（次数1）
	曝光	一次曝光记录	√	√	√	√	√					√	√	√	√	无事实（次数1）
	启动	一次启动记录	√			√						√	√			无事实（次数1）
	错误	一次错误记录	√													无事实（次数1）
用户域	注册	一次注册操作	√													无事实（次数1）
	登录	一次登录操作	√			√						√	√			无事实（次数1）
工具域	优惠券领取	一次优惠券领取操作	√	√				√						无事实（次数1）	优惠券领取	一次优惠券领取操作
	优惠券使用（下单）	一次优惠券使用（下单）操作	√	√				√						无事实（次数1）	优惠券使用（下单）	一次优惠券使用（下单）操作
	优惠券使用（支付）	一次优惠券使用（支付）操作	√	√				√						无事实（次数1）	优惠券使用（支付）	一次优惠券使用（支付）操作
互动域	收藏	一次收藏操作	√	√	√									无事实（次数1）	收藏	一次收藏操作
	评价	一次评价操作	√	√	√									无事实（次数1）	评价	一次评价操作

4．明确统计指标

明确统计指标具体的工作是：深入分析需求，构建指标体系。构建指标体系的主要意义就是使指标定义标准化。所有指标的定义都必须遵循同一套标准，这样能有效地避免指标定义存在歧义、指标定义重复等问题。

指标体系的相关概念在 6.2.1 节中已经有过解释，此处进行更进一步的讲解。

（1）原子指标。

原子指标基于某一业务过程的度量，是业务定义中不可再拆解的指标，原子指标的核心功能就是对指标的聚合逻辑进行定义。我们可以得出结论，原子指标包含三要素，分别是业务过程、度量和聚合逻辑。

例如，订单总额就是一个典型的原子指标，其中的业务过程为用户下单，度量为订单金额，聚合逻辑为 sum() 求和。需要注意的是，原子指标只是用来辅助定义指标的一个概念，通常不会有实际统计需求与之对应。

（2）派生指标。

派生指标基于原子指标，其与原子指标的关系如图 6-10 所示。派生指标就是在原子指标的基础上增加修饰限定，如统计周期、业务限定、粒度限定等。在订单总额这个原子指标上增加日期限定（最近一日）、业务限定（手机品类）、统计粒度（省份）就获得了一个派生指标：最近一日各省份手机品类的订单总额。

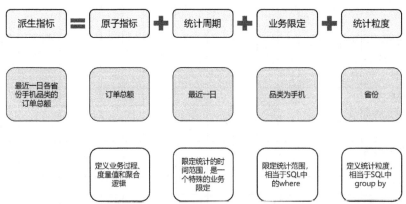

图 6-10　派生指标与原子指标的关系

与原子指标不同，派生指标通常会对应实际的统计需求。读者可从图 6-10 中体会指标定义标准化的含义。

（3）衍生指标。

衍生指标是在一个或多个派生指标的基础上，通过各种逻辑运算复合而成的，如比率、比例等类型的指标。衍生指标也会对应实际的统计需求。如图 6-11 所示，有两个派生指标，分别是最近 30 日各品牌下单次数和最近 30 日各品牌退单次数，通过这两个派生指标之间的逻辑运算，可以得到衍生指标，即最近 30 日各品牌的退货率。

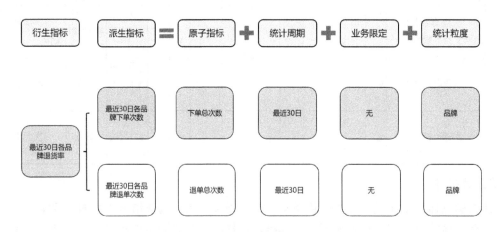

图 6-11　基于派生指标得到衍生指标

通过上述两个具体的案例可以看出，绝大多数的统计需求可以使用原子指标、派生指标及衍生指标这套标准来定义。根据以上的指标体系，对本数据仓库项目的需求进行分析，几个比较典型的需求分析如图 6-12～图 6-17 所示。

最近 1/7/30 日活跃用户数指标分析如图 6-12 所示。活跃用户是指在当日打开过网页或者应用的用户，不考虑用户的使用情况。

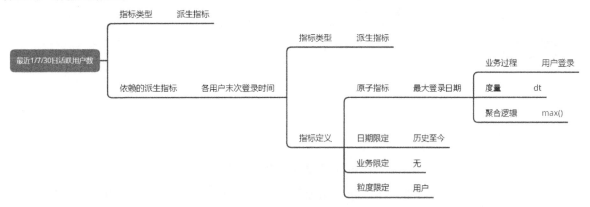

图 6-12　最近 1/7/30 日活跃用户数指标分析

流失用户数指标分析如图 6-13 所示。流失用户是指曾经打开过网页或者应用，但是 n 日以上没有再打开过的用户。运营人员可以针对流失用户，分析用户流失原因，从而采取一定的运营手段，提升用户黏性，尽量挽回流失用户。

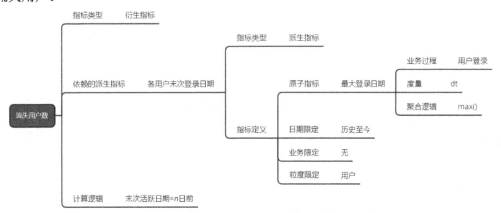

图 6-13　流失用户数指标分析

最近 1/7/30 日各渠道跳出率指标分析如图 6-14 所示。跳出率是指只浏览了一个页面就离开网站或应用的次数占总浏览次数的比例。

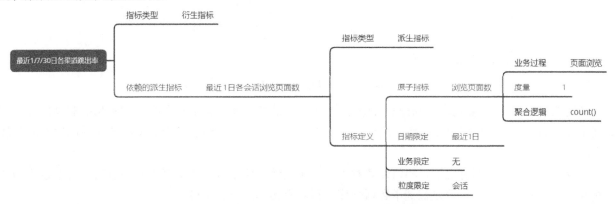

图 6-14　最近 1/7/30 日各渠道跳出率指标分析

回流用户数指标分析如图 6-15 所示。回流用户是指有一段时间没活跃，但是又重新打开网页或应用的用户。

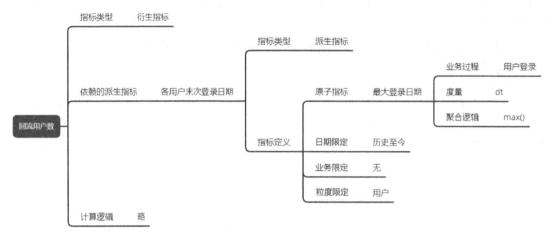

图 6-15 回流用户数指标分析

用户新增留存率指标分析如图 6-16 所示。新增用户是指在第一次打开网页或应用后，经过一段时间，仍然继续使用该应用的用户，这部分用户占当日总新增用户的比例，即用户新增留存率。

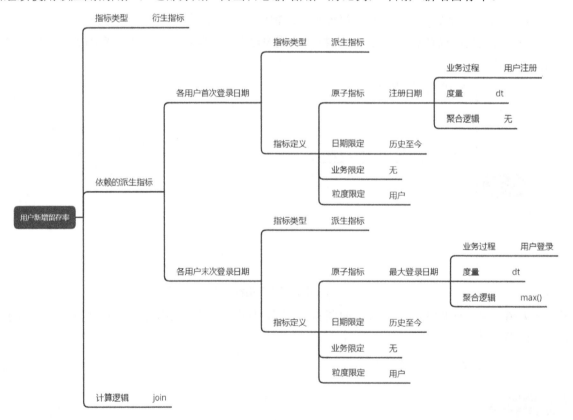

图 6-16 用户新增留存率指标分析

最近 7/30 日各品牌复购率指标分析如图 6-17 所示。品牌复购是指用户在购买过某品牌商品后继续购买该品牌商品的行为。购买该品牌商品超过 2 次的人数与至少购买过该品牌商品 1 次的人数的比率即品牌复购率。

在分析了几个典型指标之后，相信读者对指标体系已经有所了解。在本书附赠的资料（可通过"尚硅谷教育"公众号获取）中，可以找到本数据仓库项目所有指标的分析脑图。

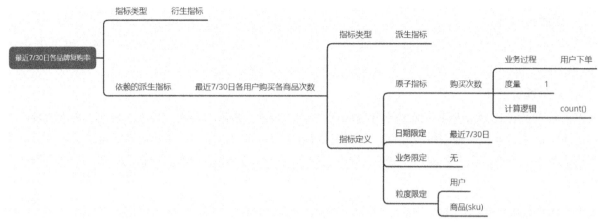

图 6-17 最近 7/30 日各品牌复购率指标分析

我们发现这些统计需求都直接或间接地对应一个或者多个派生指标。当统计需求足够多时，必然会出现部分统计需求对应的派生指标相同的情况。在这种情况下，我们可以考虑将这些公用的派生指标保存下来，这样做的主要目的就是减少重复计算，提高数据的复用性。

这些公用的派生指标统一保存在数据仓库的 DWS 层中。因此 DWS 层的设计，就可以参考我们根据现有的统计需求整理出的派生指标。从指标体系中抽取出来所有派生指标（将相同派生指标做合并处理），如表 6-18 所示（使用不同的背景颜色对派生指标进行区分，相邻且背景颜色相同的派生指标将被合并）。

表 6-18 派生指标

原子指标			日期限定	粒度限定	派生指标	汇总表
业务过程	度量	聚合逻辑				
页面浏览	*	*	最近 1 日	会话	最近 1 日会话页面浏览情况	流量域会话粒度页面浏览最近 1 日汇总表
页面浏览	during_time	sum()	最近 1 日	会话	最近 1 日各会话停留总时长	
页面浏览	1	count()	最近 1 日	会话	最近 1 日各会话浏览页面数	
页面浏览	1	count()	最近 1 日	访客、页面	最近 1 日各访客各页面浏览次数	流量域访客页面粒度页面浏览最近 1 日汇总表
页面浏览	during_time	sum()	最近 1 日	访客、页面	最近 1 日各访客各页面浏览时长	
登录	date_id	max()	历史至今	用户	各用户末次登录日期	用户域用户粒度登录历史至今汇总表
加购	1	count()	最近 1 日	用户	最近 1 日各用户加购物车次数	交易域用户粒度加购最近 1 日汇总表
下单	订单金额	sum()	最近 1 日	用户	最近 1 日各用户下单总额	交易域用户粒度下单最近 1 日汇总表
下单	order_id	count(distinct())	最近 1 日	用户	最近 1 日各用户下单次数	
下单	date_id	min()	历史至今	用户	各用户首次下单日期	交易域用户粒度下单历史至今汇总表
下单	date_id	max()	历史至今	用户	各用户末次下单日期	
下单	1	count()	最近 1/7/30 日	用户、商品	最近 1/7/30 日各用户购买各商品次数	交易域用户商品粒度最近 1 日汇总表/交易域用户商品粒度最近 n 日汇总表
下单	order_id	count(distinct)	最近 1/7/30 日	省份	最近 1/7/30 日各省份下单次数	交易域省份粒度最近 1 日汇总表/交易域省份粒度最近 n 日汇总表
下单	订单金额	sum()	最近 1/7/30 日	省份	最近 1/7/30 日各省份下单金额	
优惠券使用（支付）	1	count()	最近 1 日	用户、优惠券	最近 1 日各用户各优惠券使用（支付）次数	工具域用户优惠券粒度优惠券使用（支付）最近 1 日汇总表
收藏	1	count()	最近 1 日	商品	最近 1 日各商品收藏次数	互动域商品粒度收藏最近 1 日汇总表
支付	order_id	count(distinct())	最近 1 日	用户	最近 1 日各用户支付次数	交易域用户粒度支付最近 1 日汇总表

注：*表示没有度量的聚合。

119

5. 维度模型设计

维度模型的设计参照上文中提到的业务总线矩阵即可。事实表存储在 DWD 层中，维度表存储在 DIM 层中。

6. 汇总模型设计

汇总模型的设计参考上述整理出的指标体系（主要是派生指标）即可。汇总表与派生指标的对应关系是：一张汇总表通常包含业务过程相同、日期限定相同、粒度限定相同的多个派生指标。请思考：汇总表与事实表的关系是什么？答案是：一张事实表可能会产生多张汇总表，但是一张汇总表只能来源于一张事实表。

6.2.4 数据仓库开发规范

如果在数据仓库开发前期缺乏规划，随着业务的发展，则会暴露出越来越多的问题，例如，同一个指标，命名不同，将导致重复计算；字段数据不完整、不准确，则无法确认字段含义；不同表的相同字段命名不同等。所以在数据仓库开发之初，就应该制定完善的规范，从设计、开发、部署和应用的层面，避免重复建设、指标冗余建设、混乱建设等问题，从而保障数据口径的规范和统一。要做到数据仓库开发规范化，需要从以下几个方面入手。

- 标准建模。按照标准规范设计和管理数据模型。
- 规范研发。整个开发过程需要严格遵守开发规范。
- 统一定义。做到指标定义一致性、数据来源一致性、统计口径一致性、维度一致性、维度和指标数据出口唯一性。
- 词根规范。建立企业词根词典。
- 指标规范。
- 命名规范。

在数据仓库开发过程中，开发人员要遵守一定的数据仓库开发规范，本数据仓库项目的开发规范如下。

1. 命名规范

（1）表名、字段名命名规范。

- 表名、字段名采用下画线分隔词根，每部分使用小写英文单词，通用字段需要满足通用该字段信息定义原则。
- 表名、字段名均以字母开头，长度不宜超过 64 个英文字符。
- 优先使用词根中已有关键字（制定数据仓库词根管理标准），定期检查新增命名的合理性。
- 表名、字段名中禁止采用非标准的缩写。
- 字段名要求有实际意义，根据词根组合而成。
- ODS 层命名为 ods_表名。
- DIM 层命名为 dim_表名。
- DWD 层命名为 dwd_表名。
- DWS 层命名为 dws_表名。
- ADS 层命名为 ads_表名。
- 临时表命名为 tmp_表名。
- 用户行为表以 log 为后缀。

（2）脚本命名规范。

脚本命名格式为数据源_to_目标_db/log.sh。

用户行为需求相关脚本以 log 为后缀；业务需求相关脚本以 db 为后缀。

（3）表字段类型。

数量字段的类型通常为 bigint。

金额字段的类型通常为 decimal(16,2)，表示 16 位有效数字，其中小数部分是 2 位。

字符串字段（如名字、描述信息等）的类型为 string。

主键、外键的字段类型为 string。

时间戳字段的类型为 bigint。

2．数据仓库层级开发规范

（1）确认数据报表（如业务产品）及数据使用方（如推荐后台）对数据的需求。

（2）确定业务板块和数据域。

（3）确定业务过程的上报时机，梳理每个业务过程对应的纬度、度量，构建业务总线矩阵。

（4）确定 DWD 层的设计细节。

（5）确定派生指标和衍生指标。

（6）梳理维度对应的关联维度。

（7）确定 DWS 层的设计细节。

（8）应用报表工具，或自行加工设计出 ADS 层。

3．数据仓库层级调用规范

（1）原则上不允许不同的任务修改同一张表。

（2）DWS 层要调用 DWD 层的数据。

（3）ADS 层可以调用 DWS 层或 DWD 层的数据。

（4）如果 ODS 层过于特例化，而统计诉求单一，且长期考虑不会有新的扩展需求，可以跳过 DWD 层或 DWS 层。但是如果后期出现多个脚本需要访问同一个 ODS 层的表，则必须拓展出 DWD 层和 DWS 层的表。

（5）宽表建设相当于用存储换计算，过度的宽表存储，可能会威胁底层表的存储资源，甚至影响集群稳定性，从而影响计算性能，造成本末倒置的问题。

4．表存储规范

（1）全量存储：以日为单位的全量存储，以业务日期作为分区，每个分区存放截至业务日期的全量业务数据。

（2）增量存储：以日为单位的增量存储，以业务日期作为分区，每个分区存放每日增量的业务数据。

（3）拉链存储：拉链存储通过新增两个时间戳字段（开始时间和结束时间），将所有以日为粒度的变动数据都记录下来，通常分区字段也是这两个时间戳字段。这样，下游应用可以通过限制时间戳字段来获取历史数据。该方法不利于数据使用者对数据仓库的理解，同时因为限定生效日期，会产生大量分区，这不利于长远的数据仓库维护。

拉链存储虽然可以压缩大量的存储空间，但使用麻烦。

综上所述，在通常情况下推荐使用全量存储处理缓慢变化维度。在数据量巨大的情况下，建议使用拉链存储。

5．DIM 层开发规范

（1）仅包括非流水计算产生的维度表。

（2）相同 key 的维度需要保持一致。

如果由于历史原因相同 key 的维度暂时不一致，则必须在规范的维度定义一个标准维度属性，不同的物理名也必须是标准维度属性的别名。

在不同的物理表中，如果由于维度角色的差异需要使用其他的名称，则其名称也必须是规范的维度属性的别名，如视频所属账号 id 与视频分享账号 id。

（3）不同 key 的维度，含义不要有交叉，避免产生同一口径，不同上报的问题。

（4）将业务相关性强的字段尽量放在一张维度表中实现。相关性一般指经常需要一起查询、报表展现，比如商品基本属性和所属品牌。

6．DWD 层开发规范

（1）确定涉及业务总线矩阵中的哪些一致性维度、一致性度量、业务过程。

（2）数据粒度同 ODS 层一样，不做任何汇总操作，原则上不做维度表关联。

（3）底层公用的处理逻辑应该在数据调度依赖的底层进行封装与实现，不要让公用的处理逻辑暴露给应用层实现，不要让公用逻辑在多处同时存在。

（4）相同业务板块的 DWD 层表，需要保持统一的公参列表。

（5）被 ETL 变动的维度或度量，在名称上要有区分。

（6）将不可加性事实分解为可加性事实。

（7）减少过滤条件不同产生的不同口径的表，尽量保留全表，用维度区分口径。

（8）适当的数据冗余可换取查询和刷新性能的提升，在一张宽表中，维度属性的冗余，应该遵循以下建议准则。

- 冗余字段与表中其他字段被高频率同时访问。
- 冗余字段的引入不应造成其刷新完成时间产生过多延迟。

7．DWS 层开发规范

（1）需要考虑基于某些维度的聚集是否经常被用于数据分析，并且不要有太多的维度，不然没有聚合的意义。

（2）与维度表进行适当关联，方便下游使用。

（3）长周期的汇总计算，建议以日或小时为单位来累计，避免周头或月头资源紧张。

（4）空值的处理原则如下。

- 将汇总类指标的空值填充为零。
- 若维度属性值为空，在将其汇总到对应维度上时，对于无法对应的统计事实，记录行会填充为 null。

8．指标规范

指标的定义口径（如一些常用的流量指标：日活跃度、周活跃度、月活跃度、页面访问次数、页面平均停留时长等）需要与业务方、运营人员或数据分析师共同决定。

指标类型包括原子指标、派生指标和衍生指标。原子指标是指不能再拆解的指标，通常用于表达业务实体原子量化属性且不可再分，如订单数，其命名遵循单个原子指标词根+修饰词原则。派生指标是指建立在原子指标之上，通过一定运算规则形成的计算指标集合，如人均费用、跳转率等。衍生指标是指原子指标或派生指标与维度等相结合产生的指标，如最近 7 日注册用户数，其命名遵循多个原子指标词根+修饰词原则。

每设定一个指标都要经过业务方与数据部门人员的共同评审，判定指标是否必要、如何定义等，明确指标名称、指标编码、业务口径、责任人等信息。

9．分区规范

明确在什么情况下需要分区，明确分区字段，确定分区字段命名规范。

10．开发规范总体原则

开发规范的总体原则是：指标支持任务重新运行而不影响结果、数据声明周期合理、任务迭代不会严重影响任务产出的时间。

（1）数据清洗规范。

- 字段统一。
- 字段类型统一。
- 注释补全。
- 时间格式统一。
- 枚举值统一。
- 复杂数据解析方式统一。
- 空值清洗或替换规则统一。
- 隐私数据脱敏规则统一。

（2）SQL 语句编写规范。

- 要求代码行清晰、整齐，具有一定的可观赏性。
- 代码编写要以执行速度最快为原则。
- 代码行整体层次分明、结构化强。
- 代码中应添加必要的注释，以增强代码的可读性。
- 表名、字段名、保留字等全部小写。
- SQL 语句按照子句进行分行编写，不同关键字另起一行。
- 同一级别的子句要对齐。
- 算术运算符、逻辑运算符的前后保留一个空格。
- 在建表时每个字段后面使用字段中文名作为注释。
- 无效脚本采用单行或多行注释。
- 多表连接时，使用表的别名来引用列。

6.3　数据仓库搭建环境准备

　　Hive 是基于 Hadoop 的一个数据仓库工具。因为 Hive 是基于 Hadoop 的，所以 Hive 的默认计算引擎是 Hadoop 的计算框架 MapReduce。MapReduce 是 Hadoop 提供的，可以用于大规模数据集的计算编程模型，在推出之初解决了大数据计算领域的很多问题，但是其始终无法满足开发人员对于大数据计算速度上的要求。随着 Hive 的升级更新，目前 Hive 还支持另外两个计算引擎，分别是 Tez 和 Spark。

　　Tez 和 Spark 都从不同角度大大提升了 Hive 的计算速度，也是目前数据仓库计算中使用较多的计算引擎。本数据仓库项目使用 Spark 作为 Hive 的计算引擎。Spark 有两种模式，分别是 Hive on Spark 和 Spark on Hive。

　　在 Hive on Spark 中，Hive 既负责存储元数据又负责解析和优化 SQL 语句，SQL 语法采用 HQL 语法，由 Spark 负责计算。

　　在 Spark on Hive 中，Hive 只负责存储元数据，由 Spark 负责解析和优化 SQL 语句，SQL 语法采用 Spark SQL 语法，同样由 Spark 负责计算。

　　本数据仓库项目将采用 Hive on Spark 模式。

6.3.1　Hive 安装

　　Hive 是一款用类 SQL 语句来协助读/写、管理存储在分布式系统上的大数据集的数据仓库软件。Hive 可以将类 SQL 语句解析成 MapReduce 程序，从而避免编写繁杂的 MapReduce 程序，使用户分析数据变得容易。Hive 要分析的数据存储在 HDFS 上，所以它本身不提供数据存储功能。Hive 将数据映射成一张张的表，而将表的结构信息存储在关系数据库（如 MySQL）中，所以在安装 Hive 之前，我们需要先安装 MySQL。

在 5.2.1 节中，已经讲解过如何在 hadoop102 节点服务器上安装 MySQL，在安装 MySQL 后，我们可以着手对 Hive 进行正式的安装部署。

1．兼容性说明

本书将会使用 Hive 3.1.3 和 Spark 3.3.1，而从官方网站下载的 Hive 3.1.3 和 Spark 3.3.1 默认是不兼容的。因为官方网站提供的 Hive 3.1.3 安装包默认支持的 Spark 版本是 2.3.0，所以我们需要重新编译 Hive 3.1.3 版本的安装包。

编译步骤：从官方网站下载 Hive 3.1.3 源码包，将 pom.xml 文件中引用的 Spark 版本修改为 3.3.1，如果编译通过，则直接打包获取安装包。如果报错，就根据提示，修改相关方法，直到不报错，然后打包获取正确的安装包。读者可以从本书提供的资料中直接获取安装包。

2．安装及配置 Hive

（1）把编译过的 Hive 的安装包 hive-3.1.3.tar.gz 上传到 Linux 的/opt/software 目录下，并将 hive-3.1.3.tar.gz 解压缩到/opt/module/目录下。

```
[atguigu@hadoop102 software]$ tar -zxvf hive-3.1.3.tar.gz -C /opt/module/
```

（2）将 apache-hive-3.1.3-bin 的名称修改为 hive。

```
[atguigu@hadoop102 module]$ mv apache-hive-3.1.3-bin/ hive
```

（3）修改/etc/profile.d/my_env.sh 文件，添加环境变量。

```
[atguigu@hadoop102 software]$ sudo vim /etc/profile.d/my_env.sh
```

添加如下内容。

```
#HIVE_HOME
export HIVE_HOME=/opt/module/hive
export PATH=$PATH:$HIVE_HOME/bin
```

执行以下命令使环境变量生效。

```
[atguigu@hadoop102 software]$ source /etc/profile.d/my_env.sh
```

（4）进入/opt/module/hive/lib 目录执行以下命令，解决日志 jar 包冲突问题。

```
[atguigu@hadoop102 lib]$ mv log4j-slf4j-impl-2.10.0.jar log4j-slf4j-impl-2.10.0.jar.bak
```

3．驱动复制

将/opt/software/mysql 目录下的 mysql-connector-j-8.0.31.jar 复制到/opt/module/hive/lib/目录下，用于稍后启动 Hive 时连接 MySQL。

```
[root@hadoop102 mysql-connector-java-5.1.27]# cp mysql-connector-java-5.1.27-bin.jar /opt/module/hive/lib/
```

4．配置 Metastore 到 MySQL

（1）在/opt/module/hive/conf 目录下创建一个 hive-site.xml 文件。

```
[atguigu@hadoop102 conf]$ vim hive-site.xml
```

（2）在 hive-site.xml 文件中，根据官方文档配置参数，关键配置参数如下所示。

```
<?xml version="1.0"?>
<?xml-stylesheet type="text/xsl" href="configuration.xsl"?>
<configuration>
<!--配置 Hive 保存元数据信息所需 MySQL URL-->
<property>
  <name>javax.jdo.option.ConnectionURL</name>
  <value>jdbc:mysql://hadoop102:3306/metastore?createDatabaseIfNotExist=true
</value>
```

```
</property>
<!--配置 Hive 连接 MySQL 的驱动全类名-->
 <property>
   <name>javax.jdo.option.ConnectionDriverName</name>
   <value>com.mysql.jdbc.Driver</value>
</property>
<!--配置 Hive 连接 MySQL 的用户名 -->
 <property>
   <name>javax.jdo.option.ConnectionUserName</name>
   <value>root</value>
</property>
<!--配置 Hive 连接 MySQL 的密码 -->
   <property>
       <name>javax.jdo.option.ConnectionPassword</name>
       <value>000000</value>
    </property>
   <property>
       <name>hive.metastore.warehouse.dir</name>
       <value>/user/hive/warehouse</value>
   </property>

   <property>
       <name>hive.metastore.schema.verification</name>
       <value>false</value>
   </property>

   <property>
       <name>hive.server2.thrift.port</name>
       <value>10000</value>
   </property>

   <property>
       <name>hive.server2.thrift.bind.host</name>
       <value>hadoop102</value>
   </property>

   <property>
       <name>hive.metastore.event.db.notification.api.auth</name>
       <value>false</value>
   </property>

   <property>
       <name>hive.cli.print.header</name>
       <value>true</value>
   </property>

   <property>
       <name>hive.cli.print.current.db</name>
       <value>true</value>
   </property>
</configuration>
```

125

5．初始化元数据库

（1）启动 MySQL。

```
[atguigu@hadoop103 mysql-libs]$ mysql -uroot -p000000
```

（2）新建 Hive 元数据库。

```
mysql> create database metastore;
mysql> quit;
```

（3）初始化 Hive 元数据库。

```
[atguigu@hadoop102 conf]$ schematool -initSchema -dbType mysql -verbose
```

（4）修改 Hive 元数据库字符集。

Hive 元数据库的字符集默认为 Latin1，由于其不支持中文字符，所以建表语句中如果包含中文注释，会出现乱码现象。如需解决乱码问题，需要将 Hive 元数据库中存储注释的字段的字符集修改为 utf-8。

```
mysql> use metastore;
mysql> alter table COLUMNS_V2 modify column COMMENT varchar(256) character set utf8;
mysql> alter table TABLE_PARAMS modify column PARAM_VALUE mediumtext character set utf8;
```

6．启动 Hive

（1）启动 Hive 客户端。

```
[atguigu@hadoop102 hive]$ bin/hive
```

（2）查看数据库。

```
hive (default)> show databases;
```

6.3.2　Hive on Spark 配置

本数据仓库项目采用的是 Hive on Spark 模式，因此需要对 Spark 进行安装部署。

1．在 Hive 所在节点服务器部署 Spark

（1）由于 Spark 3.3.1 非纯净版默认支持的是 Hive 2.3.7，直接使用会和已安装的 Hive 3.1.3 出现兼容性问题，因此本数据仓库项目采用 Spark 纯净版 jar 包，即不包含 Hadoop 和 Hive 相关依赖，避免冲突。

解压缩安装包，并将目录名称修改为 spark。

```
[atguigu@hadoop102 software]$ tar -zxvf spark-3.3.1-bin-without-hadoop.tgz -C /opt/module/
[atguigu@hadoop102 software]$ mv /opt/module/spark-3.3.1-bin-without-hadoop /opt/module/
spark
```

（2）将 Spark 的 conf 目录中的 spark-env.sh.template 重命名为 spark-env.sh。

```
[atguigu@hadoop102    software]$    mv    /opt/module/spark/conf/spark-env.sh.template
/opt/module/spark/conf/spark-env.sh
```

修改 spark-env.sh，增加如下内容。

```
[atguigu@hadoop102 software]$ vim /opt/module/spark/conf/spark-env.sh

export SPARK_DIST_CLASSPATH=$(hadoop classpath)
```

（3）配置 SPARK_HOME 环境变量。

```
[atguigu@hadoop102 software]$ sudo vim /etc/profile.d/my_env.sh
```

添加如下内容。

```
# SPARK_HOME
export SPARK_HOME=/opt/module/spark
export PATH=$PATH:$SPARK_HOME/bin
```

执行以下命令使环境变量生效。

```
[atguigu@hadoop102 software]$ source /etc/profile.d/my_env.sh
```

2．在 Hive 中创建 Spark 配置文件

（1）在 Hive 的安装目录下创建 Spark 配置文件。

```
[atguigu@hadoop102 software]$ vim /opt/module/hive/conf/spark-defaults.conf
```

（2）在配置文件中添加如下内容（将根据如下参数执行相关任务）。

```
spark.master                          yarn
spark.eventLog.enabled                true
spark.eventLog.dir                    hdfs://hadoop102:8020/spark-history
spark.executor.memory                 1g
spark.driver.memory                   1g
```

（3）在 HDFS 中创建如下目录，用于存储 Spark 产生的历史日志。

```
[atguigu@hadoop102 software]$ hadoop fs -mkdir /spark-history
```

3．向 HDFS 上传 Spark 纯净版安装包中的相关依赖 jar 包

Hive 任务最终将由 Spark 来执行，Spark 任务资源分配由 YARN 来调度，该任务有可能被分配到集群的任何一个节点服务器，所以需要将 Spark 的依赖上传到 HDFS 集群路径，这样集群中的任何一个节点服务器都能获取该任务。

将解压缩的 Spark 安装包中的 Spark 相关依赖 jar 包上传到 HDFS。

```
[atguigu@hadoop102 software]$ hadoop fs -mkdir /spark-jars

[atguigu@hadoop102  software]$  hadoop  fs  -put  spark-3.3.1-bin-without-hadoop/jars/*
/spark-jars
```

4．修改 Hive 的配置文件

打开 hive-site.xml 文件。

```
[atguigu@hadoop102 ~]$ vim /opt/module/hive/conf/hive-site.xml
```

添加如下内容，指定 Hive 的计算引擎为 Spark。

```
<!--Spark 依赖位置（注意：端口号 8020 必须和 NameNode 的端口号一致）-->
<property>
    <name>spark.yarn.jars</name>
    <value>hdfs://hadoop102:8020/spark-jars/*</value>
</property>

<!--Hive 计算引擎-->
<property>
    <name>hive.execution.engine</name>
    <value>spark</value>
</property>

<!--Hive 和 Spark 连接超时时间-->
<property>
    <name>hive.spark.client.connect.timeout</name>
    <value>10000ms</value>
</property>
```

注意：hive.spark.client.connect.timeout 的默认值是 1000ms，在执行 Hive 的 insert 语句时，如果出现如下异常，则可以将该参数调整为 10000ms。

```
FAILED: SemanticException Failed to get a spark session: org.apache.hadoop.hive.
ql.metadata.HiveException: Failed to create Spark client for Spark session d9e0224c-
3d14-4bf4-95bc-ee3ec56df48e
```

5. 测试

（1）启动 Hive 客户端。

```
[atguigu@hadoop102 hive]$ bin/hive
```

（2）创建一张测试表 student。

```
hive (default)> create table student(id int, name string);
```

（3）通过执行 insert 语句测试效果。

```
hive (default)> insert into table student values(1,'abc');
```

若结果如图 6-18 所示，则说明配置成功。

```
hive (default)> insert into table student values(1,'abc');
Query ID = atguigu_20200719001740_b025ae13-c573-4a68-9b74-50a4d018664b
Total jobs = 1
Launching Job 1 out of 1
In order to change the average load for a reducer (in bytes):
  set hive.exec.reducers.bytes.per.reducer=<number>
In order to limit the maximum number of reducers:
  set hive.exec.reducers.max=<number>
In order to set a constant number of reducers:
  set mapreduce.job.reduces=<number>
--------------------------------------------------------------------------
          STAGES   ATTEMPT      STATUS  TOTAL  COMPLETED  RUNNING  PENDING  FAILED
--------------------------------------------------------------------------
Stage-2 ........       0      FINISHED      1          1        0        0       0
Stage-3 ........       0      FINISHED      1          1        0        0       0
--------------------------------------------------------------------------
STAGES: 02/02   [===========================>>] 100% ELAPSED TIME: 1.01 s
--------------------------------------------------------------------------
Spark job[1] finished successfully in 1.01 second(s)
Loading data to table default.student
OK
col1    col2
Time taken: 1.514 seconds
hive (default)>
```

图 6-18 insert 语句测试效果

6.3.3 YARN 容量调度器并发度问题

容量调度器对每个资源队列中同时运行的 Application Master 占用的资源进行了限制，该限制通过 yarn.scheduler.capacity.maximum-am-resource-percent 参数实现，其默认值是 0.1，表示每个资源队列上 Application Master 最多可使用的资源为该队列总资源的 10%，目的是防止大部分资源都被 Application Master 占用，而导致 Map/Reduce Task 无法执行。

在实际生产环境中，该参数可使用默认值，但在学习环境中，集群资源总数很少，如果只分配 10%的资源给 Application Master，则可能出现同一时刻只能运行一个 Job 的情况，因为一个 Application Master 使用的资源就可能已经达到 10%的上限了，所以此处可将该值适当调大。

（1）在 hadoop102 节点服务器的/opt/module/hadoop-3.1.3/etc/hadoop/capacity-scheduler.xml 配置文件中修改如下参数值。

```
[atguigu@hadoop102 hadoop]$ vim capacity-scheduler.xml

<property>
    <name>yarn.scheduler.capacity.maximum-am-resource-percent</name>
    <value>0.5</value>
</property>
```

（2）分发 capacity-scheduler.xml 配置文件。

```
[atguigu@hadoop102 hadoop]$ xsync capacity-scheduler.xml
```

（3）关闭正在运行的任务，重新启动 YARN 集群。

```
[atguigu@hadoop103 hadoop-3.1.3]$ sbin/stop-yarn.sh
[atguigu@hadoop103 hadoop-3.1.3]$ sbin/start-yarn.sh
```

6.3.4　数据仓库开发环境配置

数据仓库开发工具可选用 DBeaver 或 DataGrip，两者都需要通过 JDBC 协议连接到 Hive，所以理论上需要启动 Hive 的 HiveServer2 服务。DataGrip 的安装比较简单，此处不对安装过程进行演示，只演示连接服务的过程。

（1）启动 Hive 的 HiveServer2 服务。

```
[atguigu@hadoop102 hive]$ hiveserver2
```

（2）选择 Data Source→Apache Hive 选项，添加数据源，配置连接，如图 6-19 所示。

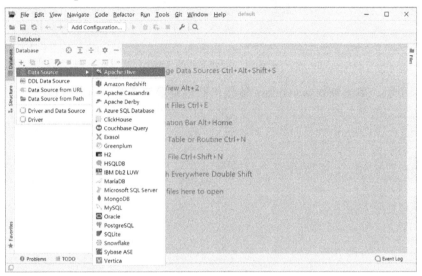

图 6-19　添加数据源

（3）配置连接属性，如图 6-20 所示，配置连接名为 data-warehouse，属性配置完毕后，单击 Test Connection 按钮进行测试。

初次使用，配置过程中会提示缺少 JDBC 驱动，按照提示下载即可。

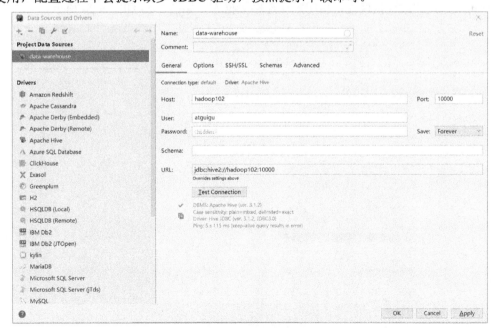

图 6-20　配置连接属性

（4）在控制台输入如图 6-21 所示的 SQL 语句，创建数据库 gmall，并观察是否创建成功。

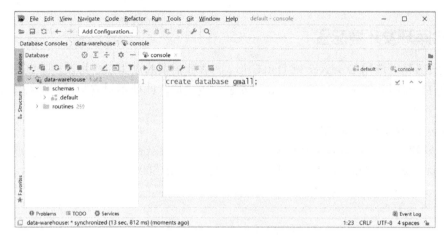

图 6-21　创建数据库 gmall

（5）如图 6-22 所示，单击 data-warehouse 连接，即可查看该连接中的所有数据库。

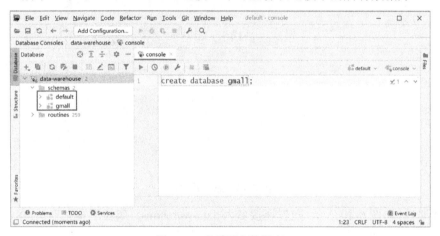

图 6-22　查看所有数据库

（6）用户可以通过修改连接属性，指明默认连接数据库，如图 6-23 和图 6-24 所示。

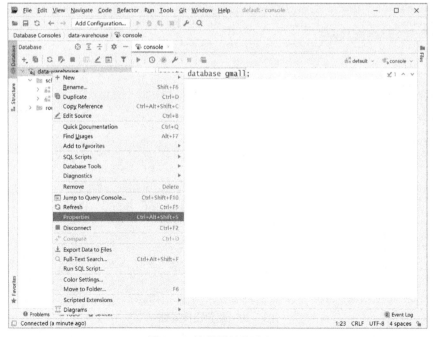

图 6-23　连接属性修改入口

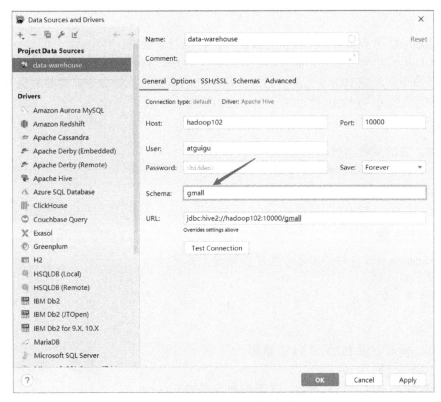

图 6-24 修改默认连接数据库

（7）用户也可以通过如图 6-25 所示的方式修改当前连接数据库。

图 6-25 连接数据库修改快捷方式

将数据仓库开发工具配置完成之后，后续对数据仓库的开发就可以在 DataGrip 中进行，相比命令行开发，这种方式更加灵活。

6.3.5 模拟数据准备

数据仓库的搭建需要基于数据源，也就是在第 4 章和第 5 章中讲解过的用户行为日志数据和业务数据。通常企业在开始搭建数据仓库时，业务系统中会保留历史数据，而用户行为日志数据则不会保留历史数据。假定本数据仓库项目的上线时间是 2023-06-18，以此日期模拟真实场景，进行数据的模拟和生成。为尽量贴近真实开发场景，我们需要模拟 2023-06-14 至 2023-06-18 的数据。

1. 清空所有数据

在进行数据准备前，先清空在第 4 章、第 5 章讲解过程中已经模拟生成和采集成功的所有数据，方便观察效果。

（1）清空 hadoop102 节点服务器上模拟生成的用户行为日志数据。

```
[atguigu@hadoop102 ~]$ rm -rf /opt/module/data_mocker/log/*
```

（2）执行以下命令，清空 HDFS 上所有已经采集成功的数据。执行命令前需要确保 HDFS 已经启动。

```
[atguigu@hadoop102 ~]$ hadoop fs -rm -r -f /origin_data
```

2．启动系统

（1）执行脚本，启动采集通道。

```
[atguigu@hadoop102 ~]$ cluster.sh start
```

（2）停止 Maxwell。

```
[atguigu@hadoop102 ~]$ mxw.sh stop
```

3．数据的模拟和采集

（1）修改 application.yml 文件的参数，关键参数设置如下。

```
mock.date: "2023-06-14"
mock.clear.busi: 1
mock.clear.user: 1
mock.new.user: 50
```

执行以下命令，模拟生成 2023-06-14 的数据。

```
[atguigu@hadoop102 ~]$ lg.sh
```

（2）修改 application.yml 文件的参数，关键参数设置如下。

```
mock.date: "2023-06-15"
mock.clear.busi: 0
mock.clear.user: 0
mock.new.user: 25
```

执行以下命令，模拟生成 2023-06-15 的数据。

```
[atguigu@hadoop102 ~]$ lg.sh
```

（3）修改 application.yml 文件的参数，关键参数设置如下。

```
mock.date: "2023-06-16"
mock.clear.busi: 0
mock.clear.user: 0
mock.new.user: 25
```

执行以下命令，模拟生成 2023-06-16 的数据。

```
[atguigu@hadoop102 ~]$ lg.sh
```

（4）修改 application.yml 文件的参数，关键参数设置如下。

```
mock.date: "2023-06-17"
mock.clear.busi: 0
mock.clear.user: 0
mock.new.user: 25
```

执行以下命令，模拟生成 2023-06-17 的数据。

```
[atguigu@hadoop102 ~]$ lg.sh
```

（5）修改 application.yml 文件的参数，关键参数设置如下。

```
mock.date: "2023-06-18"
mock.clear.busi: 0
mock.clear.user: 0
mock.new.user: 25
```

执行以下命令，模拟生成 2023-06-18 的数据。

```
[atguigu@hadoop102 ~]$ lg.sh
```

（6）清除 Maxwell 的断点记录。

由于 Maxwell 支持断点续传，而上述生成业务数据的过程，会产生大量的 binlog 操作日志，这些日志我们并不需要。故此处需清除 Maxwell 的断点记录，令其从 binlog 最新的位置开始采集。

清空 Maxwell 数据库，相当于初始化 Maxwell。

```
mysql>
drop table maxwell.bootstrap;
drop table maxwell.columns;
drop table maxwell.databases;
drop table maxwell.heartbeats;
drop table maxwell.positions;
drop table maxwell.schemas;
drop table maxwell.tables;
```

（7）修改 Maxwell 的 mock.date 参数为 2023-06-18，并重启 Maxwell。

```
[atguigu@hadoop102 ~]$ vim /opt/module/maxwell/config.properties

mock_date=2023-06-18
[atguigu@hadoop102 ~]$ mxw.sh restart
```

（8）执行业务数据的增量数据首日全量初始化脚本。

```
[atguigu@hadoop102 ~]$ mysql_to_kafka_inc_init.sh all
```

（9）执行业务数据每日全量同步脚本。用户行为日志数据将通过保持开启的 Flume 通道采集至 HDFS，无须单独操作。

```
[atguigu@hadoop102 bin]$ mysql_to_hdfs_full.sh all 2023-06-18
```

（10）观察 HDFS 上是否采集到数据。

在数据仓库系统的运行过程中，要保证 Hadoop、ZooKeeper、Kafka、Flume 采集程序、Maxwell 等持续运行。此后模拟生成每日数据，用户行为日志数据和业务数据中的增量数据会通过 Kafka 和 Flume 自动采集至 HDFS 中，而业务数据中的全量数据则依靠每日执行业务数据全量同步脚本进行定时采集。

需要注意的是，在模拟生成新一天的数据时，都需要先修改 Maxwell 配置文件 config.properties 中的 mock_date 参数，并重启 Maxwell。

6.3.6　复杂数据类型

Hive 有 3 种复杂数据类型，分别是 struct、map 和 array，如表 6-19 所示。array 和 map 与 Java 中的 Array 和 Map 类似。struct 与 C 语言中的 Struct 类似，封装了一个命名字段集合。复杂数据类型允许任意层次的嵌套。

表 6-19　Hive 的复杂数据类型

数 据 类 型	描　　　述	语 法 示 例
struct	与 C 语言中的 Struct 类似，都可以通过 "." 符号访问元素内容。例如，某列的数据类型是 struct{first string, last string}，那么第 1 个元素可以通过字段.first 来引用	struct<street:string, city:string>
map	map 是一组键/值对元组集合，可以使用数组表示法访问数据。例如，某列的数据类型是 map，其中键/值对是'first'→'John'和'last'→'Doe'，那么可以通过字段['last']获取最后一个元素	map<string, int>
array	数组是一组具有相同类型和名称的变量的集合。这些变量称为数组的元素，每个数组元素都有一个编号，编号从零开始。例如，数组值为['John','Doe']，那么第 2 个元素可以通过数组名[1]引用	array<string>

在 Hive 中可以使用 JsonSerDe（JSON Serializer and Deserializer）配合 3 种复杂数据类型解析 JSON 格式的数据，如下代码所示的一行 JSON 数据与复杂数据类型存在对应关系。

```
{
    "name": "songsong",
    "friends": ["bingbing" , "lili"] , //array<string>
    "children": {                              //map<string, int>
        "xiao song": 18 ,
        "xiaoxiao song": 19
    },
    "address": {                               //struct<street:string, city:string>

        "street": "hui long guan" ,
        "city": "beijing"
    }
}
```

基于上述 JSON 数据与复杂数据类型的对应关系，在 Hive 中创建测试表 person_info，如下所示。

```
hive (default)> create table person_info(
name string,
friends array<string>,
children map<string, int>,
address struct<street:string, city:string>
)
ROW FORMAT SERDE 'org.apache.hadoop.hive.serde2.JsonSerDe';
```

首先将上述 JSON 数据保存至 person.json 文件中，再将文件导入测试表 person_info 中。

```
hive (default)> load data local inpath '/opt/module/datas/person.json' into table
person_info;
```

通过如下语句访问数据。

```
hive (default)> select friends[1],children['xiao song'],address.city from person_info
where name="songsong";
OK
_c0     _c1     city
lili    18      beijing
Time taken: 0.076 seconds, Fetched: 1 row(s)
```

6.4 数据仓库搭建——ODS 层

ODS 层为原始数据层，设计的基本原则有以下几点。

- 要求保持数据原貌不做任何修改，表结构的设计依托于从业务系统同步过来的数据结构，ODS 层起到备份数据的作用。
- 数据适当采用压缩格式，以节省磁盘存储空间。因为该层需要保存全部历史数据，所以应选择压缩比较高的压缩格式，此处选择 gzip。
- 创建分区表，可以避免后续在对表进行查询时进行全表扫描操作。
- 创建外部表。在企业开发中，除了自己用的临时表需创建内部表，绝大多数情况下需创建外部表。
- 在进行 ODS 层数据的导入之前，先要创建数据库，用于存储整个电商数据仓库项目的所有数据信息。
- 表的命名规范为：ods_表名_分区增量/全量（inc/full）标识。

6.4.1 用户行为日志数据

在用户行为日志数据的 ODS 层中，我们不对原始数据进行任何拆分、计算和修改。数据在通过 Flume

采集，发送到 Kafka，再落盘到 HDFS 的过程中，我们已经对其进行了初步清洗和判空，排除了格式不符合要求的脏数据。在 ODS 层中要做的是对原始数据进行压缩，最大限度地节省磁盘的存储空间。

　　ODS 层不进行额外的数据计算工作，最主要的工作是最大限度地将原始数据展示出来。在进行用户行为日志的采集工作时，我们已经分析过，需要采集的两大类用户行为日志——页面埋点日志和启动日志，都是完整的 JSON 结构。在 Hive 中可以使用 JsonSerDe 对 JSON 格式的日志进行处理，如图 6-26 所示。所创建的 ods_log_inc 表中将包含页面埋点日志和启动日志的 JSON 结构中所有的可能值，包括 common、actions、displays、page、start、err 和 ts。通过 Hive 的 load data 命令将数据装载至表中后，JsonSerDe 会对日志进行处理，将数据值与字段值对应起来，若字段无对应值，则该值为 null。

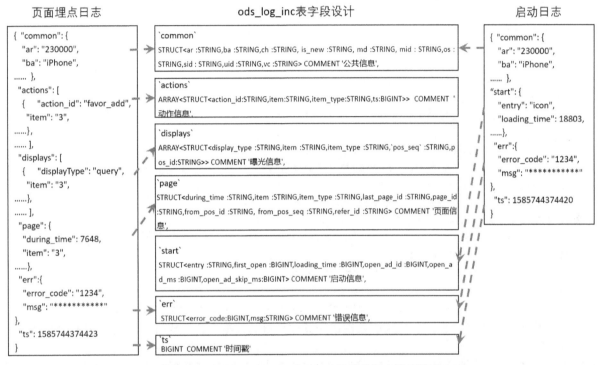

图 6-26　使用 JsonSerDe 对 JSON 格式的日志进行处理

表结构创建完成后，直接使用 Hive 的 load data 命令，将数据装载至表中即可。

具体操作如下。

（1）按照上述思路创建用户行为日志表。

```
DROP TABLE IF EXISTS ods_log_inc;
CREATE EXTERNAL TABLE ods_log_inc
(
    `common` STRUCT<ar :STRING,
        ba :STRING,
        ch :STRING,
        is_new :STRING,
        md :STRING,
        mid :STRING,
        os :STRING,
        sid :STRING,
        uid :STRING,
        vc :STRING> COMMENT '公共信息',
    `page` STRUCT<during_time :STRING,
        item :STRING,
        item_type :STRING,
```

```
        last_page_id :STRING,
        page_id :STRING,
        from_pos_id :STRING,
        from_pos_seq :STRING,
        refer_id :STRING> COMMENT '页面信息',
    `actions` ARRAY<STRUCT<action_id:STRING,
        item:STRING,
        item_type:STRING,
        ts:BIGINT>> COMMENT '动作信息',
    `displays` ARRAY<STRUCT<display_type :STRING,
        item :STRING,
        item_type :STRING,
        `pos_seq` :STRING,
        pos_id :STRING>> COMMENT '曝光信息',
    `start` STRUCT<entry :STRING,
        first_open :BIGINT,
        loading_time :BIGINT,
        open_ad_id :BIGINT,
        open_ad_ms :BIGINT,
        open_ad_skip_ms :BIGINT> COMMENT '启动信息',
    `err` STRUCT<error_code:BIGINT,
        msg:STRING> COMMENT '错误信息',
    `ts` BIGINT  COMMENT '时间戳'
) COMMENT '用户行为日志表'
    PARTITIONED BY (`dt` STRING)
    ROW FORMAT SERDE 'org.apache.hadoop.hive.serde2.JsonSerDe'
    LOCATION '/warehouse/gmall/ods/ods_log_inc/'
    TBLPROPERTIES ('compression.codec'='org.apache.hadoop.io.compress.GzipCodec');
```

（2）装载数据，将每日数据的分区信息指定为具体到日的日期（暂不执行，在后续脚本中执行）。

```
hive (gmall)>
load data inpath '/origin_data/gmall/log/topic_log/2023-06-18' into table ods_log_inc
partition(dt='2023-06-18');
```

注意：将日期格式配置成 yyyy-MM-dd，这是 Hive 默认支持的日期格式。

6.4.2 ODS 层用户行为日志数据导入脚本

将 ODS 层用户行为日志数据的装载过程编写成脚本，方便每日调用执行。

脚本设计思路如下。

- 定义脚本中常用的变量，如数据库名称变量和日期变量。日期变量可以取用户输入的具体日期，若用户没有输入，则自动计算前一日的日期。
- 将需要执行的 SQL 语句中的日期用上述日期变量替换，使该 SQL 语句可以每日重复使用。
- 通过 hive -e 命令执行 SQL 语句。

（1）在 hadoop102 节点服务器的/home/atguigu/bin 目录下创建脚本 hdfs_to_ods_log.sh。

```
[atguigu@hadoop102 bin]$ vim hdfs_to_ods_log.sh
```

在脚本中编写如下内容。

```
#!/bin/bash

# 定义变量，方便修改
App=gmall
```

136

```
# 如果用户输入日期，则取输入日期；如果没有输入日期，则取当前时间的前一日
if [ -n "$1" ] ;then
    do_date=$1
else
    do_date=`date -d "-1 day" +%F`
fi

echo ================== 日志日期为 $do_date ==================
sql="
load data inpath '/origin_data/$App/log/topic_log/$do_date' into table ${App}.ods_log_inc
partition(dt='$do_date');
"
hive -e "$sql"
```

说明：

① [-n 变量值]的用法。

[-n 变量值] 用于判断变量的值是否为空。

- 如果变量的值非空，则返回 true。
- 如果变量的值为空，则返回 false。

② Shell 中不同引号的区别。

在/home/atguigu/bin 目录下创建一个脚本 test.sh。

```
[atguigu@hadoop102 bin]$ vim test.sh
```

在脚本中添加如下内容。

```
#!/bin/bash
do_date=$1

echo '$do_date'
echo "$do_date"
echo "'$do_date'"
echo '"$do_date"'
echo `date`
```

查看执行结果。

```
[atguigu@hadoop102 bin]$ test.sh 2023-06-18
$do_date
2023-06-18
'2023-06-18'
"$do_date"
2023 年 06 月 18 日 星期四 21:02:08 CST
```

总结如下。

- 单引号表示不取出变量值。
- 双引号表示取出变量值。
- 双引号内部嵌套单引号表示取出变量值。
- 单引号内部嵌套双引号表示不取出变量值。
- 反引号表示执行引号中的命令。

（2）增加脚本执行权限。

```
[atguigu@hadoop102 bin]$ chmod +x hdfs_to_ods_log.sh
```

（3）执行脚本，导入数据。

```
[atguigu@hadoop102 module]$ hdfs_to_ods_log.sh 2023-06-18
```

（4）查询导入的数据。

```
hive (gmall)>
select * from ods_log_inc where dt='2023-06-18' limit 2;
```

6.4.3 业务数据

业务数据的 ODS 层的搭建与用户行为日志数据的 ODS 层的搭建相同，都是保留原始数据，不对数据做任何转换处理。首先根据分析需求选取业务数据库中表的必需字段进行建表，然后将采集的原始业务数据装载至所建表中。

业务数据的同步与用户行为日志数据的同步有所不同，在采集业务数据时，对所有的业务数据表进行了同步策略的划分，按照同步策略的不同，业务数据表分为全量表和增量表。

其中，全量同步使用的是 DataX。使用 DataX 同步的数据字段间通过"\t"进行分隔，所以在创建这一类表的 ODS 层表结构时，直接对应业务数据表的原结构创建字段，并使用"\t"进行分隔即可。

增量同步使用的是 Maxwell。Maxwell 通过监控 MySQL 的 binlog 变化来获取变动数据，最终落盘至 HDFS 中的变动数据是 JSON 格式的，所以此处使用 JsonSerDe 对 JSON 格式的变动数据进行处理。

具体的建表语句如下，括号中标注的是表在进行数据同步时使用的同步策略。

1．创建活动信息表（全量）

```
hive (gmall)>
DROP TABLE IF EXISTS ods_activity_info_full;
CREATE EXTERNAL TABLE ods_activity_info_full
(
    `id`             STRING COMMENT '活动id',
    `activity_name`  STRING COMMENT '活动名称',
    `activity_type`  STRING COMMENT '活动类型（1=满减，2=折扣）',
    `activity_desc`  STRING COMMENT '活动描述',
    `start_time`     STRING COMMENT '开始时间',
    `end_time`       STRING COMMENT '结束时间',
    `create_time`    STRING COMMENT '创建时间',
    `operate_time`   STRING COMMENT '修改时间'
) COMMENT '活动信息表'
    PARTITIONED BY (`dt` STRING)
    ROW FORMAT DELIMITED FIELDS TERMINATED BY '\t'
    NULL DEFINED AS ''
    LOCATION '/warehouse/gmall/ods/ods_activity_info_full/'
    TBLPROPERTIES ('compression.codec'='org.apache.hadoop.io.compress.GzipCodec');
```

2．创建活动规则表（全量）

```
hive (gmall)>
DROP TABLE IF EXISTS ods_activity_rule_full;
CREATE EXTERNAL TABLE ods_activity_rule_full
(
    `id`               STRING COMMENT '活动规则id',
    `activity_id`      STRING COMMENT '活动id',
    `activity_type`    STRING COMMENT '活动类型（1=满减，2=折扣）',
    `condition_amount` DECIMAL(16, 2) COMMENT '满减金额',
    `condition_num`    BIGINT COMMENT '满减件数',
    `benefit_amount`   DECIMAL(16, 2) COMMENT '优惠金额',
```

```
    `benefit_discount`  DECIMAL(16, 2) COMMENT '优惠折扣',
    `benefit_level`      STRING COMMENT '优惠级别',
    `create_time`        STRING COMMENT '创建时间',
    `operate_time`       STRING COMMENT '修改时间'
) COMMENT '活动规则表'
  PARTITIONED BY (`dt` STRING)
  ROW FORMAT DELIMITED FIELDS TERMINATED BY '\t'
  NULL DEFINED AS ''
  LOCATION '/warehouse/gmall/ods/ods_activity_rule_full/'
  TBLPROPERTIES ('compression.codec'='org.apache.hadoop.io.compress.GzipCodec');
```

3．创建一级品类表（全量）

```
hive (gmall)>
DROP TABLE IF EXISTS ods_base_category1_full;
CREATE EXTERNAL TABLE ods_base_category1_full
(
    `id`                STRING COMMENT '一级品类id',
    `name`              STRING COMMENT '一级品类名称',
    `create_time`       STRING COMMENT '创建时间',
    `operate_time`      STRING COMMENT '修改时间'
) COMMENT '一级品类表'
  PARTITIONED BY (`dt` STRING)
  ROW FORMAT DELIMITED FIELDS TERMINATED BY '\t'
  NULL DEFINED AS ''
  LOCATION '/warehouse/gmall/ods/ods_base_category1_full/'
  TBLPROPERTIES ('compression.codec'='org.apache.hadoop.io.compress.GzipCodec');
```

4．创建二级品类表（全量）

```
hive (gmall)>
DROP TABLE IF EXISTS ods_base_category2_full;
CREATE EXTERNAL TABLE ods_base_category2_full
(
    `id`                STRING COMMENT '二级品类id',
    `name`              STRING COMMENT '二级品类名称',
    `category1_id`      STRING COMMENT '一级品类id',
    `create_time`       STRING COMMENT '创建时间',
    `operate_time`      STRING COMMENT '修改时间'
) COMMENT '二级品类表'
  PARTITIONED BY (`dt` STRING)
  ROW FORMAT DELIMITED FIELDS TERMINATED BY '\t'
  NULL DEFINED AS ''
  LOCATION '/warehouse/gmall/ods/ods_base_category2_full/'
  TBLPROPERTIES ('compression.codec'='org.apache.hadoop.io.compress.GzipCodec');
```

5．创建三级品类表（全量）

```
hive (gmall)>
DROP TABLE IF EXISTS ods_base_category3_full;
CREATE EXTERNAL TABLE ods_base_category3_full
(
    `id`                STRING COMMENT '三级品类id',
    `name`              STRING COMMENT '三级品类名称',
    `category2_id`      STRING COMMENT '二级品类id',
```

```
      `create_time`        STRING COMMENT '创建时间',
      `operate_time`       STRING COMMENT '修改时间'
) COMMENT '三级品类表'
    PARTITIONED BY (`dt` STRING)
    ROW FORMAT DELIMITED FIELDS TERMINATED BY '\t'
    NULL DEFINED AS ''
    LOCATION '/warehouse/gmall/ods/ods_base_category3_full/'
    TBLPROPERTIES ('compression.codec'='org.apache.hadoop.io.compress.GzipCodec');
```

6. 创建编码字典表（全量）

```
hive (gmall)>
DROP TABLE IF EXISTS ods_base_dic_full;
CREATE EXTERNAL TABLE ods_base_dic_full
(
    `dic_code`        STRING COMMENT '编号',
    `dic_name`        STRING COMMENT '编码名称',
    `parent_code`     STRING COMMENT '父编号',
    `create_time`     STRING COMMENT '创建日期',
    `operate_time`    STRING COMMENT '修改日期'
) COMMENT '编码字典表'
    PARTITIONED BY (`dt` STRING)
    ROW FORMAT DELIMITED FIELDS TERMINATED BY '\t'
    NULL DEFINED AS ''
    LOCATION '/warehouse/gmall/ods/ods_base_dic_full/'
    TBLPROPERTIES ('compression.codec'='org.apache.hadoop.io.compress.GzipCodec');
```

7. 创建省份表（全量）

```
hive (gmall)>
DROP TABLE IF EXISTS ods_base_province_full;
CREATE EXTERNAL TABLE ods_base_province_full
(
    `id`            STRING COMMENT '省份id',
    `name`          STRING COMMENT '省份名称',
    `region_id`     STRING COMMENT '地区id',
    `area_code`     STRING COMMENT '地区编码',
    `iso_code`      STRING COMMENT '旧版国际标准地区编码，供可视化使用',
    `iso_3166_2`    STRING COMMENT '新版国际标准地区编码，供可视化使用',
    `create_time`   STRING COMMENT '创建时间',
    `operate_time`  STRING COMMENT '修改时间'
) COMMENT '省份表'
    PARTITIONED BY (`dt` STRING)
    ROW FORMAT DELIMITED FIELDS TERMINATED BY '\t'
    NULL DEFINED AS ''
    LOCATION '/warehouse/gmall/ods/ods_base_province_full/'
    TBLPROPERTIES ('compression.codec'='org.apache.hadoop.io.compress.GzipCodec');
```

8. 创建地区表（全量）

```
hive (gmall)>
DROP TABLE IF EXISTS ods_base_region_full;
CREATE EXTERNAL TABLE ods_base_region_full
(
    `id`                    STRING COMMENT '地区id',
```

```
    `region_name`        STRING COMMENT '地区名称',
    `create_time`        STRING COMMENT '创建时间',
    `operate_time`       STRING COMMENT '修改时间'
) COMMENT '地区表'
    PARTITIONED BY (`dt` STRING)
    ROW FORMAT DELIMITED FIELDS TERMINATED BY '\t'
    NULL DEFINED AS ''
    LOCATION '/warehouse/gmall/ods/ods_base_region_full/'
    TBLPROPERTIES ('compression.codec'='org.apache.hadoop.io.compress.GzipCodec')';
```

9. 创建品牌表（全量）

```
hive (gmall)>
DROP TABLE IF EXISTS ods_base_trademark_full;
CREATE EXTERNAL TABLE ods_base_trademark_full
(
    `id`                 STRING COMMENT '品牌id',
    `tm_name`            STRING COMMENT '品牌名称',
    `logo_url`           STRING COMMENT '品牌LOGO的图片路径',
    `create_time`        STRING COMMENT '创建时间',
    `operate_time`       STRING COMMENT '修改时间'
) COMMENT '品牌表'
    PARTITIONED BY (`dt` STRING)
    ROW FORMAT DELIMITED FIELDS TERMINATED BY '\t'
    NULL DEFINED AS ''
    LOCATION '/warehouse/gmall/ods/ods_base_trademark_full/'
    TBLPROPERTIES ('compression.codec'='org.apache.hadoop.io.compress.GzipCodec');
```

10. 创建购物车表（全量）

```
hive (gmall)>
DROP TABLE IF EXISTS ods_cart_info_full;
CREATE EXTERNAL TABLE ods_cart_info_full
(
    `id`            STRING COMMENT '编号',
    `user_id`       STRING COMMENT '用户id',
    `sku_id`        STRING COMMENT '商品id',
    `cart_price`    DECIMAL(16, 2) COMMENT '放入购物车时价格',
    `sku_num`       BIGINT COMMENT '数量',
    `img_url`       BIGINT COMMENT '商品图片地址',
    `sku_name`      STRING COMMENT '商品名称（冗余）',
    `is_checked`    STRING COMMENT '是否被选中',
    `create_time`   STRING COMMENT '创建时间',
    `operate_time`  STRING COMMENT '修改时间',
    `is_ordered`    STRING COMMENT '是否已经下单',
    `order_time`    STRING COMMENT '下单时间'
) COMMENT '购物车全量表'
    PARTITIONED BY (`dt` STRING)
    ROW FORMAT DELIMITED FIELDS TERMINATED BY '\t'
    NULL DEFINED AS ''
    LOCATION '/warehouse/gmall/ods/ods_cart_info_full/'
    TBLPROPERTIES ('compression.codec'='org.apache.hadoop.io.compress.GzipCodec');
```

11. 创建优惠券信息表（全量）

```
hive (gmall)>
```

```
DROP TABLE IF EXISTS ods_coupon_info_full;
CREATE EXTERNAL TABLE ods_coupon_info_full
(
    `id`                STRING COMMENT '优惠券 id',
    `coupon_name`       STRING COMMENT '优惠券名称',
    `coupon_type`       STRING COMMENT '优惠券类型（1=现金券，2=折扣券，3=满减券，4=满件打折券）',
    `condition_amount`  DECIMAL(16, 2) COMMENT '满减金额',
    `condition_num`     BIGINT COMMENT '满减件数',
    `activity_id`       STRING COMMENT '活动 id',
    `benefit_amount`    DECIMAL(16, 2) COMMENT '优惠金额',
    `benefit_discount`  DECIMAL(16, 2) COMMENT '折扣',
    `create_time`       STRING COMMENT '创建时间',
    `range_type`        STRING COMMENT '范围类型字典码',
    `limit_num`         BIGINT COMMENT '最多领取次数',
    `taken_count`       BIGINT COMMENT '已领取次数',
    `start_time`        STRING COMMENT '领取开始时间',
    `end_time`          STRING COMMENT '领取结束时间',
    `operate_time`      STRING COMMENT '修改时间',
    `expire_time`       STRING COMMENT '过期时间',
    `range_desc`        STRING COMMENT '范围描述'
) COMMENT '优惠券信息表'
    PARTITIONED BY (`dt` STRING)
    ROW FORMAT DELIMITED FIELDS TERMINATED BY '\t'
    NULL DEFINED AS ''
    LOCATION '/warehouse/gmall/ods/ods_coupon_info_full/'
    TBLPROPERTIES ('compression.codec'='org.apache.hadoop.io.compress.GzipCodec');
```

12. 创建 SKU 平台属性表（全量）

```
hive (gmall)>
DROP TABLE IF EXISTS ods_sku_attr_value_full;
CREATE EXTERNAL TABLE ods_sku_attr_value_full
(
    `id`            STRING COMMENT '编号',
    `attr_id`       STRING COMMENT '平台属性 id',
    `value_id`      STRING COMMENT '平台属性值 id',
    `sku_id`        STRING COMMENT '商品 id',
    `attr_name`     STRING COMMENT '平台属性名称',
    `value_name`    STRING COMMENT '平台属性值名称',
    `create_time`   STRING COMMENT '创建时间',
    `operate_time`  STRING COMMENT '修改时间'
) COMMENT '商品平台属性表'
    PARTITIONED BY (`dt` STRING)
    ROW FORMAT DELIMITED FIELDS TERMINATED BY '\t'
    NULL DEFINED AS ''
    LOCATION '/warehouse/gmall/ods/ods_sku_attr_value_full/'
    TBLPROPERTIES ('compression.codec'='org.apache.hadoop.io.compress.GzipCodec');
```

13. 创建 SKU 信息表（全量）

```
hive (gmall)>
DROP TABLE IF EXISTS ods_sku_info_full;
CREATE EXTERNAL TABLE ods_sku_info_full
(
```

```
    `id`                STRING COMMENT '商品 id',
    `spu_id`            STRING COMMENT '标准产品单位 id',
    `price`             DECIMAL(16, 2) COMMENT '价格',
    `sku_name`          STRING COMMENT '商品名称',
    `sku_desc`          STRING COMMENT 'SKU 规格描述',
    `weight`            DECIMAL(16, 2) COMMENT '重量',
    `tm_id`             STRING COMMENT '品牌 id',
    `category3_id`      STRING COMMENT '三级品类 id',
    `sku_default_img`   STRING COMMENT '默认显示图片地址',
    `is_sale`           STRING COMMENT '是否在售',
    `create_time`       STRING COMMENT '创建时间',
    `operate_time`      STRING COMMENT '修改时间'
) COMMENT 'SKU 信息表'
    PARTITIONED BY (`dt` STRING)
    ROW FORMAT DELIMITED FIELDS TERMINATED BY '\t'
    NULL DEFINED AS ''
    LOCATION '/warehouse/gmall/ods/ods_sku_info_full/'
    TBLPROPERTIES ('compression.codec'='org.apache.hadoop.io.compress.GzipCodec');
```

14. 创建 SKU 销售属性表（全量）

```
hive (gmall)>
DROP TABLE IF EXISTS ods_sku_sale_attr_value_full;
CREATE EXTERNAL TABLE ods_sku_sale_attr_value_full
(
    `id`                    STRING COMMENT '编号',
    `sku_id`                STRING COMMENT '商品 id',
    `spu_id`                STRING COMMENT '标准产品单位 id',
    `sale_attr_value_id`    STRING COMMENT '销售属性值 id',
    `sale_attr_id`          STRING COMMENT '销售属性 id',
    `sale_attr_name`        STRING COMMENT '销售属性名称',
    `sale_attr_value_name`  STRING COMMENT '销售属性值名称',
    `create_time`           STRING COMMENT '创建时间',
    `operate_time`          STRING COMMENT '修改时间'
) COMMENT 'SKU 销售属性值表'
    PARTITIONED BY (`dt` STRING)
    ROW FORMAT DELIMITED FIELDS TERMINATED BY '\t'
    NULL DEFINED AS ''
    LOCATION '/warehouse/gmall/ods/ods_sku_sale_attr_value_full/'
    TBLPROPERTIES ('compression.codec'='org.apache.hadoop.io.compress.GzipCodec');
```

15. 创建 SPU 信息表（全量）

```
hive (gmall)>
DROP TABLE IF EXISTS ods_spu_info_full;
CREATE EXTERNAL TABLE ods_spu_info_full
(
    `id`            STRING COMMENT '标准产品单位 id',
    `spu_name`      STRING COMMENT '标准产品单位名称',
    `description`   STRING COMMENT '描述信息',
    `category3_id`  STRING COMMENT '三级品类 id',
    `tm_id`         STRING COMMENT '品牌 id',
    `create_time`   STRING COMMENT '创建时间',
    `operate_time`  STRING COMMENT '修改时间'
```

```
) COMMENT 'SPU 信息表'
  PARTITIONED BY (`dt` STRING)
  ROW FORMAT DELIMITED FIELDS TERMINATED BY '\t'
  NULL DEFINED AS ''
  LOCATION '/warehouse/gmall/ods/ods_spu_info_full/'
  TBLPROPERTIES ('compression.codec'='org.apache.hadoop.io.compress.GzipCodec');
```

16．创建营销坑位表（全量）

```
hive (gmall)>
DROP TABLE IF EXISTS ods_promotion_pos_full;
CREATE EXTERNAL TABLE ods_promotion_pos_full
(
    `id`                STRING COMMENT '营销坑位id',
    `pos_location`      STRING COMMENT '营销坑位位置',
    `pos_type`          STRING COMMENT '营销坑位类型',
    `promotion_type`    STRING COMMENT '营销类型',
    `create_time`       STRING COMMENT '创建时间',
    `operate_time`      STRING COMMENT '修改时间'
) COMMENT '营销坑位表'
  PARTITIONED BY (`dt` STRING)
  ROW FORMAT DELIMITED FIELDS TERMINATED BY '\t'
  NULL DEFINED AS ''
  LOCATION '/warehouse/gmall/ods/ods_promotion_pos_full/'
  TBLPROPERTIES ('compression.codec'='org.apache.hadoop.io.compress.GzipCodec');
```

17．创建营销渠道表（全量）

```
hive (gmall)>
DROP TABLE IF EXISTS ods_promotion_refer_full;
CREATE EXTERNAL TABLE ods_promotion_refer_full
(
    `id`                STRING COMMENT '外部营销渠道id',
    `refer_name`        STRING COMMENT '外部营销渠道名称',
    `create_time`       STRING COMMENT '创建时间',
    `operate_time`      STRING COMMENT '修改时间'
) COMMENT '营销渠道表'
  PARTITIONED BY (`dt` STRING)
  ROW FORMAT DELIMITED FIELDS TERMINATED BY '\t'
  NULL DEFINED AS ''
  LOCATION '/warehouse/gmall/ods/ods_promotion_refer_full/'
  TBLPROPERTIES ('compression.codec'='org.apache.hadoop.io.compress.GzipCodec');
```

18．创建购物车表（增量）

```
hive (gmall)>
DROP TABLE IF EXISTS ods_cart_info_inc;
CREATE EXTERNAL TABLE ods_cart_info_inc
(
    `type` STRING COMMENT '变动类型',
    `ts`   BIGINT COMMENT '变动时间',
    `data` STRUCT<id :STRING,
       user_id :STRING,
       sku_id :STRING,
       cart_price :DECIMAL(16, 2),
```

```
        sku_num :BIGINT,
        img_url :STRING,
        sku_name :STRING,
        is_checked :STRING,
        create_time :STRING,
        operate_time :STRING,
        is_ordered :STRING,
        order_time:STRING> COMMENT '数据',
    `old` MAP<STRING,STRING> COMMENT '旧值'
) COMMENT '购物车表'
    PARTITIONED BY (`dt` STRING)
    ROW FORMAT SERDE 'org.apache.hadoop.hive.serde2.JsonSerDe'
    LOCATION '/warehouse/gmall/ods/ods_cart_info_inc/'
    TBLPROPERTIES ('compression.codec'='org.apache.hadoop.io.compress.GzipCodec');
```

19. 创建评价表（增量）

```
hive (gmall)>
DROP TABLE IF EXISTS ods_comment_info_inc;
CREATE EXTERNAL TABLE ods_comment_info_inc
(
    `type` STRING COMMENT '变动类型',
    `ts`   BIGINT COMMENT '变动时间',
    `data` STRUCT<id :STRING,
        user_id :STRING,
        nick_name :STRING,
        head_img :STRING,
        sku_id :STRING,
        spu_id :STRING,
        order_id :STRING,
        appraise :STRING,
        comment_txt :STRING,
        create_time :STRING,
        operate_time :STRING> COMMENT '数据',
    `old` MAP<STRING,STRING> COMMENT '旧值'
) COMMENT '评价表'
    PARTITIONED BY (`dt` STRING)
    ROW FORMAT SERDE 'org.apache.hadoop.hive.serde2.JsonSerDe'
    LOCATION '/warehouse/gmall/ods/ods_comment_info_inc/'
    TBLPROPERTIES ('compression.codec'='org.apache.hadoop.io.compress.GzipCodec');
```

20. 创建优惠券领用表（增量）

```
hive (gmall)>
DROP TABLE IF EXISTS ods_coupon_use_inc;
CREATE EXTERNAL TABLE ods_coupon_use_inc
(
    `type` STRING COMMENT '变动类型',
    `ts`   BIGINT COMMENT '变动时间',
    `data` STRUCT<id :STRING,
        coupon_id :STRING,
        user_id :STRING,
        order_id :STRING,
        coupon_status :STRING,
```

```
        get_time :STRING,
        using_time:STRING,
        used_time :STRING,expire_time :STRING,
        create_time :STRING,
        operate_time :STRING> COMMENT '数据',
    `old` MAP<STRING,STRING> COMMENT '旧值'
) COMMENT '优惠券领用表'
    PARTITIONED BY (`dt` STRING)
    ROW FORMAT SERDE 'org.apache.hadoop.hive.serde2.JsonSerDe'
    LOCATION '/warehouse/gmall/ods/ods_coupon_use_inc/'
    TBLPROPERTIES ('compression.codec'='org.apache.hadoop.io.compress.GzipCodec');
```

21. 创建收藏表（增量）

```
hive (gmall)>
DROP TABLE IF EXISTS ods_favor_info_inc;
CREATE EXTERNAL TABLE ods_favor_info_inc
(
    `type` STRING COMMENT '变动类型',
    `ts`   BIGINT COMMENT '变动时间',
    `data` STRUCT<id :STRING,
        user_id :STRING,
        sku_id :STRING,
        spu_id :STRING,
        is_cancel :STRING,
        create_time :STRING,
        operate_time:STRING> COMMENT '数据',
    `old` MAP<STRING,STRING> COMMENT '旧值'
) COMMENT '收藏表'
    PARTITIONED BY (`dt` STRING)
    ROW FORMAT SERDE 'org.apache.hadoop.hive.serde2.JsonSerDe'
    LOCATION '/warehouse/gmall/ods/ods_favor_info_inc/'
    TBLPROPERTIES ('compression.codec'='org.apache.hadoop.io.compress.GzipCodec');
```

22. 创建订单明细表（增量）

```
hive (gmall)>
DROP TABLE IF EXISTS ods_order_detail_inc;
CREATE EXTERNAL TABLE ods_order_detail_inc
(
    `type` STRING COMMENT '变动类型',
    `ts`   BIGINT COMMENT '变动时间',
    `data` STRUCT<id :STRING,
        order_id :STRING,
        sku_id :STRING,
        sku_name :STRING,
        img_url :STRING,
        order_price:DECIMAL(16, 2),
        sku_num :BIGINT,
        create_time :STRING,
        source_type :STRING,
        source_id :STRING,
        split_total_amount:DECIMAL(16, 2),
        split_activity_amount :DECIMAL(16, 2),
```

```
        split_coupon_amount:DECIMAL(16, 2),
        operate_time :STRING> COMMENT '数据',
    `old` MAP<STRING,STRING> COMMENT '旧值'
) COMMENT '订单明细表'
    PARTITIONED BY (`dt` STRING)
    ROW FORMAT SERDE 'org.apache.hadoop.hive.serde2.JsonSerDe'
    LOCATION '/warehouse/gmall/ods/ods_order_detail_inc/'
    TBLPROPERTIES ('compression.codec'='org.apache.hadoop.io.compress.GzipCodec');
```

23．创建订单明细活动关联表（增量）

```
hive (gmall)>
DROP TABLE IF EXISTS ods_order_detail_activity_inc;
CREATE EXTERNAL TABLE ods_order_detail_activity_inc
(
    `type` STRING COMMENT '变动类型',
    `ts`   BIGINT COMMENT '变动时间',
    `data` STRUCT<id :STRING,
        order_id :STRING,
        order_detail_id :STRING,
        activity_id :STRING,
        activity_rule_id :STRING,
        sku_id:STRING,
        create_time :STRING,
        operate_time :STRING> COMMENT '数据',
    `old` MAP<STRING,STRING> COMMENT '旧值'
) COMMENT '订单明细活动关联表'
    PARTITIONED BY (`dt` STRING)
    ROW FORMAT SERDE 'org.apache.hadoop.hive.serde2.JsonSerDe'
    LOCATION '/warehouse/gmall/ods/ods_order_detail_activity_inc/'
    TBLPROPERTIES ('compression.codec'='org.apache.hadoop.io.compress.GzipCodec');
```

24．创建订单明细优惠券关联表（增量）

```
hive (gmall)>
DROP TABLE IF EXISTS ods_order_detail_coupon_inc;
CREATE EXTERNAL TABLE ods_order_detail_coupon_inc
(
    `type` STRING COMMENT '变动类型',
    `ts`   BIGINT COMMENT '变动时间',
    `data` STRUCT<id :STRING,
        order_id :STRING,
        order_detail_id :STRING,
        coupon_id :STRING,
        coupon_use_id :STRING,
        sku_id:STRING,
        create_time :STRING,
        operate_time :STRING> COMMENT '数据',
    `old` MAP<STRING,STRING> COMMENT '旧值'
) COMMENT '订单明细优惠券关联表'
    PARTITIONED BY (`dt` STRING)
    ROW FORMAT SERDE 'org.apache.hadoop.hive.serde2.JsonSerDe'
    LOCATION '/warehouse/gmall/ods/ods_order_detail_coupon_inc/'
    TBLPROPERTIES ('compression.codec'='org.apache.hadoop.io.compress.GzipCodec');
```

25. 创建订单表（增量）

```
hive (gmall)>
DROP TABLE IF EXISTS ods_order_info_inc;
CREATE EXTERNAL TABLE ods_order_info_inc
(
    `type` STRING COMMENT '变动类型',
    `ts`   BIGINT COMMENT '变动时间',
    `data` STRUCT<id :STRING,
        consignee :STRING,
        consignee_tel :STRING,
        total_amount :DECIMAL(16, 2),
        order_status :STRING,
        user_id:STRING,
        payment_way :STRING,
        delivery_address :STRING,
        order_comment :STRING,
        out_trade_no :STRING,
        trade_body:STRING,
        create_time :STRING,
        operate_time :STRING,
        expire_time :STRING,
        process_status :STRING,
        tracking_no:STRING,
        parent_order_id :STRING,
        img_url :STRING,
        province_id :STRING,
        activity_reduce_amount:DECIMAL(16, 2),
        coupon_reduce_amount :DECIMAL(16, 2),
        original_total_amount :DECIMAL(16, 2),
        freight_fee:DECIMAL(16, 2),
        freight_fee_reduce :DECIMAL(16, 2),
        refundable_time :DECIMAL(16, 2)> COMMENT '数据',
    `old`  MAP<STRING,STRING> COMMENT '旧值'
) COMMENT '订单表'
    PARTITIONED BY (`dt` STRING)
    ROW FORMAT SERDE 'org.apache.hadoop.hive.serde2.JsonSerDe'
    LOCATION '/warehouse/gmall/ods/ods_order_info_inc/'
    TBLPROPERTIES ('compression.codec'='org.apache.hadoop.io.compress.GzipCodec');
```

26. 创建退单表（增量）

```
hive (gmall)>
DROP TABLE IF EXISTS ods_order_refund_info_inc;
CREATE EXTERNAL TABLE ods_order_refund_info_inc
(
    `type` STRING COMMENT '变动类型',
    `ts` BIGINT COMMENT '变动时间',
    `data` STRUCT<id :STRING,
        user_id :STRING,
        order_id :STRING,
        sku_id :STRING,
        refund_type :STRING,
```

```
        refund_num :BIGINT,
        refund_amount:DECIMAL(16, 2),
        refund_reason_type :STRING,
        refund_reason_txt :STRING,
        refund_status :STRING,
        create_time:STRING,
        operate_time :STRING> COMMENT '数据',
    `old`  MAP<STRING,STRING> COMMENT '旧值'
) COMMENT '退单表'
    PARTITIONED BY (`dt` STRING)
    ROW FORMAT SERDE 'org.apache.hadoop.hive.serde2.JsonSerDe'
    LOCATION '/warehouse/gmall/ods/ods_order_refund_info_inc/'
    TBLPROPERTIES ('compression.codec'='org.apache.hadoop.io.compress.GzipCodec');
```

27. 创建订单状态流水表（增量）

```
hive (gmall)>
DROP TABLE IF EXISTS ods_order_status_log_inc;
CREATE EXTERNAL TABLE ods_order_status_log_inc
(
    `type`  STRING COMMENT '变动类型',
    `ts`   BIGINT COMMENT '变动时间',
    `data` STRUCT<id :STRING,
        order_id :STRING,
        order_status :STRING,
        create_time :STRING,
        operate_time :STRING> COMMENT '数据',
    `old`  MAP<STRING,STRING> COMMENT '旧值'
) COMMENT '订单状态流水表'
    PARTITIONED BY (`dt` STRING)
    ROW FORMAT SERDE 'org.apache.hadoop.hive.serde2.JsonSerDe'
    LOCATION '/warehouse/gmall/ods/ods_order_status_log_inc/'
    TBLPROPERTIES ('compression.codec'='org.apache.hadoop.io.compress.GzipCodec');
```

28. 创建支付表（增量）

```
hive (gmall)>
DROP TABLE IF EXISTS ods_payment_info_inc;
CREATE EXTERNAL TABLE ods_payment_info_inc
(
    `type`  STRING COMMENT '变动类型',
    `ts`   BIGINT COMMENT '变动时间',
    `data` STRUCT<id :STRING,
        out_trade_no :STRING,
        order_id :STRING,
        user_id :STRING,
        payment_type :STRING,
        trade_no:STRING,
        total_amount :DECIMAL(16, 2),
        subject :STRING,
        payment_status :STRING,
        create_time :STRING,
        callback_time:STRING,
        callback_content :STRING,
```

```
        operate_time :STRING> COMMENT '数据',
    `old`  MAP<STRING,STRING> COMMENT '旧值'
) COMMENT '支付表'
    PARTITIONED BY (`dt` STRING)
    ROW FORMAT SERDE 'org.apache.hadoop.hive.serde2.JsonSerDe'
    LOCATION '/warehouse/gmall/ods/ods_payment_info_inc/'
    TBLPROPERTIES ('compression.codec'='org.apache.hadoop.io.compress.GzipCodec');
```

29. 创建退款表（增量）

```
hive (gmall)>
DROP TABLE IF EXISTS ods_refund_payment_inc;
CREATE EXTERNAL TABLE ods_refund_payment_inc
(
    `type` STRING COMMENT '变动类型',
    `ts`   BIGINT COMMENT '变动时间',
    `data` STRUCT<id :STRING,
        out_trade_no :STRING,
        order_id :STRING,
        sku_id :STRING,
        payment_type :STRING,
        trade_no :STRING,
        total_amount:DECIMAL(16, 2),
        subject :STRING,
        refund_status :STRING,
        create_time :STRING,
        callback_time :STRING,
        callback_content:STRING,
        operate_time :STRING> COMMENT '数据',
    `old`  MAP<STRING,STRING> COMMENT '旧值'
) COMMENT '退款表'
    PARTITIONED BY (`dt` STRING)
    ROW FORMAT SERDE 'org.apache.hadoop.hive.serde2.JsonSerDe'
    LOCATION '/warehouse/gmall/ods/ods_refund_payment_inc/'
    TBLPROPERTIES ('compression.codec'='org.apache.hadoop.io.compress.GzipCodec');
```

30. 创建用户表（增量）

```
hive (gmall)>
DROP TABLE IF EXISTS ods_user_info_inc;
CREATE EXTERNAL TABLE ods_user_info_inc
(
    `type` STRING COMMENT '变动类型',
    `ts`   BIGINT COMMENT '变动时间',
    `data` STRUCT<id :STRING,
        login_name :STRING,
        nick_name :STRING,
        passwd :STRING,
        name :STRING,
        phone_num :STRING,
        email:STRING,
        head_img :STRING,
        user_level :STRING,
        birthday :STRING,
```

```
      gender :STRING,
      create_time :STRING,
      operate_time:STRING,
      status :STRING> COMMENT '数据',
   `old`  MAP<STRING,STRING> COMMENT '旧值'
) COMMENT '用户表'
   PARTITIONED BY (`dt` STRING)
   ROW FORMAT SERDE 'org.apache.hadoop.hive.serde2.JsonSerDe'
   LOCATION '/warehouse/gmall/ods/ods_user_info_inc/'
   TBLPROPERTIES ('compression.codec'='org.apache.hadoop.io.compress.GzipCodec');
```

6.4.4　ODS 层业务数据导入脚本

将 ODS 层业务数据中首日数据的装载过程编写成脚本，方便调用执行。

脚本思路与 ODS 层用户行为日志数据导入脚本思路相似。

* 获取日期变量值。
* 对需要执行的 SQL 语句进行拼接。具体逻辑是：循环判断将要执行数据装载操作的路径是否存在，若存在，则将 SQL 语句拼接至 sql 字符串中，在循环结束后，得到完整的 SQL 语句，统一使用 hive -e 命令执行。
* 编写逻辑判断脚本并输入参数，根据传入的表名决定执行哪张表的数据装载操作。

（1）在/home/atguigu/bin 目录下创建脚本 hdfs_to_ods_db.sh。

```
[atguigu@hadoop102 bin]$ vim hdfs_to_ods_db.sh
```

在脚本中编写如下内容。

```
#!/bin/bash

App=gmall

if [ -n "$2" ] ;then
  do_date=$2
else
  do_date=`date -d '-1 day' +%F`
fi

load_data(){
   sql=""
   for i in $*; do
      #判断路径是否存在
      hadoop fs -test -e /origin_data/$App/db/${i:4}/$do_date
      #路径存在方可装载数据
      if [[ $? = 0 ]]; then
         sql=$sql"load data inpath '/origin_data/$App/db/${i:4}/$do_date' OVERWRITE into
table ${App}.$i partition(dt='$do_date');"
      fi
   done
   hive -e "$sql"
}

case $1 in
   "ods_activity_info_full")
      load_data "ods_activity_info_full"
```

```
;;
"ods_activity_rule_full")
    load_data "ods_activity_rule_full"
;;
"ods_base_category1_full")
    load_data "ods_base_category1_full"
;;
"ods_base_category2_full")
    load_data "ods_base_category2_full"
;;
"ods_base_category3_full")
    load_data "ods_base_category3_full"
;;
"ods_base_dic_full")
    load_data "ods_base_dic_full"
;;
"ods_base_province_full")
    load_data "ods_base_province_full"
;;
"ods_base_region_full")
    load_data "ods_base_region_full"
;;
"ods_base_trademark_full")
    load_data "ods_base_trademark_full"
;;
"ods_cart_info_full")
    load_data "ods_cart_info_full"
;;
"ods_coupon_info_full")
    load_data "ods_coupon_info_full"
;;
"ods_sku_attr_value_full")
    load_data "ods_sku_attr_value_full"
;;
"ods_sku_info_full")
    load_data "ods_sku_info_full"
;;
"ods_sku_sale_attr_value_full")
    load_data "ods_sku_sale_attr_value_full"
;;
"ods_spu_info_full")
    load_data "ods_spu_info_full"
;;
"ods_promotion_pos_full")
    load_data "ods_promotion_pos_full"
;;
"ods_promotion_refer_full")
    load_data "ods_promotion_refer_full"
;;

"ods_cart_info_inc")
    load_data "ods_cart_info_inc"
```

```
    ;;
    "ods_comment_info_inc")
        load_data "ods_comment_info_inc"
    ;;
    "ods_coupon_use_inc")
        load_data "ods_coupon_use_inc"
    ;;
    "ods_favor_info_inc")
        load_data "ods_favor_info_inc"
    ;;
    "ods_order_detail_inc")
        load_data "ods_order_detail_inc"
    ;;
    "ods_order_detail_activity_inc")
        load_data "ods_order_detail_activity_inc"
    ;;
    "ods_order_detail_coupon_inc")
        load_data "ods_order_detail_coupon_inc"
    ;;
    "ods_order_info_inc")
        load_data "ods_order_info_inc"
    ;;
    "ods_order_refund_info_inc")
        load_data "ods_order_refund_info_inc"
    ;;
    "ods_order_status_log_inc")
        load_data "ods_order_status_log_inc"
    ;;
    "ods_payment_info_inc")
        load_data "ods_payment_info_inc"
    ;;
    "ods_refund_payment_inc")
        load_data "ods_refund_payment_inc"
    ;;
    "ods_user_info_inc")
        load_data "ods_user_info_inc"
    ;;
    "all")
        load_data              "ods_activity_info_full"                "ods_activity_rule_full"
"ods_base_category1_full"        "ods_base_category2_full"         "ods_base_category3_full"
"ods_base_dic_full"          "ods_base_province_full"          "ods_base_region_full"
"ods_base_trademark_full"          "ods_cart_info_full"          "ods_coupon_info_full"
"ods_sku_attr_value_full"        "ods_sku_info_full"       "ods_sku_sale_attr_value_full"
"ods_spu_info_full"        "ods_promotion_pos_full"          "ods_promotion_refer_full"
"ods_cart_info_inc"   "ods_comment_info_inc"   "ods_coupon_use_inc"   "ods_favor_info_inc"
"ods_order_detail_inc"   "ods_order_detail_activity_inc"   "ods_order_detail_coupon_inc"
"ods_order_info_inc"      "ods_order_refund_info_inc"        "ods_order_status_log_inc"
"ods_payment_info_inc" "ods_refund_payment_inc" "ods_user_info_inc"
    ;;
esac
```

（2）增加脚本执行权限。

```
[atguigu@hadoop102 bin]$ chmod +x hdfs_to_ods_db.sh
```

（3）执行脚本，第 1 个参数传入 all，第 2 个参数传入 2023-06-18，导入 2023-06-18 的数据。

```
[atguigu@hadoop102 bin]$ hdfs_to_ods_db.sh all 2023-06-18
```

（4）查询导入的数据。

```
hive (gmall)> select * from ods_order_detail_inc where dt='2023-06-18' limit 10;
```

6.5 数据仓库搭建——DIM 层

本节参照在 6.2.3 节中指定的数据仓库业务总线矩阵来搭建本数据仓库项目的 DIM 层。在业务总线矩阵中，共出现了 13 种维度，其中的支付方式、退单类型、退单原因类型、渠道、设备维度内容较少，已经被合并到涉及的事实表中，无须创建维度表。

DIM 层的设计要点如下。

- 设计依据是维度建模理论，该层用于存储维度模型的维度表。
- 数据存储格式为 ORC 列式存储+Snappy 压缩。
- 表的命名规范为 dim_表名_全量表/拉链表（full/zip）标识。

接下来对几张主要的维度表进行讲解。

6.5.1 商品维度表（全量）

1. 思路分析

商品维度表需要体现所有与一件商品相关的且具有分析意义的属性值，这样用户在分析商品的某个属性时，不需要再与其他表进行关联。

（1）分区规划。

为了避免下游任务查询商品维度表时执行全表扫描，商品维度表需要按天进行分区，分区字段的取值为当天日期，如图 6-27 所示。

图 6-27　商品维度表分区规划

（2）数据流向。

与商品维度相关的业务数据表均进行了每日全量采集，我们只需要获取 ODS 层业务数据当日分区的数据，关联后写入商品维度表的当日分区即可，如图 6-28 所示。

（3）数据装载思路。

根据维度建模理论中有关维度表设计步骤的讲解，在确定要构建的维度表后，需要先确定主维表，再确定相关维表。在 ODS 层的业务数据表中，与商品维度有关的表有 ods_sku_info_full、ods_spu_info_full、ods_base_category1_full、ods_base_category2_full、ods_base_category3_full、ods_sku_sale_attr_value_full、ods_sku_attr_value_full 和 ods_base_trademark_full。维度表的粒度应该与主维表保持一致，主维表的主键就是维度表的唯一标识。因此选定 ods_sku_info_full 作为主维表，其余表为相关维表。

第一步：使用 with 语句定义子查询。

构建子查询 sku。查询 ods_sku_info_full 表，筛选当日分区的数据，选取 id、price、sku_name、sku_desc、weight、is_sale、spu_id、category3_id、tm_id 和 create_time 字段。

构建子查询 spu。查询 ods_spu_info_full 表，筛选当日分区的数据，选取 id 和 spu_name 字段。

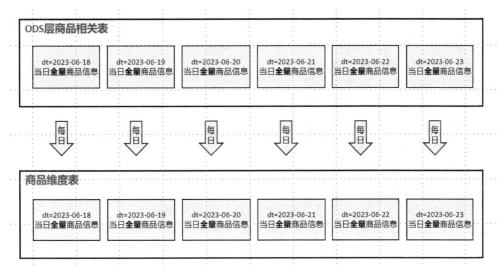

图 6-28　商品维度表数据流向

构建子查询 c3。查询 ods_base_category3_full 表，筛选当日分区的数据，选取 id、name 和 category2_id 字段。

构建子查询 c2。查询 ods_base_category2_full 表，筛选当日分区的数据，选取 id、name 和 category1_id 字段。

构建子查询 c1。查询 ods_base_category1_full 表，筛选当日分区的数据，选取 id 和 name 字段。

构建子查询 tm。查询 ods_base_trademark_full 表，筛选当日分区的数据，选取 id 和 tm_name 字段。

构建子查询 attr。查询 ods_sku_attr_value_full 表，筛选当日分区的数据，选取 sku_id 字段，选取 attr_id、value_id、attr_name、value_name 字段，并使用 collect_set 函数构建多值属性数组字段 attrs。

构建子查询 sale_attr。查询 ods_sku_sale_attr_value_full 表，筛选当日分区的数据，选取 sku_id 字段，选取销售属性的相关字段，使用 collect_set 函数构建多值属性数组字段 sale_attr。

子查询构建过程如图 6-29 所示。

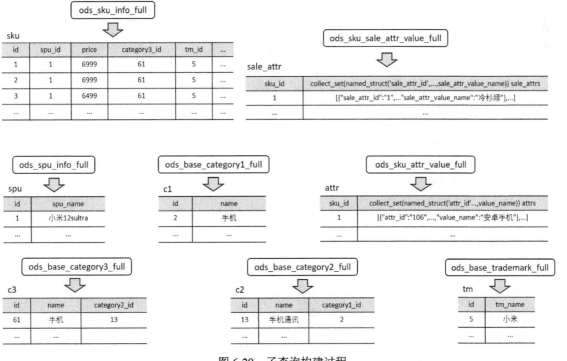

图 6-29　子查询构建过程

第二步：以子查询 sku 为主表，与其余 7 个子查询进行关联。关联的关键是关联类型和关联字段的选择。子查询 sku 与其余 7 个子查询进行关联的关联字段选择如下。

与子查询 spu 通过 spu_id 字段关联。

与子查询 c3 通过 category3_id 字段关联。

与子查询 c2 通过 category2_id 字段关联。

与子查询 c1 通过 category1_id 字段关联。

与子查询 tm 通过 tm_id 字段关联。

与子查询 attr 通过 id 字段关联。

与子查询 sale_attr 通过 id 字段关联。

关联类型选用 left join，可以全部保留主维表的数据，避免数据丢失。

第三步：关联后，选取所需要的字段，写入商品维度表 dim_sku_info 的当日分区。

2. 建表语句

```
hive (gmall)>
DROP TABLE IF EXISTS dim_sku_full;
CREATE EXTERNAL TABLE dim_sku_full
(
    `id`                    STRING COMMENT '商品id',
    `price`                 DECIMAL(16, 2) COMMENT '商品价格',
    `sku_name`              STRING COMMENT '商品名称',
    `sku_desc`              STRING COMMENT '商品描述',
    `weight`                DECIMAL(16, 2) COMMENT '重量',
    `is_sale`               BOOLEAN COMMENT '是否在售',
    `spu_id`                STRING COMMENT '标准产品单位id',
    `spu_name`              STRING COMMENT '标准产品单位名称',
    `category3_id`          STRING COMMENT '三级品类id',
    `category3_name`        STRING COMMENT '三级品类名称',
    `category2_id`          STRING COMMENT '二级品类id',
    `category2_name`        STRING COMMENT '二级品类名称',
    `category1_id`          STRING COMMENT '一级品类id',
    `category1_name`        STRING COMMENT '一级品类名称',
    `tm_id`                 STRING COMMENT '品牌id',
    `tm_name`               STRING COMMENT '品牌名称',
    `sku_attr_values`       ARRAY<STRUCT<attr_id :STRING,
        value_id :STRING,
        attr_name :STRING,
        value_name:STRING>> COMMENT '平台属性',
    `sku_sale_attr_values` ARRAY<STRUCT<sale_attr_id :STRING,
        sale_attr_value_id :STRING,
        sale_attr_name :STRING,
        sale_attr_value_name:STRING>> COMMENT '销售属性',
    `create_time`           STRING COMMENT '创建时间'
) COMMENT '商品维度表'
    PARTITIONED BY (`dt` STRING)
    STORED AS ORC
    LOCATION '/warehouse/gmall/dim/dim_sku_full/'
    TBLPROPERTIES ('orc.compress' = 'snappy');
```

3. 数据装载

```
hive (gmall)>
```

```
with
sku as
(
    select
        id,
        price,
        sku_name,
        sku_desc,
        weight,
        is_sale,
        spu_id,
        category3_id,
        tm_id,
        create_time
    from ods_sku_info_full
    where dt='2023-06-18'
),
spu as
(
    select
        id,
        spu_name
    from ods_spu_info_full
    where dt='2023-06-18'
),
c3 as
(
    select
        id,
        name,
        category2_id
    from ods_base_category3_full
    where dt='2023-06-18'
),
c2 as
(
    select
        id,
        name,
        category1_id
    from ods_base_category2_full
    where dt='2023-06-18'
),
c1 as
(
    select
        id,
        name
    from ods_base_category1_full
    where dt='2023-06-18'
),
tm as
```

```
(
    select
        id,
        tm_name
    from ods_base_trademark_full
    where dt='2023-06-18'
),
attr as
(
    select
        sku_id,

collect_set(named_struct('attr_id',attr_id,'value_id',value_id,'attr_name',attr_name,'va
lue_name',value_name)) attrs
    from ods_sku_attr_value_full
    where dt='2023-06-18'
    group by sku_id
),
sale_attr as
(
    select
        sku_id,

collect_set(named_struct('sale_attr_id',sale_attr_id,'sale_attr_value_id',sale_attr_valu
e_id,'sale_attr_name',sale_attr_name,'sale_attr_value_name',sale_attr_value_name))
sale_attrs
    from ods_sku_sale_attr_value_full
    where dt='2023-06-18'
    group by sku_id
)
insert overwrite table dim_sku_full partition(dt='2023-06-18')
select
    sku.id,
    sku.price,
    sku.sku_name,
    sku.sku_desc,
    sku.weight,
    sku.is_sale,
    sku.spu_id,
    spu.spu_name,
    sku.category3_id,
    c3.name,
    c3.category2_id,
    c2.name,
    c2.category1_id,
    c1.name,
    sku.tm_id,
    tm.tm_name,
    attr.attrs,
    sale_attr.sale_attrs,
    sku.create_time
from sku
```

```
left join spu on sku.spu_id=spu.id
left join c3 on sku.category3_id=c3.id
left join c2 on c3.category2_id=c2.id
left join c1 on c2.category1_id=c1.id
left join tm on sku.tm_id=tm.id
left join attr on sku.id=attr.sku_id
left join sale_attr on sku.id=sale_attr.sku_id;
```

6.5.2　优惠券维度表（全量）

1. 思路分析

本节构建优惠券维度表，优惠券维度表需要体现与优惠券相关的所有具有分析意义的属性值。

分区规划和数据流向与商品维度表相同，此处不再赘述。

数据装载流程如下。

第一步：确定主维表与相关维表，并构建子查询。

ODS 层的业务数据表中，与优惠券维度相关的表有 ods_coupon_info_full 和 ods_base_dic_full。毫无疑问，ods_coupon_info_full 应该作为主维表。ods_base_dic_full 是编码字典表，可以为优惠券维度提供 coupon_type_name（优惠券类型名称）和 range_type_name（优惠券范围类型名称）。在 ods_coupon_info_full 表中，优惠券类型和优惠券范围类型是两个编码值，在这里通过与 ods_base_dic_full 关联获取这两个字段值的文字说明。

构建子查询 ci。查询 ods_coupon_info_full 表，筛选当日分区的数据，选取需要的字段，如优惠券名称、优惠券类型、使用条件等。

构建子查询 coupon_dic。查询 ods_base_dic_full 表，筛选当日分区且 parent_code 为 32（优惠券类型相关编码数据）的数据，选取 dic_code、dic_name 字段。

构建子查询 range_dic。查询 ods_base_dic_full 表，筛选当日分区且 parent_code 为 33（优惠券范围类型相关编码数据）的数据，选取 dic_code、dic_name 字段。

第二步：将子查询 ci 与子查询 coupon_dic 和子查询 range_dic 进行关联。

子查询 ci 与子查询 coupon_dic 通过 coupon_type 字段进行关联，与子查询 range_dic 通过 range_type 进行关联。关联类型选择 left join，可以全部保留主维表的数据。

第三步：关联后，选取所需要的字段，写入优惠券维度表 dim_coupon_info 的当日分区。

使用 case when... then... end 语法，根据优惠券类型 coupon_type 的不同，将优惠券规则字符串拼接起来，得到优惠规则字段 benefit_rule。

2. 建表语句

```
hive (gmall)>
DROP TABLE IF EXISTS dim_coupon_full;
CREATE EXTERNAL TABLE dim_coupon_full
(
    `id`                 STRING COMMENT '优惠券 id',
    `coupon_name`        STRING COMMENT '优惠券名称',
    `coupon_type_code`   STRING COMMENT '优惠券类型编码',
    `coupon_type_name`   STRING COMMENT '优惠券类型名称',
    `condition_amount`   DECIMAL(16,2) COMMENT '满减金额',
    `condition_num`      BIGINT COMMENT '满减件数',
    `activity_id`        STRING COMMENT '活动 id',
    `benefit_amount`     DECIMAL(16,2) COMMENT '优惠金额',
    `benefit_discount`   DECIMAL(16,2) COMMENT '折扣',
    `benefit_rule`       STRING COMMENT '优惠规则:满*元减*元, 满*件打*折',
```

```
    `create_time`           STRING COMMENT '创建时间',
    `range_type_code`       STRING COMMENT '优惠券范围类型编码',
    `range_type_name`       STRING COMMENT '优惠券范围类型名称',
    `limit_num`             BIGINT COMMENT '最多领取次数',
    `taken_count`           BIGINT COMMENT '已领取次数',
    `start_time`            STRING COMMENT '领取开始时间',
    `end_time`              STRING COMMENT '领取结束时间',
    `operate_time`          STRING COMMENT '修改时间',
    `expire_time`           STRING COMMENT '过期时间'
) COMMENT '优惠券维度表'
    PARTITIONED BY (`dt` STRING)
    STORED AS ORC
    LOCATION '/warehouse/gmall/dim/dim_coupon_full/'
    TBLPROPERTIES ('orc.compress' = 'snappy');
```

3. 数据装载

```
hive (gmall)>
insert overwrite table dim_coupon_full partition(dt='2023-06-18')
select
    id,
    coupon_name,
    coupon_type,
    coupon_dic.dic_name,
    condition_amount,
    condition_num,
    activity_id,
    benefit_amount,
    benefit_discount,
    case coupon_type
        when '3201' then concat('满',condition_amount,'元减',benefit_amount,'元')
        when '3202' then concat('满',condition_num,'件打',10*(1-benefit_discount),'折')
        when '3203' then concat('减',benefit_amount,'元')
    end benefit_rule,
    create_time,
    range_type,
    range_dic.dic_name,
    limit_num,
    taken_count,
    start_time,
    end_time,
    operate_time,
    expire_time
from
(
    select
        id,
        coupon_name,
        coupon_type,
        condition_amount,
        condition_num,
        activity_id,
        benefit_amount,
        benefit_discount,
```

```
        create_time,
        range_type,
        limit_num,
        taken_count,
        start_time,
        end_time,
        operate_time,
        expire_time
    from ods_coupon_info_full
    where dt='2023-06-18'
)ci
left join
(
    select
        dic_code,
        dic_name
    from ods_base_dic_full
    where dt='2023-06-18'
    and parent_code='32'
)coupon_dic
on ci.coupon_type=coupon_dic.dic_code
left join
(
    select
        dic_code,
        dic_name
    from ods_base_dic_full
    where dt='2023-06-18'
    and parent_code='33'
)range_dic
on ci.range_type=range_dic.dic_code;
```

6.5.3　活动维度表（全量）

1. 思路分析

本节构建活动维度表，活动维度表需要体现与活动相关的所有具有分析意义的属性值。

分区规划和数据流向与商品维度表相同，此处不再赘述。

数据装载流程如下。

第一步：确定主维表与相关维表，并构建子查询。

ODS 层的业务数据表中，与活动维度相关的表有 ods_activity_rule_full、ods_activity_info_full 和 ods_base_dic_full。其中 ods_activity_rule_full 的粒度比 ods_activity_info_full 更细，原因是一个活动可能对应多条活动规则。

用户下单时，每条下单明细记录都可能参与活动，订单与活动的关系体现在订单活动关联表 order_detail_activity 上。订单活动关联表 order_detail_activity 中记录了每个商品具体参与了哪次活动、满足了哪条活动规则。可以得出结论，若想让事实表与活动维度成功关联，活动维度表的粒度应该细化至活动规则粒度。综上所述，选择 activity_rule 作为主维表。

构建子查询 rule。查询 ods_activity_rule_full 表，筛选当日分区的数据，选取需要的字段。

构建子查询 info。查询 ods_activity_info_full 表，筛选当日分区的数据，选取需要的字段。

构建子查询 dic。查询 ods_base_dic_full 表，筛选当日分区且 parent_code 为 31（活动类型相关编码）

的数据，选取 dic_code、dic_name 字段。

第二步：将子查询 rule 与子查询 info 和子查询 dic 进行关联。

子查询 rule 与子查询 info 通过 activity_id 字段进行关联，与子查询 dic 通过 activity_type 进行关联。关联类型选择 left join，可以全部保留主维表的数据。

第三步：关联后，选取需要的字段，写入活动维度表 dim_activity_info 的当日分区。

使用 case when...then...end 语法，根据活动类型 activity_type 的不同，将活动规则字符串拼接起来，得到优惠规则字段 benefit_rule。

2. 建表语句

```
hive (gmall)>
DROP TABLE IF EXISTS dim_activity_full;
CREATE EXTERNAL TABLE dim_activity_full
(
    `activity_rule_id`      STRING COMMENT '活动规则id',
    `activity_id`           STRING COMMENT '活动id',
    `activity_name`         STRING COMMENT '活动名称',
    `activity_type_code`    STRING COMMENT '活动类型编码',
    `activity_type_name`    STRING COMMENT '活动类型名称',
    `activity_desc`         STRING COMMENT '活动描述',
    `start_time`            STRING COMMENT '开始时间',
    `end_time`              STRING COMMENT '结束时间',
    `create_time`           STRING COMMENT '创建时间',
    `condition_amount`      DECIMAL(16,2) COMMENT '满减金额',
    `condition_num`         BIGINT COMMENT '满减件数',
    `benefit_amount`        DECIMAL(16,2) COMMENT '优惠金额',
    `benefit_discount`      DECIMAL(16,2) COMMENT '优惠折扣',
    `benefit_rule`          STRING COMMENT '优惠规则',
    `benefit_level`         STRING COMMENT '优惠级别'
) COMMENT '活动维度表'
    PARTITIONED BY (`dt` STRING)
    STORED AS ORC
    LOCATION '/warehouse/gmall/dim/dim_activity_full/'
    TBLPROPERTIES ('orc.compress' = 'snappy');
```

3. 数据装载

```
hive (gmall)>
insert overwrite table dim_activity_full partition(dt='2023-06-18')
select
    rule.id,
    info.id,
    activity_name,
    rule.activity_type,
    dic.dic_name,
    activity_desc,
    start_time,
    end_time,
    create_time,
    condition_amount,
    condition_num,
    benefit_amount,
    benefit_discount,
```

```
case rule.activity_type
    when '3101' then concat('满',condition_amount,'元减',benefit_amount,'元')
    when '3102' then concat('满',condition_num,'件打',10*(1-benefit_discount),'折')
    when '3103' then concat('打',10*(1-benefit_discount),'折')
end benefit_rule,
benefit_level
from
(
    select
        id,
        activity_id,
        activity_type,
        condition_amount,
        condition_num,
        benefit_amount,
        benefit_discount,
        benefit_level
    from ods_activity_rule_full
    where dt='2023-06-18'
)rule
left join
(
    select
        id,
        activity_name,
        activity_type,
        activity_desc,
        start_time,
        end_time,
        create_time
    from ods_activity_info_full
    where dt='2023-06-18'
)info
on rule.activity_id=info.id
left join
(
    select
        dic_code,
        dic_name
    from ods_base_dic_full
    where dt='2023-06-18'
    and parent_code='31'
)dic
on rule.activity_type=dic.dic_code;
```

6.5.4　地区维度表（全量）

1. 思路分析

本节主要构建地区维度表。

地区维度表的分区规划和数据流向与商品维度表相同，此处不再赘述。

数据装载流程如下。

第一步：确定主维表与相关维表，并构建子查询。

　　与地区维度相关的表有 ods_base_province_full 和 ods_base_region_full。因为 ods_base_province_full 的粒度更细，且各事实表均需要通过省份 id 与地区维度产生关联，所以选择 ods_base_province_full 作为主维表。

　　构建子查询 province。查询 ods_base_province_full 表，筛选当日分区的数据，选取需要的字段。

　　构建子查询 region。查询 ods_base_region_full 表，筛选当日分区的数据，选取需要的字段。

　　第二步：将子查询 province 与子查询 region 进行关联，关联字段为 region_id，关联类型选择 left join。

　　第三步：关联后，选取需要的字段，将结果写入地区维度表 dim_province_full 的当日分区。

2．建表语句

```
hive (gmall)>
DROP TABLE IF EXISTS dim_province_full;
CREATE EXTERNAL TABLE dim_province_full
(
    `id`            STRING COMMENT '省份id',
    `province_name` STRING COMMENT '省份名称',
    `area_code`     STRING COMMENT '地区编码',
    `iso_code`      STRING COMMENT '旧版ISO-3166-2编码，供可视化使用',
    `iso_3166_2`    STRING COMMENT '新版ISO-3166-2编码，供可视化使用',
    `region_id`     STRING COMMENT '地区id',
    `region_name`   STRING COMMENT '地区名称'
) COMMENT '地区维度表'
    PARTITIONED BY (`dt` STRING)
    STORED AS ORC
    LOCATION '/warehouse/gmall/dim/dim_province_full/'
    TBLPROPERTIES ('orc.compress' = 'snappy');
```

3．数据装载

```
hive (gmall)>
insert overwrite table dim_province_full partition(dt='2023-06-18')
select
    province.id,
    province.name,
    province.area_code,
    province.iso_code,
    province.iso_3166_2,
    region_id,
    region_name
from
(
    select
        id,
        name,
        region_id,
        area_code,
        iso_code,
        iso_3166_2
    from ods_base_province_full
    where dt='2023-06-18'
)province
left join
(
    select
        id,
        region_name
```

```
    from ods_base_region_full
    where dt='2023-06-18'
)region
on province.region_id=region.id;
```

6.5.5 营销坑位维度表

1. 思路分析

在 ODS 层的业务数据表中，与营销坑位维度相关的表只有 ods_promotion_pos_full。因此构建营销坑位维度表，只需要从 ods_promotion_pos_full 表中筛选当日分区的数据，选取需要的字段，将结果写入营销坑位维度表 dim_promotion_pos_full 的当日分区即可。

2. 建表语句

```
hive (gmall)>
DROP TABLE IF EXISTS dim_promotion_pos_full;
CREATE EXTERNAL TABLE dim_promotion_pos_full
(
    `id`                STRING COMMENT '营销坑位id',
    `pos_location`      STRING COMMENT '营销坑位位置',
    `pos_type`          STRING COMMENT '营销坑位类型 ',
    `promotion_type`    STRING COMMENT '营销类型',
    `create_time`       STRING COMMENT '创建时间',
    `operate_time`      STRING COMMENT '修改时间'
) COMMENT '营销坑位维度表'
    PARTITIONED BY (`dt` STRING)
    STORED AS ORC
    LOCATION '/warehouse/gmall/dim/dim_promotion_pos_full/'
    TBLPROPERTIES ('orc.compress' = 'snappy');
```

3. 数据装载

```
hive (gmall)>
insert overwrite table dim_promotion_pos_full partition(dt='2023-06-18')
select
    `id`,
    `pos_location`,
    `pos_type`,
    `promotion_type`,
    `create_time`,
    `operate_time`
from ods_promotion_pos_full
where dt='2023-06-18';
```

6.5.6 营销渠道维度表

1. 思路分析

在 ODS 层的业务数据表中，与营销渠道维度相关的表只有 ods_promotion_refer_full。营销渠道维度表的构建思路与营销坑位维度表相同。

2. 建表语句

```
hive (gmall)>
DROP TABLE IF EXISTS dim_promotion_refer_full;
CREATE EXTERNAL TABLE dim_promotion_refer_full
```

```
(
    `id`                STRING COMMENT '营销渠道 id',
    `refer_name`        STRING COMMENT '营销渠道名称',
    `create_time`       STRING COMMENT '创建时间',
    `operate_time`      STRING COMMENT '修改时间'
) COMMENT '营销渠道维度表'
    PARTITIONED BY (`dt` STRING)
    STORED AS ORC
    LOCATION '/warehouse/gmall/dim/dim_promotion_refer_full/'
    TBLPROPERTIES ('orc.compress' = 'snappy');
```

3. 数据装载

```
hive (gmall)>
insert overwrite table dim_promotion_refer_full partition(dt='2023-06-18')
select
    `id`,
    `refer_name`,
    `create_time`,
    `operate_time`
from ods_promotion_refer_full
where dt='2023-06-18';
```

6.5.7 时间维度表（特殊）

时间维度表的数据装载相对特殊。在通常情况下，该维度表的数据并不是来自业务系统，而是开发人员手动写入的，并且由于时间维度表的数据具有可预见性，因此无须每日导入，一般可一次性导入一年的数据。

1. 建表语句

```
hive (gmall)>
DROP TABLE IF EXISTS dim_date_info;
CREATE EXTERNAL TABLE dim_date_info
(
    `date_id`       STRING COMMENT '日期 id',
    `week_id`       STRING COMMENT '周 id, 一年中的第几周',
    `week_day`      STRING COMMENT '周几',
    `day`           STRING COMMENT '每月的第几日',
    `month`         STRING COMMENT '一年中的第几月',
    `quarter`       STRING COMMENT '一年中的第几季度',
    `year`          STRING COMMENT '年份',
    `is_workday`    STRING COMMENT '是否是工作日',
    `holiday_id`    STRING COMMENT '节假日'
) COMMENT '时间维度表'
    STORED AS ORC
    LOCATION '/warehouse/gmall/dim/dim_date_info/'
    TBLPROPERTIES ('orc.compress' = 'snappy');
```

2. 创建临时表

```
hive (gmall)>
DROP TABLE IF EXISTS tmp_dim_date_info;
CREATE EXTERNAL TABLE tmp_dim_date_info (
    `date_id`           STRING COMMENT '日期 id',
    `week_id`           STRING COMMENT '周 id, 一年中的第几周',
    `week_day`          STRING COMMENT '周几',
```

```
    `day`          STRING COMMENT '每月的第几日',
    `month`        STRING COMMENT '一年中的第几月',
    `quarter`      STRING COMMENT '一年中的第几季度',
    `year`         STRING COMMENT '年份',
    `is_workday`   STRING COMMENT '是否是工作日',
    `holiday_id`   STRING COMMENT '节假日'
) COMMENT '时间维度表'
ROW FORMAT DELIMITED FIELDS TERMINATED BY '\t'
LOCATION '/warehouse/gmall/tmp/tmp_dim_date_info/';
```

3. 数据装载

将数据文件 date.info（在本书提供的资料中可以找到）上传至 HDFS 临时表指定目录/warehouse/gmall/tmp/tmp_dim_date_info/。

执行以下语句，将数据文件 date.info 导入时间维度表。

```
hive (gmall)>
insert overwrite table dim_date_info select * from tmp_dim_date_info;
```

检查数据是否导入成功。

```
hive (gmall)>
select * from dim_date_info;
```

6.5.8　用户维度表（拉链表）

用户维度表的分区规划如图 6-30 所示，每日分区中存放的是当日过期的用户数据，9999-12-31 分区中存放的是全量最新的用户数据。

图 6-30　用户维度表的分区规划

用户维度表的数据装载与其他维度表不同，需要将当日新增及变化的用户数据与分区为 9999-12-31 的全量最新的用户数据进行合并，将过期数据放入每日分区中，最新数据放入 9999-12-31 分区中，如图 6-31 所示。

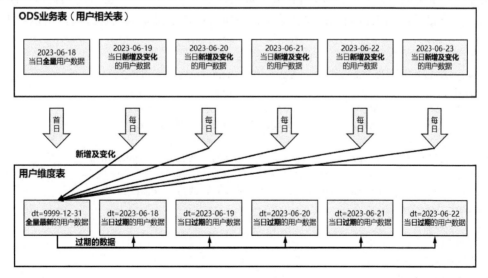

图 6-31　用户维度表数据装载思路

1. 建表语句

```
hive (gmall)>
DROP TABLE IF EXISTS dim_user_zip;
CREATE EXTERNAL TABLE dim_user_zip
(
    `id`            STRING COMMENT '用户id',
    `name`          STRING COMMENT '用户姓名',
    `phone_num`     STRING COMMENT '手机号码',
    `email`         STRING COMMENT '邮箱',
    `user_level`    STRING COMMENT '用户等级',
    `birthday`      STRING COMMENT '生日',
    `gender`        STRING COMMENT '性别',
    `create_time`   STRING COMMENT '创建时间',
    `operate_time`  STRING COMMENT '操作时间',
    `start_date`    STRING COMMENT '开始日期',
    `end_date`      STRING COMMENT '结束日期'
) COMMENT '用户维度表'
    PARTITIONED BY (`dt` STRING)
    STORED AS ORC
    LOCATION '/warehouse/gmall/dim/dim_user_zip/'
    TBLPROPERTIES ('orc.compress' = 'snappy');
```

2. 首日数据装载

拉链表首日数据装载，需要进行初始化操作，具体工作为将截至初始化当日的全部历史用户数据一次性导入拉链表中。目前 ods_user_info_inc 表的第 1 个分区（2023-06-18 分区）中保存的是全部历史用户数据，将该分区数据进行一定处理后，导入拉链表的 9999-12-31 分区中即可。

需要注意的是，用户的敏感信息，如用户名称、手机号码等通常需要进行脱敏处理。在本表中，需要进行脱敏处理的信息是用户名称、手机号码和邮箱。

其中电话号码、邮箱地址在脱敏前要校验格式是否合法，若不合法，则返回 null。用户的姓名可能被用于姓氏相关的统计，保留姓氏；手机号可能用于运营商相关统计，保留前三位；邮箱可能用于邮箱类型相关统计，保留@符号后的内容。

选取字段时，需要定义两个字段：start_date 和 end_date。

start_date：用户信息的生效开始日期，首日装载数据时所有数据的 start_date 均为首日日期 2023-06-18。

end_date：用户信息的结束日期。首日装载数据时所有用户信息均为当日最新，所以结束时间取极大值 9999-12-31。

```
hive (gmall)>
insert overwrite table dim_user_zip partition (dt = '9999-12-31')
select data.id,
    concat(substr(data.name, 1, 1), '*')                    name,
    if(data.phone_num  regexp  '^(13[0-9]|14[01456879]|15[0-35-9]|16[2567]|17[0-8]|18
[0-9]|19[0-35-9])\\d{8}$',
        concat(substr(data.phone_num, 1, 3), '*'), null) phone_num,
    if(data.email regexp '^[a-zA-Z0-9_-]+@[a-zA-Z0-9_-]+(\\.[a-zA-Z0-9_-]+)+$',
        concat('*@', split(data.email, '@')[1]), null)   email,
    data.user_level,
    data.birthday,
    data.gender,
    data.create_time,
    data.operate_time,
    '2023-06-18'                                            start_date,
```

```
   '9999-12-31'                                      end_date
from ods_user_info_inc
where dt = '2023-06-18'
  and type = 'bootstrap-insert';
```

3．每日数据装载

第一步：构建子查询 t1。

查询 ods_user_info_inc 表，选取当日分区的数据，使用开窗函数，按照用户 id 分区、按照数据变更时间 ts 降序排列，结合 row_number 函数为数据排名，记为 rn，得到子查询 t1，如图 6-32 所示。

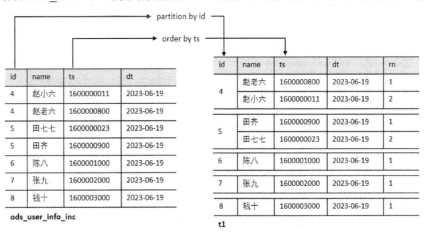

图 6-32　构建子查询 t1

第二步：构建子查询 t2。

从子查询 t1 中选取 rn 为 1 的数据（即当日发生新增或变更的用户的最新状态），并对敏感字段进行字段合法性验证和脱敏操作。定义 start_date 字段（当日日期）和 end_date 字段（9999-12-31），如图 6-33 所示。

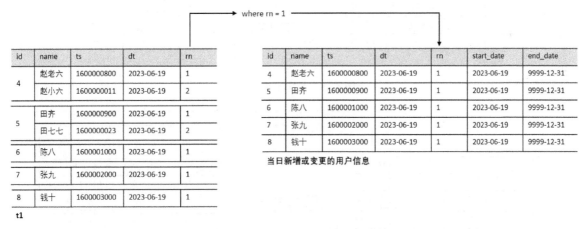

图 6-33　获取当日新增或变更的用户信息

将上述查询结果与 dim_user_zip 表的 9999-12-31 分区数据（截至前一日所有用户的全量最新状态）进行 union，得到子查询 t2，如图 6-34 所示。

第三步：构建子查询 t3。

对子查询 t2 使用开窗函数，按照用户 id 分区、按照 start_date 降序排列，结合 row_number 函数为数据排名，记为 rk。rk 字段即为用户新老状态的标识。将结果作为子查询 t3，如图 6-35 所示。

第四步：确定数据所在的分区。

对子查询 t3 中的数据进行分析。将子查询 t3 中的用户分为三类，如图 6-36 所示。

id	name	start_date	end_date
4	赵老六	2023-06-19	9999-12-31
5	田齐	2023-06-19	9999-12-31
6	陈八	2023-06-19	9999-12-31
7	张九	2023-06-19	9999-12-31
8	钱十	2023-06-19	9999-12-31

当日新增或变更的用户信息

union

id	name	start_date	end_date
1	张三	2023-06-16	9999-12-31
2	李四	2023-06-17	9999-12-31
3	王五	2023-06-17	9999-12-31
4	赵六	2023-06-18	9999-12-31
5	田七	2023-06-18	9999-12-31

dim_user_zip表9999-12-31分区

id	name	start_date	end_date
4	赵老六	2023-06-19	9999-12-31
5	田齐	2023-06-19	9999-12-31
6	陈八	2023-06-19	9999-12-31
7	张九	2023-06-19	9999-12-31
8	钱十	2023-06-19	9999-12-31
1	张三	2023-06-16	9999-12-31
2	李四	2023-06-17	9999-12-31
3	王五	2023-06-17	9999-12-31
4	赵六	2023-06-18	9999-12-31
5	田七	2023-06-18	9999-12-31

t2

图 6-34　构建子查询 t2

partition by id

order by start_date desc

id	name	start_date	end_date
4	赵老六	2023-06-19	9999-12-31
5	田齐	2023-06-19	9999-12-31
6	陈八	2023-06-19	9999-12-31
7	张九	2023-06-19	9999-12-31
8	钱十	2023-06-19	9999-12-31
1	张三	2023-06-16	9999-12-31
2	李四	2023-06-17	9999-12-31
3	王五	2023-06-17	9999-12-31
4	赵六	2023-06-18	9999-12-31
5	田七	2023-06-18	9999-12-31

t2

id	name	start_date	end_date	rk
4	赵老六	2023-06-19	9999-12-31	1
	赵六	2023-06-18	9999-12-31	2
5	田齐	2023-06-19	9999-12-31	1
	田七	2023-06-18	9999-12-31	2
6	陈八	2023-06-19	9999-12-31	1
7	张九	2023-06-19	9999-12-31	1
8	钱十	2023-06-19	9999-12-31	1
1	张三	2023-06-16	9999-12-31	1
2	李四	2023-06-17	9999-12-31	1
3	王五	2023-06-17	9999-12-31	1

t3

图 6-35　构建子查询 t3

if rk = 1 → end_date=9999-12-31

if rk = 2 → end_date=2023-06-19 - 1

id	name	start_date	end_date	rk		
4	赵老六	2023-06-19	9999-12-31	1	新数据	**历史存在，且当日信息发生了变更**
4	赵六	2023-06-18	9999-12-31	2	过期数据	
5	田齐	2023-06-19	9999-12-31	1	新数据	
5	田七	2023-06-18	9999-12-31	2	过期数据	
6	陈八	2023-06-19	9999-12-31	1		**当日新增用户（无须特殊处理）**
7	张九	2023-06-19	9999-12-31	1		
8	钱十	2023-06-19	9999-12-31	1		
1	张三	2023-06-16	9999-12-31	1		**历史存在但当日信息未发生变更（无须特殊处理）**
2	李四	2023-06-17	9999-12-31	1		
3	王五	2023-06-17	9999-12-31	1		

t3

id	name	start_date	end_date
4	赵老六	2023-06-19	9999-12-31
4	赵六	2023-06-18	2023-06-18
5	田齐	2023-06-19	9999-12-31
5	田七	2023-06-18	2023-06-18
6	陈八	2023-06-19	9999-12-31
7	张九	2023-06-19	9999-12-31
8	钱十	2023-06-19	9999-12-31
1	张三	2023-06-16	9999-12-31
2	李四	2023-06-17	9999-12-31
3	王五	2023-06-17	9999-12-31

最终结果

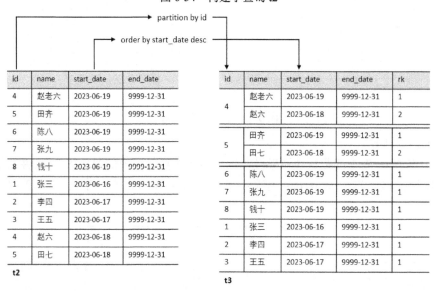

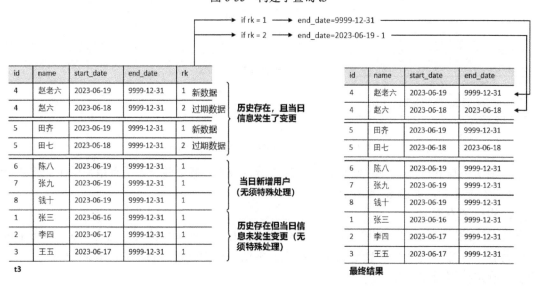

图 6-36　子查询 t3 中用户分类

- 历史存在，但是当日信息未发生变更的用户。此类用户在子查询 t3 中只会有一条 end_date 为 9999-12-31 的数据。
- 历史存在，且当日信息发生了变更的用户。此类用户在子查询 t3 中会有两条数据：一条 start_date 小于当日日期、end_date 为 9999-12-31 的历史数据，一条 start_date 为当日日期、end_date 为 9999-12-31 的当日变更数据。
- 当日新增的用户。此类用户在子查询 t3 中只会有一条 start_datestart_date 为当日日期、end_date 为 9999-12-31 的当日新增数据。

根据以上分析我们可以得出结论，第一类和第三类用户的数据无须特殊处理，直接写入 9999-12-31 分区即可。第二类用户，我们需要对其 start_date 小于当日日期、end_date 为 9999-12-31 的历史数据做过期处理，将 end_date 字段修改为当日日期减 1，并写入当日日期减 1 的分区中。start_date 为当日日期、end_date 为 9999-12-31 的当日变更数据直接写入 9999-12-31 分区。

end_date 字段与分区字段 dt 的取值一致，根据 rk 字段的值，对 end_date 字段和 dt 字段进行相应赋值，然后按照 dt 字段动态分区，即可将数据写入所属分区。赋值逻辑可从以下两种中任选其一。

- 对 rk 值进行判断，若 rk 为 1，则将 end_date 赋值为 9999-12-31，否则将 end_date 赋值为当日日期减 1（使用 date_sub 函数实现）。
- 对 rk 值进行判断，若 rk 为 2，则将 end_date 赋值为当日日期减 1，否则将 end_date 赋值为 9999-12-31。

根据分区字段 dt 的值进行动态分区，如图 6-37 所示。

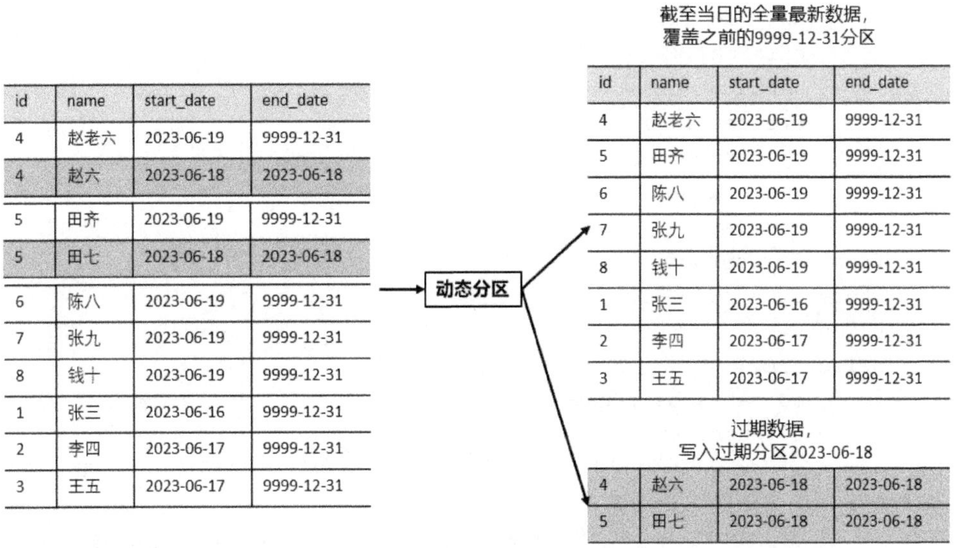

id	name	start_date	end_date
4	赵老六	2023-06-19	9999-12-31
4	赵六	2023-06-18	2023-06-18
5	田齐	2023-06-19	9999-12-31
5	田七	2023-06-18	2023-06-18
6	陈八	2023-06-19	9999-12-31
7	张九	2023-06-19	9999-12-31
8	钱十	2023-06-19	9999-12-31
1	张三	2023-06-16	9999-12-31
2	李四	2023-06-17	9999-12-31
3	王五	2023-06-17	9999-12-31

id	name	start_date	end_date
4	赵老六	2023-06-19	9999-12-31
5	田齐	2023-06-19	9999-12-31
6	陈八	2023-06-19	9999-12-31
7	张九	2023-06-19	9999-12-31
8	钱十	2023-06-19	9999-12-31
1	张三	2023-06-16	9999-12-31
2	李四	2023-06-17	9999-12-31
3	王五	2023-06-17	9999-12-31

4	赵六	2023-06-18	2023-06-18
5	田七	2023-06-18	2023-06-18

图 6-37　用户维度表动态分区

代码如下。

```
hive (gmall)>
set hive.exec.dynamic.partition.mode=nonstrict;
insert overwrite table dim_user_zip partition (dt)
select id,
      name,
      phone_num,
      email,
      user_level,
      birthday,
      gender,
      create_time,
      operate_time,
```

```
    start_date,
    if(rn = 2, date_sub('2023-06-19', 1), end_date)      end_date,
    if(rn = 1, '9999-12-31', date_sub('2023-06-19', 1)) dt
from (
    select id,
           name,
           phone_num,
           email,
           user_level,
           birthday,
           gender,
           create_time,
           operate_time,
           start_date,
           end_date,
           row_number() over (partition by id order by start_date desc) rn
    from (
        select id,
               name,
               phone_num,
               email,
               user_level,
               birthday,
               gender,
               create_time,
               operate_time,
               start_date,
               end_date
        from dim_user_zip
        where dt = '9999-12-31'
        union
        select id,
               concat(substr(name, 1, 1), '*')                    name,
               if(phone_num regexp
                  '^(13[0-9]|14[01456879]|15[0-35-9]|16[2567]|17[0-8]|18[0-9]|样 19
[0-35-9])\\d{8}$',
                  concat(substr(phone_num, 1, 3), '*'), null) phone_num,
               if(email regexp '^[a-zA-Z0-9_-]+@[a-zA-Z0-9_-]+(\\.[a-zA-Z0-9_-]+)+$',
                  concat('*@', split(email, '@')[1]), null)   email,
               user_level,
               birthday,
               gender,
               create_time,
               operate_time,
               '2023-06-19'                                  start_date,
               '9999-12-31'                                  end_date
        from (
            select data.id,
                   data.name,
                   data.phone_num,
                   data.email,
                   data.user_level,
```

```
                                data.birthday,
                                data.gender,
                                data.create_time,
                                data.operate_time,
                                row_number() over (partition by data.id order by ts desc) rn
                        from ods_user_info_inc
                        where dt = '2023-06-19'
                    ) t1
            where rn = 1
        ) t2
) t3;
```

6.5.9　DIM 层首日数据装载脚本

在 DIM 层的搭建中，因为用户维度表使用了拉链表的形式，首日数据装载与每日数据装载方法存在区别，所以 DIM 层的数据装载脚本也将分为首日数据装载脚本与每日数据装载脚本。

DIM 层首日数据装载脚本设计思路与 ODS 层脚本设计思路类似。首先获取执行日期变量；然后进行每张维度表装载数据的 SQL 拼接工作，将日期变量拼接进执行 SQL 中；最后通过判断输入的表名决定执行哪张表的数据装载工作。

（1）在/home/atguigu/bin 目录下创建脚本 ods_to_dim_init.sh。

```
[atguigu@hadoop102 bin]$ vim ods_to_dim_init.sh
```

编写脚本内容（此处不再赘述，读者可从本书附赠的资料中获取完整脚本）。

（2）增加脚本执行权限。

```
[atguigu@hadoop102 bin]$ chmod +x ods_to_dim_init.sh
```

（3）执行脚本，导入数据。

```
[atguigu@hadoop102 bin]$ ods_to_dim_init.sh all 2023-06-18
```

（4）查看数据是否导入成功。

```
hive (gmall)> select * from dim_user_zip where dt='2023-06-18';
```

6.5.10　DIM 层每日数据装载脚本

DIM 层每日数据装载脚本设计思路与首日数据装载脚本设计思路类似，区别在于用户维度表的装载语句。

（1）在/home/atguigu/bin 目录下创建脚本 ods_to_dim.sh。

```
[atguigu@hadoop102 bin]$ vim ods_to_dim.sh
```

编写脚本内容（此处不再赘述，读者可从本书附赠的资料中获取完整的脚本）。

（2）增加脚本执行权限。

```
[atguigu@hadoop102 bin]$ chmod +x ods_to_dim.sh
```

（3）执行脚本。需要注意的是，因为此时数据仓库中还没有采集 2023-06-19 的数据，所以先不要执行此处的命令。

```
[atguigu@hadoop102 bin]$ ods_to_dim.sh all 2023-06-19
```

（4）查看数据是否导入成功。

```
select * from dim_user_zip where dt='2023-06-19';
```

6.6　数据仓库搭建——DWD 层

DWD 层是原始数据与数据仓库的隔离层，需要对原始数据进行初步清洗和规范化操作。例如，对用户行为日志数据进行规范化解析，使其能真正融入数据仓库体系；对业务数据进行系统化建模设计，使其更加规范化。DWD 层的设计要点如下。

- 设计依据是维度建模理论，该层用于存储维度模型的事实表。
- 数据存储格式为 ORC 列式存储+Snappy 压缩。
- 表的命名规范为 dwd_数据域_表名_分区增量/全量（inc/full）标识。

本节参照 6.2.3 节指定的业务总线矩阵来搭建本数据仓库项目的 DWD 层。在业务总线矩阵中，一个业务过程对应维度模型中的一张事务事实表。

因为篇幅所限，本书将只构建与最终指标实现相关的 10 个事实表。

在制定业务数据的同步策略时，我们曾经提过，购物车表同时执行全量同步与增量同步策略。这是因为针对用户使用购物车这一业务过程，有两个需求分析方向，分别是用户添加购物车行为分析和购物车存量商品分析。

其中，用户添加购物车行为分析针对的是用户将商品添加进购物车的行为，主要关注的是购物车表的插入（insert）和更改（update）操作，所以需要对购物车表进行增量同步。购物车存量商品分析主要针对的是现有购物车中的所有商品，所以需要对购物车表进行全量同步。

针对购物车表的增量同步数据，在 DWD 层构建一张事务事实表；针对购物车表的全量同步数据，在 DWD 层构建一张周期快照事实表。

6.6.1 交易域加购物车事务事实表

1. 思路分析

（1）分区规划。

为了避免全表扫描，事务事实表也要按天分区，数据应进入业务过程发生日期对应的分区。如 2023-06-18 发生的用户加购物车操作应进入交易域加购物车事务事实表的 2023-06-18 分区。交易域加购物车事务事实表的分区规划如图 6-38 所示。

图 6-38　交易域加购物车事务事实表的分区规划

（2）数据流向。

事务事实表的数据源表采取增量采集策略，并在数据仓库项目上线首日执行了全量初始化。从第二日开始，只采集每日变更数据。

以加购物车为例，在 ODS 层的购物车增量表 ods_cart_info_inc 的首日分区是全量历史数据，包含多天的历史加购物车操作，这些操作应该根据加购物车操作发生的具体日期分流至不同日期分区中。第二日及之后的分区则只会包含当日的加购物车操作，应进入加购物车事务事实表的当日分区。

交易域加购物车事务事实表的数据流向如图 6-39 所示。

（3）数据装载思路。

①首日数据装载思路。

增量数据表的首日数据通过 Maxwell 的 bootstrap 功能获取。在第 5 章讲解 Maxwell 时已经提过，在通过 bootstrap 功能获取的表格全量数据中，只有 type 为 bootstrap-insert 的内容中的 data 字段才是表格数据。所以首先筛选 ods_cart_info_inc 表中 type 为 bootstrap-insert，并且分区为首日日期的数据。

使用动态分区功能，根据插入数据的最后一个字段值（create_time）进行动态分区。

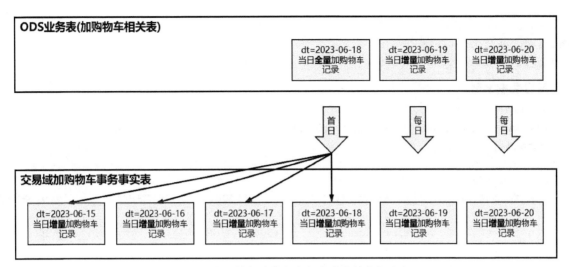

图 6-39　交易域加购物车事务事实表的数据流向

②每日数据装载思路。

每日数据装载要对每日新增的购物车变动数据进行过滤，只分析 type 为 insert 或 update 且商品件数增加的变动操作。关键的事实表度量字段，当 type 为 insert 时，直接取 sku_num 值；当 type 为 update 时，则取 sku_num 相对旧数据的 sku_num 的增长值。

当日变动数据在经过分析处理后被直接放入当日分区中。

2．建表语句

```
hive (gmall)>
DROP TABLE IF EXISTS dwd_trade_cart_add_inc;
CREATE EXTERNAL TABLE dwd_trade_cart_add_inc
(
    `id`              STRING COMMENT '编号',
    `user_id`         STRING COMMENT '用户id',
    `sku_id`          STRING COMMENT '商品id',
    `date_id`         STRING COMMENT '日期id',
    `create_time`     STRING COMMENT '加购物车时间',
    `sku_num`         BIGINT COMMENT '加购物车件数'
) COMMENT '交易域加购物车事务事实表'
    PARTITIONED BY (`dt` STRING)
    STORED AS ORC
    LOCATION '/warehouse/gmall/dwd/dwd_trade_cart_add_inc/'
    TBLPROPERTIES ('orc.compress' = 'snappy');
```

3．首日数据装载

```
hive (gmall)>
set hive.exec.dynamic.partition.mode=nonstrict;
insert overwrite table dwd_trade_cart_add_inc partition (dt)
select
    data.id,
    data.user_id,
    data.sku_id,
    date_format(data.create_time,'yyyy-MM-dd') date_id,
    data.create_time,
    data.sku_num,
    date_format(data.create_time, 'yyyy-MM-dd')
```

```
from ods_cart_info_inc
    where dt = '2023-06-18'
    and type = 'bootstrap-insert';
```

4. 每日数据装载

```
hive (gmall)>
insert overwrite table dwd_trade_cart_add_inc partition (dt = '2023-06-19')
select data.id,
    data.user_id,
    data.sku_id,
    date_format(from_utc_timestamp(ts    *    1000,    'GMT+8'),    'yyyy-MM-dd')
date_id,
    date_format(from_utc_timestamp(ts    *    1000,    'GMT+8'),    'yyyy-MM-dd    HH:mm:ss')
create_time,
    if(type = 'insert', data.sku_num, cast(data.sku_num as int) - cast(old['sku_num'] as
int)) sku_num
from ods_cart_info_inc
where dt = '2023-06-19'
 and (type = 'insert'
   or (type = 'update' and old['sku_num'] is not null and cast(data.sku_num as int) >
cast(old['sku_num'] as int)));
```

6.6.2 交易域下单事务事实表

1. 思路分析

（1）分区规划。

交易域下单事务事实表的数据，应该进入下单业务过程发生日期对应的分区，与交易域加购物车事务事实表的分区规划相同。

（2）数据流向。

交易域下单事务事实表构建过程的数据流向与交易域加购物车事务事实表相同。

（3）数据装载思路。

用户每次下单操作，会在业务数据库的订单表（order_info）中插入一条数据，同时，还会在订单明细表（order_detail）、订单明细活动关联表（order_detail_activity）、订单明细优惠券关联表（order_detail_coupon）中插入对应的若干条数据。

因此，与交易域下单事务事实表的构建相关的 ODS 层表有 ods_order_detail_inc、ods_order_info_inc、ods_order_detail_activity_inc 和 ods_order_detail_coupon_inc。

下单业务过程的最细粒度是一个用户对一个 SKU 的下单记录，ods_order_detail_inc 表的粒度与之相同，所以将 ods_order_detail_inc 表作为关联主表与其余三张表做关联。

为了全部保留 ods_order_detail_inc 表的数据，避免数据丢失，与 ods_order_info_inc、ods_order_detail_activity_inc 和 ods_order_detail_coupon_inc 表的关联都选用 left join。

ods_order_detail_inc 表与 ods_order_info_inc 表通过 order_id 字段关联，与 ods_order_detail_activity_inc 和 ods_order_detail_coupon_inc 表通过 order_detail_id 字段关联。

①首日数据装载思路。

筛选上述四张 ODS 层表中 type 为 bootstrap-insert 且分区为首日日期的数据，选取需要的字段，获得四个子查询：od、oi、act 和 cou，分别对应 ods_order_detail_inc、ods_order_info_inc、ods_order_detail_activity_inc 和 ods_order_detail_coupon_inc。将以上四个子查询按照思路分析结果进行关联。按照 ods_order_detail_inc 表的 create_time 字段进行动态分区。

②每日数据装载思路。

下单业务过程发生时，业务数据增量采集到的对应表的数据操作类型只可能是 insert，不会是 update。所以筛选上述四张 ODS 层表中 type 为 insert 且分区为当日日期的数据，选取需要的字段，将得到的子查询进行关联，并将结果数据写入交易域下单事务事实表的当日分区中。

2. 建表语句

```
hive (gmall)>
DROP TABLE IF EXISTS dwd_trade_order_detail_inc;
CREATE EXTERNAL TABLE dwd_trade_order_detail_inc
(
    `id`                    STRING COMMENT '编号',
    `order_id`              STRING COMMENT '订单id',
    `user_id`               STRING COMMENT '用户id',
    `sku_id`                STRING COMMENT '商品id',
    `province_id`           STRING COMMENT '省份id',
    `activity_id`           STRING COMMENT '活动id',
    `activity_rule_id`      STRING COMMENT '活动规则id',
    `coupon_id`             STRING COMMENT '优惠券id',
    `date_id`               STRING COMMENT '下单日期id',
    `create_time`           STRING COMMENT '下单时间',
    `sku_num`               BIGINT COMMENT '商品数量',
    `split_original_amount` DECIMAL(16, 2) COMMENT '原始价格',
    `split_activity_amount` DECIMAL(16, 2) COMMENT '活动优惠分摊',
    `split_coupon_amount`   DECIMAL(16, 2) COMMENT '优惠券优惠分摊',
    `split_total_amount`    DECIMAL(16, 2) COMMENT '最终价格分摊'
) COMMENT '交易域下单事务事实表'
    PARTITIONED BY (`dt` STRING)
    STORED AS ORC
    LOCATION '/warehouse/gmall/dwd/dwd_trade_order_detail_inc/'
    TBLPROPERTIES ('orc.compress' = 'snappy');
```

3. 首日数据装载

```
hive (gmall)>
set hive.exec.dynamic.partition.mode=nonstrict;
insert overwrite table dwd_trade_order_detail_inc partition (dt)
select
    od.id,
    order_id,
    user_id,
    sku_id,
    province_id,
    activity_id,
    activity_rule_id,
    coupon_id,
    date_format(create_time, 'yyyy-MM-dd') date_id,
    create_time,
    sku_num,
    split_original_amount,
    nvl(split_activity_amount,0.0),
    nvl(split_coupon_amount,0.0),
    split_total_amount,
```

```
      date_format(create_time,'yyyy-MM-dd')
from
(
    select
        data.id,
        data.order_id,
        data.sku_id,
        data.create_time,
        data.sku_num,
        data.sku_num * data.order_price split_original_amount,
        data.split_total_amount,
        data.split_activity_amount,
        data.split_coupon_amount
    from ods_order_detail_inc
    where dt = '2023-06-18'
    and type = 'bootstrap-insert'
) od
left join
(
    select
        data.id,
        data.user_id,
        data.province_id
    from ods_order_info_inc
    where dt = '2023-06-18'
    and type = 'bootstrap-insert'
) oi
on od.order_id = oi.id
left join
(
    select
        data.order_detail_id,
        data.activity_id,
        data.activity_rule_id
    from ods_order_detail_activity_inc
    where dt = '2023-06-18'
    and type = 'bootstrap-insert'
) act
on od.id = act.order_detail_id
left join
(
    select
        data.order_detail_id,
        data.coupon_id
    from ods_order_detail_coupon_inc
    where dt = '2023-06-18'
    and type = 'bootstrap-insert'
) cou
on od.id = cou.order_detail_id;
```

4. 每日数据装载

```
hive (gmall)>
```

```
insert overwrite table dwd_trade_order_detail_inc partition (dt='2023-06-19')
select
    od.id,
    order_id,
    user_id,
    sku_id,
    province_id,
    activity_id,
    activity_rule_id,
    coupon_id,
    date_id,
    create_time,
    sku_num,
    split_original_amount,
    nvl(split_activity_amount,0.0),
    nvl(split_coupon_amount,0.0),
    split_total_amount
from
(
    select
        data.id,
        data.order_id,
        data.sku_id,
        date_format(data.create_time, 'yyyy-MM-dd') date_id,
        data.create_time,
        data.sku_num,
        data.sku_num * data.order_price split_original_amount,
        data.split_total_amount,
        data.split_activity_amount,
        data.split_coupon_amount
    from ods_order_detail_inc
    where dt = '2023-06-19'
    and type = 'insert'
) od
left join
(
    select
        data.id,
        data.user_id,
        data.province_id
    from ods_order_info_inc
    where dt = '2023-06-19'
    and type = 'insert'
) oi
on od.order_id = oi.id
left join
(
    select
        data.order_detail_id,
        data.activity_id,
        data.activity_rule_id
    from ods_order_detail_activity_inc
```

```
 where dt = '2023-06-19'
 and type = 'insert'
) act
on od.id = act.order_detail_id
left join
(
    select
        data.order_detail_id,
        data.coupon_id
    from ods_order_detail_coupon_inc
    where dt = '2023-06-19'
    and type = 'insert'
) cou
on od.id = cou.order_detail_id;
```

6.6.3 交易域支付成功事务事实表

1．思路分析

（1）分区规划。

交易域支付成功事务事实表的数据，应该进入支付成功业务过程发生日期对应的分区，与交易域加购物车事务事实表的分区规划相同。

（2）数据流向。

交易域支付成功事务事实表构建过程的数据流向与交易域加购物车事务事实表相同。

（3）数据装载思路。

用户在成功下单商品后，首先会在订单表、订单明细表等表中插入订单相关数据。在下单后的 15 分钟内，用户可以支付。用户发起支付行为后，会在支付表（payment_info）中插入一条数据，但是此时的回调时间（callback_time）、回调内容（callback_content）等字段为空，只有在支付成功后，第三方支付接口才会返回支付成功的回调信息，这时会更新支付表的回调时间、回调内容、支付类型（payment_type）、支付状态（payment_status）字段。

支付成功业务过程的最细粒度是一个用户对一个 SKU 的支付成功操作，ods_order_info_inc 和 ods_payment_info_inc 表的粒度只能具体到一个订单，要想得到最细粒度，就必须关联 ods_order_detail_inc 表。同时，为了获取活动维度、优惠券维度，还需要与 ods_order_detail_activity_inc 和 ods_order_detail_coupon_inc 表进行关联。最后，与字典表 ods_base_dic 关联，获取支付类型名称字段。

经过上述分析，与交易域支付成功事务事实表的构建相关的 ODS 层表有 ods_order_info_inc、ods_payment_info_inc、ods_order_detail_inc、ods_order_detail_activity_inc、ods_order_detail_coupon_inc 和 ods_base_dic。选择粒度最细的 ods_order_detail_inc 作为关联主表。

因为订单明细表 ods_order_detail_inc 中可能存在很多未支付成功（用户购买过程中放弃支付）的数据，这部分数据应该舍弃，所以订单明细表 ods_order_detail_inc 与支付表 ods_payment_info_inc 关联时，关联方式应选用 join。

与 ods_order_info_inc、ods_order_detail_activity_inc、ods_order_detail_coupon_inc 和 ods_base_dic 表的关联方式均选择 left join。

关联字段的选择此处不再赘述。

①首日数据装载。

支付成功业务过程发生时，payment_info 表数据会发生变化，payment_status 字段的值由 1601 变更为 1602。首日全量初始化时，ods_payment_info_inc 的首日分区数据中并没有记录变更操作，不能通过上述条件筛选。实际上，payment_status 变更为 1602 后，数据就不会再修改了，只要筛选 payment_status 为 1602

的数据即可。该条数据的 update_time 或 callback_time(回调时间)即支付成功时间,本项目选用 callback_time 作为支付成功时间。此外,还要限定操作类型为 bootstrap-insert,分区为首日,获取的子查询记为 pi。

筛选 ods_base_dic 表父编号 parent_code 为 11 的支付类型编码相关数据,获取的子查询记为 pay_dic。

ods_order_info_inc、ods_order_detail_activity_inc 和 ods_order_detail_coupon_inc 表的子查询获取思路与下单事务事实表构建过程相同,此处不再赘述。

将获取的子查询按照上文所述选择的关联方式进行关联。按照取自 ods_payment_info_inc 表的 callback_time 字段的格式化结果动态分区,写入支付成功业务过程发生时间对应日期的分区内。

②每日数据装载。

ods_payment_info_inc 表的筛选条件更改为:分区为当日、操作类型 type 为 update、payment_status 为 1602、更改字段包含了 payment_status(判断 old 字段下是否包含该字段)。筛选结果为子查询 pi。

字典表的筛选条件同首日数据装载相同。

ods_order_info_inc、ods_order_detail_activity_inc 和 ods_order_detail_coupon_inc 表的筛选条件需要特别注意,这四张表均与下单业务过程相关,下单业务过程与支付成功业务过程时间差在 0 至 30 分钟,因此与支付成功业务过程相关的下单数据可能属于昨日分区,在选择数据分区时,需要选择当日和昨日两个分区。这四张表要筛选的数据操作类型 type 为 insert 或 bootstrap-insert,这是因为昨日分区数据有可能是数据仓库上线首日。

将获取的子查询进行关联,写入当日分区。

2. 建表语句

```
hive (gmall)>
DROP TABLE IF EXISTS dwd_trade_pay_detail_suc_inc;
CREATE EXTERNAL TABLE dwd_trade_pay_detail_suc_inc
(
    `id`                    STRING COMMENT '编号',
    `order_id`              STRING COMMENT '订单id',
    `user_id`               STRING COMMENT '用户id',
    `sku_id`                STRING COMMENT '商品id',
    `province_id`           STRING COMMENT '省份id',
    `activity_id`           STRING COMMENT '活动id',
    `activity_rule_id`      STRING COMMENT '活动规则id',
    `coupon_id`             STRING COMMENT '优惠券id',
    `payment_type_code`     STRING COMMENT '支付类型编码',
    `payment_type_name`     STRING COMMENT '支付类型名称',
    `date_id`               STRING COMMENT '支付日期id',
    `callback_time`         STRING COMMENT '支付成功时间',
    `sku_num`               BIGINT COMMENT '商品数量',
    `split_original_amount` DECIMAL(16, 2) COMMENT '应支付原始金额',
    `split_activity_amount` DECIMAL(16, 2) COMMENT '支付活动优惠分摊',
    `split_coupon_amount`   DECIMAL(16, 2) COMMENT '支付优惠券优惠分摊',
    `split_payment_amount`  DECIMAL(16, 2) COMMENT '支付金额'
) COMMENT '交易域支付成功事务事实表'
    PARTITIONED BY (`dt` STRING)
    STORED AS ORC
    LOCATION '/warehouse/gmall/dwd/dwd_trade_pay_detail_suc_inc/'
    TBLPROPERTIES ('orc.compress' = 'snappy');
```

3. 首日数据装载

```
hive (gmall)>
insert overwrite table dwd_trade_pay_detail_suc_inc partition (dt)
```

```
select
    od.id,
    od.order_id,
    user_id,
    sku_id,
    province_id,
    activity_id,
    activity_rule_id,
    coupon_id,
    payment_type,
    pay_dic.dic_name,
    date_format(callback_time,'yyyy-MM-dd') date_id,
    callback_time,
    sku_num,
    split_original_amount,
    nvl(split_activity_amount,0.0),
    nvl(split_coupon_amount,0.0),
    split_total_amount,
    date_format(callback_time,'yyyy-MM-dd')
from
(
    select
        data.id,
        data.order_id,
        data.sku_id,
        data.sku_num,
        data.sku_num * data.order_price split_original_amount,
        data.split_total_amount,
        data.split_activity_amount,
        data.split_coupon_amount
    from ods_order_detail_inc
    where dt = '2023-06-18'
    and type = 'bootstrap-insert'
) od
join
(
    select
        data.user_id,
        data.order_id,
        data.payment_type,
        data.callback_time
    from ods_payment_info_inc
    where dt='2023-06-18'
    and type='bootstrap-insert'
    and data.payment_status='1602'
) pi
on od.order_id=pi.order_id
left join
(
    select
        data.id,
        data.province_id
    from ods_order_info_inc
```

```
  where dt = '2023-06-18'
  and type = 'bootstrap-insert'
) oi
on od.order_id = oi.id
left join
(
  select
    data.order_detail_id,
    data.activity_id,
    data.activity_rule_id
  from ods_order_detail_activity_inc
  where dt = '2023-06-18'
  and type = 'bootstrap-insert'
) act
on od.id = act.order_detail_id
left join
(
  select
    data.order_detail_id,
    data.coupon_id
  from ods_order_detail_coupon_inc
  where dt = '2023-06-18'
  and type = 'bootstrap-insert'
) cou
on od.id = cou.order_detail_id
left join
(
  select
    dic_code,
    dic_name
  from ods_base_dic_full
  where dt='2023-06-18'
  and parent_code='11'
) pay_dic
on pi.payment_type=pay_dic.dic_code;
```

4．每日数据装载

```
hive (gmall)>
insert overwrite table dwd_trade_pay_detail_suc_inc partition (dt='2023-06-19')
select
    od.id,
    od.order_id,
    user_id,
    sku_id,
    province_id,
    activity_id,
    activity_rule_id,
    coupon_id,
    payment_type,
    pay_dic.dic_name,
    date_format(callback_time,'yyyy-MM-dd') date_id,
    callback_time,
    sku_num,
```

```
        split_original_amount,
        nvl(split_activity_amount,0.0),
        nvl(split_coupon_amount,0.0),
        split_total_amount
from
(
    select
        data.id,
        data.order_id,
        data.sku_id,
        data.sku_num,
        data.sku_num * data.order_price split_original_amount,
        data.split_total_amount,
        data.split_activity_amount,
        data.split_coupon_amount
    from ods_order_detail_inc
    where (dt = '2023-06-19' or dt = date_add('2023-06-19',-1))
    and (type = 'insert' or type = 'bootstrap-insert')
) od
join
(
    select
        data.user_id,
        data.order_id,
        data.payment_type,
        data.callback_time
    from ods_payment_info_inc
    where dt='2023-06-19'
    and type='update'
    and array_contains(map_keys(old),'payment_status')
    and data.payment_status='1602'
) pi
on od.order_id=pi.order_id
left join
(
    select
        data.id,
        data.province_id
    from ods_order_info_inc
    where (dt = '2023-06-19' or dt = date_add('2023-06-19',-1))
    and (type = 'insert' or type = 'bootstrap-insert')
) oi
on od.order_id = oi.id
left join
(
    select
        data.order_detail_id,
        data.activity_id,
        data.activity_rule_id
    from ods_order_detail_activity_inc
    where (dt = '2023-06-19' or dt = date_add('2023-06-19',-1))
    and (type = 'insert' or type = 'bootstrap-insert')
) act
on od.id = act.order_detail_id
left join
```

```
(
  select
    data.order_detail_id,
    data.coupon_id
  from ods_order_detail_coupon_inc
  where (dt = '2023-06-19' or dt = date_add('2023-06-19',-1))
  and (type = 'insert' or type = 'bootstrap-insert')
) cou
on od.id = cou.order_detail_id
left join
(
  select
    dic_code,
    dic_name
  from ods_base_dic_full
  where dt='2023-06-19'
  and parent_code='11'
) pay_dic
on pi.payment_type=pay_dic.dic_code;
```

6.6.4　交易域购物车周期快照事实表

1. 思路分析

（1）分区规划。

周期快照事实表记录的是每日的全量状态，所以每日分区中的数据存储的是购物车每日全量存量数据，如图 6-40 所示。

图 6-40　交易域购物车周期快照事实表分区规划

（2）数据流向。

数据从 ods_cart_info_full 每日分区进入 dwd_trade_cart_full 的当日分区，如图 6-41 所示。

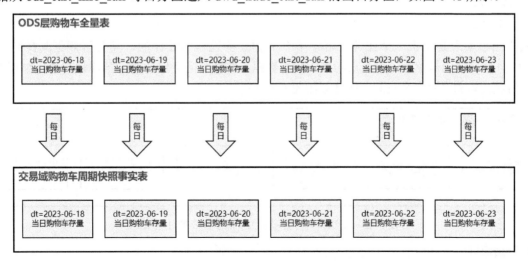

图 6-41　交易域购物车周期快照事实表数据流向

（3）数据装载。

从 ods_cart_info_full 当日分区筛选未下单的数据（is_ordered 字段为 0），这是因为已下单的数据该字段将修改为 1，不应计入存量统计。选取所需字段写入当日分区即可。

2．建表语句

```
hive (gmall)>
DROP TABLE IF EXISTS dwd_trade_cart_full;
CREATE EXTERNAL TABLE dwd_trade_cart_full
(
    `id`        STRING COMMENT '编号',
    `user_id`   STRING COMMENT '用户 id',
    `sku_id`    STRING COMMENT '商品 id',
    `sku_name`  STRING COMMENT '商品名称',
    `sku_num`   BIGINT COMMENT '现存商品件数'
) COMMENT '交易域购物车周期快照事实表'
    PARTITIONED BY (`dt` STRING)
    STORED AS ORC
    LOCATION '/warehouse/gmall/dwd/dwd_trade_cart_full/'
    TBLPROPERTIES ('orc.compress' = 'snappy');
```

3．数据装载

```
hive (gmall)>
insert overwrite table dwd_trade_cart_full partition(dt='2023-06-18')
select
    id,
    user_id,
    sku_id,
    sku_name,
    sku_num
from ods_cart_info_full
where dt='2023-06-18'
and is_ordered='0';
```

6.6.5　交易域交易流程累积快照事实表

1．思路分析

（1）分区规划。

累积快照事实表是基于一个业务流程中多个关键业务过程而设计的。其分区规划与拉链表相似，9999-12-31 分区存储的是业务流程尚未结束的所有数据，普通分区存储的是业务流程在当日结束的数据。交易域交易流程累积快照事实表的分区规划如图 6-42 所示。

图 6-42　交易域交易流程累积快照事实表的分区规划

（2）数据流向。

首日数据装载时，将首日采集到的历史数据进行分流，交易流程已经结束的数据进入交易流程结束日期对应的分区，交易流程未结束的数据进入 9999-12-31 分区。

每日数据装载时，若有交易流程在当日结束，则数据进入当日分区，其余数据进入 9999-12-31 分区，如图 6-43 所示。

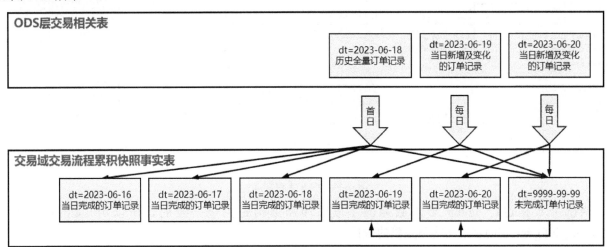

图 6-43　交易域交易流程累积快照事实表数据流向

（3）思路分析。

交易域交易流程累积快照事实表需要关注的关键业务过程是下单、支付和确认收货，粒度是一个用户对一个订单的下单、支付和确认收货行为。累积快照事实表的关键是为每一个关键业务过程设置对应的时间维度字段，即下单时间、支付时间和确认收货时间。

下单时间通过 ods_order_info_inc 表的 create_time 字段获取，支付时间通过 ods_payment_info_inc 表的 callback_time 字段获取。确认收货时间通过订单状态流水表 ods_order_status_log_inc 获取。订单在确认收货时，会在订单状态流水表中插入一条订单状态 order_status 为 1004 的数据，该条数据的 create_time 字段即为确认收货时间。

接下来分首日与每日具体分析数据装载思路。

①首日数据装载思路。

查询 ods_order_info_inc 表，筛选首日分区、操作类型 type 为 bootstrap-insert 的数据，结果作为子查询 oi。

查询 ods_payment_info_inc 表，筛选首日分区、操作类型 type 为 bootstrap-insert、payment_status 字段为 1602（表示支付成功）的数据，结果作为子查询 pi。

查询 ods_order_status_log_inc 表，筛选首日分区、操作类型 type 为 bootstrap-insert、order_status 字段为 1004（订单已完成，即确认收货），结果作为子查询 log。

以上三个子查询，子查询 oi 的数据集范围最大，以子查询 oi 作为关联主表，与子查询 pi 和子查询 log 依次 left join。

从关联结果中筛选所需要的字段，其中取子查询 oi 的 create_time 作为下单时间、取 pi 的 callback_time 作为支付时间、取子查询 log 的 create_time 作为确认收货时间。

若确认收货时间不为 null，则说明交易流程已经结束，将确认收货时间格式化为 yyyy-MM-dd 格式，作为分区字段 dt 的值。若确认收货时间为 null，则说明交易流程尚未结束，分区字段 dt 取值为 9999-12-31。按照分区字段 dt 的值动态确定数据分区。

②每日数据装载思路。

每日数据装载时，要筛选交易域交易流程累积快照事实表 9999-12-31 分区的数据，这部分数据的交易流程尚未结束，需要根据当日产生的数据进行时间维度字段的补充。

筛选 ods_order_info_inc 表当日分区、操作类型 type 为 insert 的数据，即当日新增下单的数据，将这部分数据与交易流程累积快照事实表 9999-12-31 分区的数据进行 union，作为子查询 oi，如图 6-44 所示。

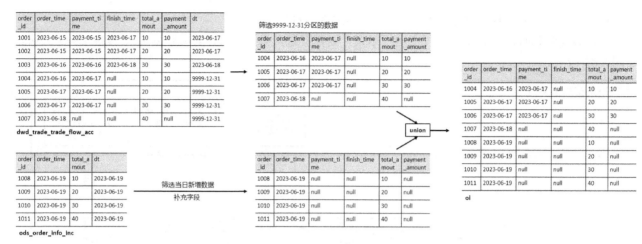

图 6-44　构建子查询 oi

两部分数据进行 union 要求数据的字段顺序和结构是完全一致的，所以用 null 补充来自 ods_order_info_inc 表的字段结构不完整的数据。

查询 ods_payment_info_inc 表，筛选当日分区、操作类型 type 为 update、payment_status 字段为 1602 的数据，结果作为子查询 pi。

查询 ods_order_status_log_inc 表，筛选当日分区、操作类型 type 为 insert、order_status 字段为 1004，结果作为子查询 log。

将 oi 子查询依次与 pi 和 log 进行 left join，关联过程如图 6-45 所示。

order_id	order_time	payment_time	finish_time	total_amout	payment_amount
1004	2023-06-16	2023-06-17	null	10	10
1005	2023-06-17	2023-06-17	null	20	20
1006	2023-06-17	2023-06-17	null	30	30
1007	2023-06-18	null	null	40	null
1008	2023-06-19	null	null	10	null
1009	2023-06-19	null	null	20	null
1010	2023-06-19	null	null	30	null
1011	2023-06-19	null	null	40	null

oi

oi left join pi on oi.order_id = pi.order_id

order_id	payment_time	payment_amount
1007	2023-06-19	40
1008	2023-06-19	10
1009	2023-06-19	20

pi

oi left join log on oi.id = log order_id

order_id	finish_time
1005	2023-06-19
1006	2023-06-19
1007	2023-06-19

log

oi.order_id	oi.order_time	oi.payment_time	oi.finish_time	oi.total_amout	oi.payment_amount	pi.payment_time	pi.payment_amount	log.finish_time
1004	2023-06-16	2023-06-17	null	10	10	null	null	null
1005	2023-06-17	2023-06-17	null	20	20	null	null	2023-06-19
1006	2023-06-17	2023-06-17	null	30	30	null	null	2023-06-19
1007	2023-06-18	null	null	40	null	2023-06-19	40	2023-06-19
1008	2023-06-19	null	null	10	null	2023-06-19	10	null
1009	2023-06-19	null	null	20	null	2023-06-19	20	null
1010	2023-06-19	null	null	30	null	null	null	null
1011	2023-06-19	null	null	40	null	null	null	null

关联结果

图 6-45　关联过程

根据关联结果决定关键字段值，关键字段取值逻辑如图 6-46 所示。

oi.order_id	oi.order_time	oi.payment_time	pi.payment_time	oi.finish_time	log.finish_time	oi.total_amout	oi.payment_amount	pi.payment_amount
1004	2023-06-16	2023-06-17	null	null	null	10	10	null
1005	2023-06-17	2023-06-17	null	null	2023-06-19	20	20	null
1006	2023-06-17	2023-06-17	null	null	2023-06-19	30	30	null
1007	2023-06-18	null	2023-06-19	null	2023-06-19	40	null	40
1008	2023-06-19	null	2023-06-19	null	null	10	null	10
1009	2023-06-19	null	2023-06-19	null	null	20	null	20
1010	2023-06-19	null	null	null	null	30	null	null
1011	2023-06-19	null	null	null	null	40	null	null

nvl(oi.payment_time,
pi.payment_time)

nvl(oi.finish_time,
log.finish_time)

→ nvl(.finish_time,'9999-12-31')

nvl(oi.payment_amount
,pi.payment_amount)

order_id	order_time	payment_time	finish_time	total_amout	payment_amount	dt	
1004	2023-06-16	2023-06-17	null	10	10	9999-12-31	交易流程尚未结束
1005	2023-06-17	2023-06-17	2023-06-19	20	20	2023-06-19	
1006	2023-06-17	2023-06-17	2023-06-19	30	30	2023-06-19	交易流程已经结束
1007	2023-06-18	2023-06-19	2023-06-19	40	40	2023-06-19	
1008	2023-06-19	2023-06-19	null	10	10	9999-12-31	
1009	2023-06-19	2023-06-19	null	20	20	9999-12-31	交易流程尚未结束
1010	2023-06-19	null	null	30	null	9999-12-31	
1011	2023-06-19	null	null	40	null	9999-12-31	

图 6-46 关键字段取值逻辑

经过上述处理后，若确认收货时间不为 null，则说明交易流程已经结束，将确认收货时间格式化为 yyyy-MM-dd 格式，作为分区字段 dt 的值。若确认收货时间为 null，则说明交易流程尚未结束，分区字段 dt 取值为 9999-12-31。按照分区字段 dt 的值动态确定数据分区。

③特殊情况说明。

实际上，交易流程并不是线性的，从下单到确认收货的过程中用户可能取消订单，确认收货和取消订单都可以终结交易流程。对于这类非线性过程的处理，通常有两种处理方式。

- 将确认收货和取消订单都作为业务流程结束的标志，将数据写入业务流程结束日期对应的分区。
- 如果用户取消订单，将数据永久地保留在 9999-12-31 分区，未达到的业务过程对应时间字段段置为空。

以上两种方式均可，本节选择的是第二种方案。实际开发时如何处理需要综合考虑下游需求、企业硬件资源等因素，选取合适的方案。

2. 建表语句

```
DROP TABLE IF EXISTS dwd_trade_trade_flow_acc;
CREATE EXTERNAL TABLE dwd_trade_trade_flow_acc
(
    `order_id`              STRING COMMENT '订单id',
    `user_id`               STRING COMMENT '用户id',
    `province_id`           STRING COMMENT '省份id',
    `order_date_id`         STRING COMMENT '下单日期id',
    `order_time`            STRING COMMENT '下单时间',
    `payment_date_id`       STRING COMMENT '支付日期id',
    `payment_time`          STRING COMMENT '支付时间',
    `finish_date_id`        STRING COMMENT '确认收货日期id',
    `finish_time`           STRING COMMENT '确认收货时间',
```

```
        `order_original_amount` DECIMAL(16, 2) COMMENT '下单原始价格',
        `order_activity_amount` DECIMAL(16, 2) COMMENT '下单活动优惠分摊',
        `order_coupon_amount`   DECIMAL(16, 2) COMMENT '下单优惠券优惠分摊',
        `order_total_amount`    DECIMAL(16, 2) COMMENT '下单最终价格分摊',
        `payment_amount`        DECIMAL(16, 2) COMMENT '支付金额'
) COMMENT '交易域交易流程累积快照事实表'
    PARTITIONED BY (`dt` STRING)
    STORED AS ORC
    LOCATION '/warehouse/gmall/dwd/dwd_trade_trade_flow_acc/'
TBLPROPERTIES ('orc.compress' = 'snappy');
```

3. 首日数据装载

```
set hive.exec.dynamic.partition.mode=nonstrict;
insert overwrite table dwd_trade_trade_flow_acc partition(dt)
select
    oi.id,
    user_id,
    province_id,
    date_format(create_time,'yyyy-MM-dd'),
    create_time,
    date_format(callback_time,'yyyy-MM-dd'),
    callback_time,
    date_format(finish_time,'yyyy-MM-dd'),
    finish_time,
    original_total_amount,
    activity_reduce_amount,
    coupon_reduce_amount,
    total_amount,
    nvl(payment_amount,0.0),
    nvl(date_format(finish_time,'yyyy-MM-dd'),'9999-12-31')
from
(
    select
        data.id,
        data.user_id,
        data.province_id,
        data.create_time,
        data.original_total_amount,
        data.activity_reduce_amount,
        data.coupon_reduce_amount,
        data.total_amount
    from ods_order_info_inc
    where dt='2023-06-18'
    and type='bootstrap-insert'
)oi
left join
(
    select
        data.order_id,
        data.callback_time,
        data.total_amount payment_amount
    from ods_payment_info_inc
    where dt='2023-06-18'
```

```
    and type='bootstrap-insert'
    and data.payment_status='1602'
)pi
on oi.id=pi.order_id
left join
(
    select
        data.order_id,
        data.create_time finish_time
    from ods_order_status_log_inc
    where dt='2023-06-18'
    and type='bootstrap-insert'
    and data.order_status='1004'
)log
on oi.id=log.order_id;
```

4. 每日数据装载

```
set hive.exec.dynamic.partition.mode=nonstrict;
insert overwrite table dwd_trade_trade_flow_acc partition(dt)
select
    oi.order_id,
    user_id,
    province_id,
    order_date_id,
    order_time,
    nvl(oi.payment_date_id,pi.payment_date_id),
    nvl(oi.payment_time,pi.payment_time),
    nvl(oi.finish_date_id,log.finish_date_id),
    nvl(oi.finish_time,log.finish_time),
    order_original_amount,
    order_activity_amount,
    order_coupon_amount,
    order_total_amount,
    nvl(oi.payment_amount,pi.payment_amount),
    nvl(nvl(oi.finish_time,log.finish_time),'9999-12-31')
from
(
    select
        order_id,
        user_id,
        province_id,
        order_date_id,
        order_time,
        payment_date_id,
        payment_time,
        finish_date_id,
        finish_time,
        order_original_amount,
        order_activity_amount,
        order_coupon_amount,
        order_total_amount,
        payment_amount
    from dwd_trade_trade_flow_acc
```

```
    where dt='9999-12-31'
    union all
    select
        data.id,
        data.user_id,
        data.province_id,
        date_format(data.create_time,'yyyy-MM-dd') order_date_id,
        data.create_time,
        null payment_date_id,
        null payment_time,
        null finish_date_id,
        null finish_time,
        data.original_total_amount,
        data.activity_reduce_amount,
        data.coupon_reduce_amount,
        data.total_amount,
        null payment_amount
    from ods_order_info_inc
    where dt='2023-06-19'
    and type='insert'
)oi
left join
(
    select
        data.order_id,
        date_format(data.callback_time,'yyyy-MM-dd') payment_date_id,
        data.callback_time payment_time,
        data.total_amount payment_amount
    from ods_payment_info_inc
    where dt='2023-06-19'
    and type='update'
    and array_contains(map_keys(old),'payment_status')
    and data.payment_status='1602'
)pi
on oi.order_id=pi.order_id
left join
(
    select
        data.order_id,
        date_format(data.create_time,'yyyy-MM-dd') finish_date_id,
        data.create_time finish_time
    from ods_order_status_log_inc
    where dt='2023-06-19'
    and type='insert'
    and data.order_status='1004'
)log
on oi.order_id=log.order_id;
```

6.6.6　工具域优惠券使用（支付）事务事实表

1. 思路分析

（1）分区规划。

工具域优惠券使用（支付）事务事实表的数据应该进入优惠券使用（支付）业务过程发生日期对应的

分区，与交易域加购物车事务事实表的分区规划相同。

（2）数据流向。

工具域优惠券使用（支付）事务事实表构建过程的数据流向与交易域加购物车事务事实表相同。

（3）数据装载思路。

用户使用优惠券进行支付时，ods_coupon_use_inc 表会采集到一条 type 为 update 的变更数据，used_time
字段由 null 变更为优惠券使用（支付）时间。根据优惠券使用（支付）业务过程的特点，完成数据装载。

①首日数据装载。

从 ods_coupon_use_inc 表筛选首日分区、操作类型为 bootstrap-insert、used_time 不为 null 的数据，将
used_time 字段格式化为 yyyy-MM-dd 格式的字符串，作为 date_id 和 dt 字段。筛选所需字段，根据 dt 字段
动态决定数据所属分区。

②每日数据装载。

从 ods_coupon_use_inc 表筛选当日分区、操作类型为 update、old 字段下的 keys 中包含了 used_time
的数据（即 used_time 字段发生了更改）。此筛选条件等价于 used_time 不为 null，因为用户使用优惠券（支
付）后，coupon_use 表中的对应记录就不会再发生改变，只要 used_time 字段不为 null，且操作类型为 update，
则 used_time 字段一定发生了更改。

最后，将 used_time 格式化为 yyyy-MM-dd 格式的日期字符串，作为 date_id 字段。筛选所需字段，将
数据写入当日分区。

2. 建表语句

```
hive (gmall)>
DROP TABLE IF EXISTS dwd_tool_coupon_used_inc;
CREATE EXTERNAL TABLE dwd_tool_coupon_used_inc
(
    `id`            STRING COMMENT '编号',
    `coupon_id`     STRING COMMENT '优惠券id',
    `user_id`       STRING COMMENT '用户id',
    `order_id`      STRING COMMENT '订单id',
    `date_id`       STRING COMMENT '日期id',
    `payment_time`  STRING COMMENT '使用(支付)时间'
) COMMENT '工具域优惠券使用（支付）事务事实表'
    PARTITIONED BY (`dt` STRING)
    STORED AS ORC
    LOCATION '/warehouse/gmall/dwd/dwd_tool_coupon_used_inc/'
    TBLPROPERTIES ("orc.compress" = "snappy");
```

3. 首日数据装载

```
hive (gmall)>
insert overwrite table dwd_tool_coupon_used_inc partition(dt)
select
    data.id,
    data.coupon_id,
    data.user_id,
    data.order_id,
    date_format(data.used_time,'yyyy-MM-dd') date_id,
    data.used_time,
    date_format(data.used_time,'yyyy-MM-dd')
from ods_coupon_use_inc
where dt='2023-06-18'
```

```
and type='bootstrap-insert'
and data.used_time is not null;
```

4．每日数据装载

```
hive (gmall)>
insert overwrite table dwd_tool_coupon_used_inc partition(dt='2023-06-19')
select
    data.id,
    data.coupon_id,
    data.user_id,
    data.order_id,
    date_format(data.used_time,'yyyy-MM-dd') date_id,
    data.used_time
from ods_coupon_use_inc
where dt='2023-06-19'
and type='update'
and array_contains(map_keys(old),'used_time');
```

6.6.7　互动域收藏事务事实表

1．思路分析

（1）分区规划。

互动域收藏事务事实表的数据应该进入收藏业务过程发生日期对应的分区，与交易域加购物车事务事实表的分区规划相同。

（2）数据流向。

互动域收藏事务事实表构建过程的数据流向与交易域加购物车事务事实表相同。

（3）数据装载思路。

用户收藏商品时，ods_favor_info_inc 表会采集到一条 type 为 insert 的变更数据。根据收藏业务过程的特点，完成数据装载。

①首日数据装载。

从 ods_favor_info_inc 表筛选首日分区、操作类型为 bootstrap-insert 的数据，将 create_time 字段格式化为 yyyy-MM-dd 格式的字符串，作为分区字段 dt 的值，根据 dt 字段动态决定数据所属分区。

②每日数据装载。

从 ods_favor_info_inc 表筛选当日分区、操作类型为 insert 的数据，将 create_time 字段格式化为 yyyy-MM-dd 格式的日期字符串，作为 date_id 字段和 dt 字段。将数据写入当日分区。

2．建表语句

```
hive (gmall)>
DROP TABLE IF EXISTS dwd_interaction_favor_add_inc;
CREATE EXTERNAL TABLE dwd_interaction_favor_add_inc
(
    `id`            STRING COMMENT '编号',
    `user_id`       STRING COMMENT '用户id',
    `sku_id`        STRING COMMENT '商品id',
    `date_id`       STRING COMMENT '日期id',
    `create_time`   STRING COMMENT '收藏时间'
) COMMENT '互动域收藏事务事实表'
    PARTITIONED BY (`dt` STRING)
```

```
STORED AS ORC
LOCATION '/warehouse/gmall/dwd/dwd_interaction_favor_add_inc/'
TBLPROPERTIES ("orc.compress" = "snappy");
```

3. 首日数据装载

```
hive (gmall)>
set hive.exec.dynamic.partition.mode=nonstrict;
insert overwrite table dwd_interaction_favor_add_inc partition(dt)
select
    data.id,
    data.user_id,
    data.sku_id,
    date_format(data.create_time,'yyyy-MM-dd') date_id,
    data.create_time,
    date_format(data.create_time,'yyyy-MM-dd')
from ods_favor_info_inc
where dt='2023-06-18'
and type = 'bootstrap-insert';
```

4. 每日数据装载

```
hive (gmall)>
insert overwrite table dwd_interaction_favor_add_inc partition(dt='2023-06-19')
select
    data.id,
    data.user_id,
    data.sku_id,
    date_format(data.create_time,'yyyy-MM-dd') date_id,
    data.create_time
from ods_favor_info_inc
where dt='2023-06-19'
and type = 'insert';
```

6.6.8 流量域页面浏览事务事实表

1. 思路分析

（1）分区设计。

流量域页面浏览事务事实表按日分区，数据进入页面日志生成的时间对应的分区，如图 6-47 所示。

图 6-47 流量域页面浏览事务事实表分区规划

（2）数据流向。

用户行为日志没有历史数据，当日生成的数据直接进入当日分区，流量域页面浏览事务事实表构建过程的数据流向如图 6-48 所示。

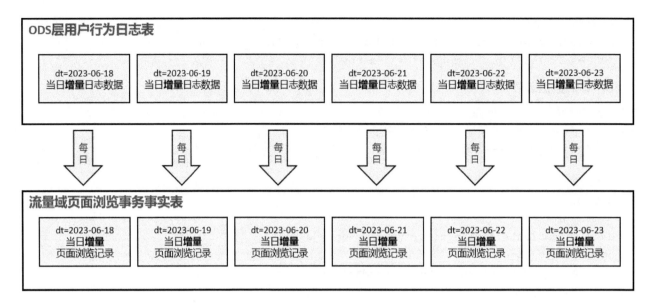

图 6-48　流量域页面浏览事务事实表构建过程的数据流向

（3）数据装载思路。

流量域页面浏览事务事实表的数据来自用户行为日志，用户行为日志从数据仓库搭建之初开始收集，所以不存在首日数据装载与每日数据装载的区别。在进行数据装载时，需要从表 ods_log_inc 中过滤 page 字段不为空的页面浏览日志，从表中解析出所有 common 字段和 page 字段中的详细信息。在这个过程中，还需要使用 from_utc_timestamp 函数将 UTC（世界标准时）转换为北京时间，并格式化成 yyyy-MM-dd 的形式。

需要注意的是，在执行装载数据的 SQL 语句时，需要将基于性能开销优化策略（cost based optimize）关闭，这样在通过 struct 结构体筛选数据时，不会出现过滤无效的情况。

将每日装载的数据放入每日对应的分区中即可。

2. 建表语句

```
hive (gmall)>
DROP TABLE IF EXISTS dwd_traffic_page_view_inc;
CREATE EXTERNAL TABLE dwd_traffic_page_view_inc
(
    `province_id`       STRING COMMENT '省份 id',
    `brand`             STRING COMMENT '手机品牌',
    `channel`           STRING COMMENT '渠道',
    `is_new`            STRING COMMENT '是否首次启动',
    `model`             STRING COMMENT '手机型号',
    `mid_id`            STRING COMMENT '设备 id',
    `operate_system`    STRING COMMENT '操作系统',
    `user_id`           STRING COMMENT '用户 id',
    `version_code`      STRING COMMENT 'App 版本号',
    `page_item`         STRING COMMENT '目标 id',
    `page_item_type`    STRING COMMENT '目标类型',
    `last_page_id`      STRING COMMENT '上页页面 id',
    `page_id`           STRING COMMENT '页面 id ',
    `from_pos_id`       STRING COMMENT '营销坑位 id',
    `from_pos_seq`      STRING COMMENT '营销坑位位置',
    `refer_id`          STRING COMMENT '营销渠道 id',
    `date_id`           STRING COMMENT '日期 id',
    `view_time`         STRING COMMENT '跳入时间',
```

```
    `session_id`          STRING COMMENT '会话id',
    `during_time`         BIGINT COMMENT '持续时间毫秒'
) COMMENT '流量域页面浏览事务事实表'
    PARTITIONED BY (`dt` STRING)
    STORED AS ORC
    LOCATION '/warehouse/gmall/dwd/dwd_traffic_page_view_inc'
    TBLPROPERTIES ('orc.compress' = 'snappy');
```

3．数据装载

```
hive (gmall)>
set hive.cbo.enable=false;
insert overwrite table dwd_traffic_page_view_inc partition (dt='2023-06-18')
select
    common.ar province_id,
    common.ba brand,
    common.ch channel,
    common.is_new is_new,
    common.md model,
    common.mid mid_id,
    common.os operate_system,
    common.uid user_id,
    common.vc version_code,
    page.item page_item,
    page.item_type page_item_type,
    page.last_page_id,
    page.page_id,
    page.from_pos_id,
    page.from_pos_seq,
    page.refer_id,
    date_format(from_utc_timestamp(ts,'GMT+8'),'yyyy-MM-dd') date_id,
    date_format(from_utc_timestamp(ts,'GMT+8'),'yyyy-MM-dd HH:mm:ss') view_time,
    common.sid session_id,
    page.during_time
from ods_log_inc
where dt='2023-06-18'
and page is not null;
set hive.cbo.enable=true;
```

6.6.9　用户域用户注册事务事实表

1．思路分析

（1）分区设计。

用户域用户注册事务事实表的数据应该进入用户注册业务过程发生日期对应的分区，与交易域加购物车事务事实表的分区规划相同。

（2）数据流向。

用户域用户注册事务事实表的构建需要用到 ODS 层的用户行为日志表 ods_log_inc 和用户表 ods_user_info_inc。因为 ods_user_info_inc 表的首日分区中是全量历史数据，所以在首日数据装载时，会将历史数据分流至用户注册时间所属的日期分区。每日数据装载时，只需要将当日用户注册数据装载至当日日期分区即可。综上所述，用户域用户注册事务事实表构建过程的数据流向如图 6-49 所示。

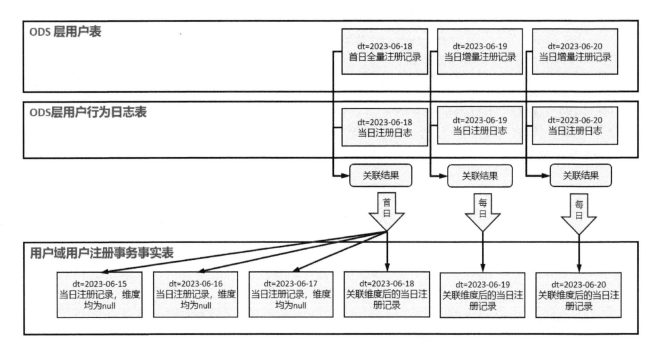

图 6-49　用户域用户注册事务事实表构建过程的数据流向

（3）数据装载思路。

用户注册成功后，用户表 ods_user_info_inc 会采集到一条 type 为 insert 的数据，create_time 即用户注册时间，与此同时，用户行为日志表 ods_log_inc 会采集到一条 uid 不为 null 的用户行为日志。在用户行为日志中，会保留渠道、操作系统、地区等维度信息。我们需要将 ods_user_info_inc 表与 ods_log_inc 表关联起来，为用户表补充注册时的维度信息。

①首日数据装载。

筛选 ods_user_info_inc 表首日分区、操作类型 type 为 bootstrap-insert 的数据，结果作为子查询 ui；筛选 ods_log_inc 首日分区、page_id 为 register、uid 不为 null 的数据，结果作为子查询 log。

将子查询 ui 和子查询 log 通过 user_id 关联。因为 ods_user_info_inc 表中的有些数据在 ods_log_inc 中无法找到对应数据，所以以将 ods_user_info_inc 表作为关联主表，选用 left join。

将来自 ods_user_info_inc 表的 create_time 字段格式化为 yyyy-MM-dd 格式的日期字符串，作为分区字段 dt，按照 dt 的值动态决定数据分区。

②每日数据装载。

筛选 ods_user_info_inc 表当日分区、操作类型 type 为 insert 的数据，结果作为子查询 ui；筛选 ods_log_inc 当日分区、page_id 为 register、uid 不为 null 的数据，结果作为子查询 log。

子查询 ui 作为关联主表，与子查询 log 进行关联。将关联结果写入当日分区。

2. 建表语句

```
hive (gmall)>
DROP TABLE IF EXISTS dwd_user_register_inc;
CREATE EXTERNAL TABLE dwd_user_register_inc
(
    `user_id`          STRING COMMENT '用户id',
    `date_id`          STRING COMMENT '日期id',
    `create_time`      STRING COMMENT '注册时间',
    `channel`          STRING COMMENT '应用下载渠道',
    `province_id`      STRING COMMENT '省份id',
    `version_code`     STRING COMMENT '应用版本',
```

```
    `mid_id`               STRING COMMENT '设备id',
    `brand`                STRING COMMENT '设备品牌',
    `model`                STRING COMMENT '设备型号',
    `operate_system`       STRING COMMENT '设备操作系统'
) COMMENT '用户域用户注册事务事实表'
    PARTITIONED BY (`dt` STRING)
    STORED AS ORC
    LOCATION '/warehouse/gmall/dwd/dwd_user_register_inc/'
    TBLPROPERTIES ("orc.compress" = "snappy");
```

3. 首日数据装载

```
hive (gmall)>
set hive.exec.dynamic.partition.mode=nonstrict;
insert overwrite table dwd_user_register_inc partition(dt)
select
    ui.user_id,
    date_format(create_time,'yyyy-MM-dd') date_id,
    create_time,
    channel,
    province_id,
    version_code,
    mid_id,
    brand,
    model,
    operate_system,
    date_format(create_time,'yyyy-MM-dd')
from
(
    select
        data.id user_id,
        data.create_time
    from ods_user_info_inc
    where dt='2023-06-18'
    and type='bootstrap-insert'
)ui
left join
(
    select
        common.ar province_id,
        common.ba brand,
        common.ch channel,
        common.md model,
        common.mid mid_id,
        common.os operate_system,
        common.uid user_id,
        common.vc version_code
    from ods_log_inc
    where dt='2023-06-18'
    and page.page_id='register'
    and common.uid is not null
)log
on ui.user_id=log.user_id;
```

4．每日数据装载

```
hive (gmall)>
insert overwrite table dwd_user_register_inc partition(dt='2023-06-19')
select
    ui.user_id,
    date_format(create_time,'yyyy-MM-dd') date_id,
    create_time,
    channel,
    province_id,
    version_code,
    mid_id,
    brand,
    model,
    operate_system
from
(
    select
        data.id user_id,
        data.create_time
    from ods_user_info_inc
    where dt='2023-06-19'
    and type='insert'
)ui
left join
(
    select
        common.ar province_id,
        common.ba brand,
        common.ch channel,
        common.md model,
        common.mid mid_id,
        common.os operate_system,
        common.uid user_id,
        common.vc version_code
    from ods_log_inc
    where dt='2023-06-19'
    and page.page_id='register'
    and common.uid is not null
)log
on ui.user_id=log.user_id;
```

6.6.10 用户域用户登录事务事实表

1．思路分析

（1）分区设计。

用户域用户登录事务事实表的分区规划与流量域页面浏览事务事实表相同，此处不再赘述。

（2）数据流向。

用户域用户登录事务事实表构建过程的数据流向与流量域页面浏览事务事实表相同，此处不再赘述。

（3）数据装载思路。

用户域用户登录事务事实表构建的关键是如何在众多日志中找到用户登录日志。在这里，我们首先通过会话 id 找到同一个会话下的所有页面浏览日志，然后使用开窗函数，将同一会话下的所有页面浏览日志按照时间排序，排名第一的即用户登录行为产生的数据。将得到的用户登录日志数据写入当日分区。

2. 建表语句

```
hive (gmall)>
DROP TABLE IF EXISTS dwd_user_login_inc;
CREATE EXTERNAL TABLE dwd_user_login_inc
(
    `user_id`           STRING COMMENT '用户 id',
    `date_id`           STRING COMMENT '日期 id',
    `login_time`        STRING COMMENT '登录时间',
    `channel`           STRING COMMENT '应用下载渠道',
    `province_id`       STRING COMMENT '省份 id',
    `version_code`      STRING COMMENT '应用版本',
    `mid_id`            STRING COMMENT '设备 id',
    `brand`             STRING COMMENT '设备品牌',
    `model`             STRING COMMENT '设备型号',
    `operate_system`    STRING COMMENT '设备操作系统'
) COMMENT '用户域用户登录事务事实表'
    PARTITIONED BY (`dt` STRING)
    STORED AS ORC
    LOCATION '/warehouse/gmall/dwd/dwd_user_login_inc/'
    TBLPROPERTIES ("orc.compress" = "snappy");
```

3. 数据装载

```
hive (gmall)>
insert overwrite table dwd_user_login_inc partition (dt = '2023-06-18')
select user_id,
    date_format(from_utc_timestamp(ts, 'GMT+8'), 'yyyy-MM-dd')          date_id,
    date_format(from_utc_timestamp(ts, 'GMT+8'), 'yyyy-MM-dd HH:mm:ss') login_time,
    channel,
    province_id,
    version_code,
    mid_id,
    brand,
    model,
    operate_system
from (
    select user_id,
            channel,
            province_id,
            version_code,
            mid_id,
            brand,
            model,
            operate_system,
            ts
    from (select common.uid user_id,
            common.ch  channel,
            common.ar  province_id,
            common.vc  version_code,
            common.mid mid_id,
```

```
                    common.ba  brand,
                    common.md  model,
                    common.os  operate_system,
                    ts,
                    row_number() over (partition by common.sid order by ts) rn
             from ods_log_inc
             where dt = '2023-06-18'
               and page is not null
               and common.uid is not null) t1
        where rn = 1
   ) t2;
```

6.6.11　DWD 层首日业务数据装载脚本

关于每层的数据装载脚本编写思路，在前文中曾多次讲解，读者可在本书附赠的资料中找到完整的数据装载脚本。

将 DWD 层的首日数据装载过程编写成脚本，方便调用执行。

（1）在/home/atguigu/bin 目录下创建脚本 ods_to_dwd_init.sh。

```
[atguigu@hadoop102 bin]$ vim ods_to_dwd_init.sh
```

在脚本中编写内容，此处不再展示。

（2）增加脚本执行权限。

```
[atguigu@hadoop102 bin]$ chmod +x ods_to_dwd_init.sh
```

（3）执行脚本，导入数据。

```
[atguigu@hadoop102 bin]$ ods_to_dwd_init.sh  all 2023-06-18
```

6.6.12　DWD 层每日业务数据装载脚本

读者可在本书附赠的资料中找到完整的数据装载脚本。

将 DWD 层的每日数据装载过程编写成脚本，方便每日调用执行。

（1）在/home/atguigu/bin 目录下创建脚本 ods_to_dwd.sh。

```
[atguigu@hadoop102 bin]$ vim ods_to_dwd.sh
```

在脚本中编写内容，此处不再展示。

（2）增加脚本执行权限。

```
[atguigu@hadoop102 bin]$ chmod +x ods_to_dwd.sh
```

（3）执行脚本。需要注意的是，因为此时数据仓库中还没有采集 2023-06-19 的数据，所以先不要执行此处的命令。

```
[atguigu@hadoop102 bin]$ ods_to_dwd.sh all 2023-06-19
```

6.7　数据仓库搭建——DWS 层

根据我们在数据仓库搭建流程讲解中对指标的分析和总结结果展开 DWS 层的搭建。在 DWS 层的搭建过程中，我们参照表 6-18，将业务过程与粒度限定相同的派生指标合并统计，并按照日期限定分为最近 1 日、最近 n 日和历史至今 3 个类型，例如，业务过程为下单、粒度限定为省份的 2 个派生指标，在 DWS 层将体现为交易域省份粒度下单最近 1 日汇总表、交易域省份粒度下单最近 n 日汇总表。在表 6-18 中，使用不同的背景颜色对派生指标进行区分，相邻且背景颜色相同的派生指标将被合并。

DWS 层的设计要点如下。

- 参考指标体系进行设计。
- 数据存储格式为 ORC 列式存储+Snappy 压缩。

- 表的命名规范为 dws_数据域_粒度限定_业务过程_日期限定（1d/nd/td），其中，1d 表示最近 1 日，nd 表示最近 n 日，td 表示历史至今。

6.7.1　最近 1 日汇总表

本节主要统计所有 DWS 层中日期限定为最近 1 日的数据。

1. 交易域用户商品粒度下单最近 1 日汇总表

（1）思路分析。

将业务过程为下单、粒度限定为用户和商品的派生指标进行合并统计，生成交易域用户商品粒度下单最近 1 日汇总表。

DWS 层中保存的是汇总表，用于为后续的需求指标计算提供服务，为了方便进行更多的指标计算，在汇总表中，一些维度属性可以产生冗余，如商品的品类 id、品牌 id 等。具体哪些维度属性可以产生冗余，一般由需求指标决定，例如，在需求指标中对用户按照年龄段分类统计非常感兴趣，那么在 DWS 层粒度限定为用户的汇总表中，用户的年龄段属性就可以产生冗余。因为大量冗余的维度属性会占用过多的存储空间，所以维度属性是否产生冗余、哪些维度属性产生冗余，需要数据仓库设计者审慎考虑。

考虑到在本汇总表中有大量需要针对品牌和品类进行统计的需求指标，我们通过关联商品维度表使商品的品类 id 和品牌 id 等维度属性产生冗余。

①首日数据装载。

查询交易域下单事务事实表 dwd_trade_order_detail_inc，不限定分区，因为要对首日同步的全量历史数据进行处理。选取所需字段，按照 dt、user_id、sku_id 字段进行分组聚合，使用聚合函数统计下单次数、下单件数等聚合指标，结果作为子查询 od。

筛选商品维度表 dim_sku_full 首日分区数据，结果作为子查询 sku。

为保留全部事实表数据，以子查询 od 作为关联主表，与 sku 进行 left join，以获取到商品维度相关信息，如商品的品类 id、品牌 id 等。将关联结果按照来自子查询 od 的 dt 字段动态分区。

②每日数据装载。

筛选 dwd_trade_order_detail_inc 表当日分区的数据，按照 user_id、sku_id 字段进行分组聚合，与 dim_sku_full 的当日分区数据进行关联，关联结果写入当日分区。

（2）建表语句。

```
hive (gmall)>
DROP TABLE IF EXISTS dws_trade_user_sku_order_1d;
CREATE EXTERNAL TABLE dws_trade_user_sku_order_1d
(
    `user_id`                STRING COMMENT '用户 id',
    `sku_id`                 STRING COMMENT '商品 id',
    `sku_name`               STRING COMMENT '商品名称',
    `category1_id`           STRING COMMENT '一级品类 id',
    `category1_name`         STRING COMMENT '一级品类名称',
    `category2_id`           STRING COMMENT '二级品类 id',
    `category2_name`         STRING COMMENT '二级品类名称',
    `category3_id`           STRING COMMENT '三级品类 id',
    `category3_name`         STRING COMMENT '三级品类名称',
    `tm_id`                  STRING COMMENT '品牌 id',
    `tm_name`                STRING COMMENT '品牌名称',
    `order_count_1d`         BIGINT COMMENT '最近 1 日下单次数',
    `order_num_1d`           BIGINT COMMENT '最近 1 日下单件数',
    `order_original_amount_1d`  DECIMAL(16, 2) COMMENT '最近 1 日下单原始金额',
```

```
    `activity_reduce_amount_1d` DECIMAL(16, 2) COMMENT '最近 1 日活动优惠金额',
    `coupon_reduce_amount_1d`   DECIMAL(16, 2) COMMENT '最近 1 日优惠券优惠金额',
    `order_total_amount_1d`     DECIMAL(16, 2) COMMENT '最近 1 日下单最终金额'
) COMMENT '交易域用户商品粒度订单最近 1 日汇总表'
    PARTITIONED BY (`dt` STRING)
    STORED AS ORC
    LOCATION '/warehouse/gmall/dws/dws_trade_user_sku_order_1d'
    TBLPROPERTIES ('orc.compress' = 'snappy');
```

（3）首日数据装载。

```
hive (gmall)>
set hive.exec.dynamic.partition.mode=nonstrict;
-- Hive 的 bug：对某些类型数据的处理可能会导致报错，关闭矢量化查询优化解决
set hive.vectorized.execution.enabled = false;
insert overwrite table dws_trade_user_sku_order_1d partition(dt)
select
    user_id,
    id,
    sku_name,
    category1_id,
    category1_name,
    category2_id,
    category2_name,
    category3_id,
    category3_name,
    tm_id,
    tm_name,
    order_count_1d,
    order_num_1d,
    order_original_amount_1d,
    activity_reduce_amount_1d,
    coupon_reduce_amount_1d,
    order_total_amount_1d,
    dt
from
(
    select
        dt,
        user_id,
        sku_id,
        count(*) order_count_1d,
        sum(sku_num) order_num_1d,
        sum(split_original_amount) order_original_amount_1d,
        sum(nvl(split_activity_amount,0.0)) activity_reduce_amount_1d,
        sum(nvl(split_coupon_amount,0.0)) coupon_reduce_amount_1d,
        sum(split_total_amount) order_total_amount_1d
    from dwd_trade_order_detail_inc
    group by dt,user_id,sku_id
)od
left join
(
    select
```

```
        id,
        sku_name,
        category1_id,
        category1_name,
        category2_id,
        category2_name,
        category3_id,
        category3_name,
        tm_id,
        tm_name
    from dim_sku_full
    where dt='2023-06-18'
)sku
on od.sku_id=sku.id;
-- 矢量化查询优化可以一定程度上提升执行效率，不会触发前述 Bug 时，应打开
set hive.vectorized.execution.enabled = true;
```

（4）每日数据装载。

```
hive (gmall)>
set hive.vectorized.execution.enabled = false;
insert overwrite table dws_trade_user_sku_order_1d partition(dt='2023-06-19')
select
    user_id,
    id,
    sku_name,
    category1_id,
    category1_name,
    category2_id,
    category2_name,
    category3_id,
    category3_name,
    tm_id,
    tm_name,
    order_count,
    order_num,
    order_original_amount,
    activity_reduce_amount,
    coupon_reduce_amount,
    order_total_amount
from
(
    select
        user_id,
        sku_id,
        count(*) order_count,
        sum(sku_num) order_num,
        sum(split_original_amount) order_original_amount,
        sum(nvl(split_activity_amount,0)) activity_reduce_amount,
        sum(nvl(split_coupon_amount,0)) coupon_reduce_amount,
        sum(split_total_amount) order_total_amount
    from dwd_trade_order_detail_inc
    where dt='2023-06-19'
    group by user_id,sku_id
```

```
)od
left join
(
    select
        id,
        sku_name,
        category1_id,
        category1_name,
        category2_id,
        category2_name,
        category3_id,
        category3_name,
        tm_id,
        tm_name
    from dim_sku_full
    where dt='2023-06-19'
)sku
on od.sku_id=sku.id;
set hive.vectorized.execution.enabled = true;
```

2. 交易域用户粒度下单最近 1 日汇总表

（1）思路分析。

将业务过程为下单、粒度限定为用户的派生指标进行合并统计，构建交易域用户粒度下单最近 1 日汇总表。对下单次数、商品件数、各种下单金额等度量按照用户粒度进行汇总计算。数据的来源是交易域下单事务事实表 dwd_trade_order_detail_inc。

①首日数据装载。

查询 dwd_trade_order_detail_inc 表，不限定分区。选取所需字段，按照 dt、user_id 字段进行分组聚合，使用聚合函数统计聚合指标，根据 dt 字段值进行动态分区。

②每日数据装载。

筛选 dwd_trade_order_detail_inc 表的当日分区数据，按照 user_id 进行分组聚合，将结果写入当日分区。

（2）建表语句。

```
hive (gmall)>
DROP TABLE IF EXISTS dws_trade_user_order_1d;
CREATE EXTERNAL TABLE dws_trade_user_order_1d
(
    `user_id`                    STRING COMMENT '用户id',
    `order_count_1d`             BIGINT COMMENT '最近1日下单次数',
    `order_num_1d`               BIGINT COMMENT '最近1日下单商品件数',
    `order_original_amount_1d`   DECIMAL(16, 2) COMMENT '最近1日下单原始金额',
    `activity_reduce_amount_1d`  DECIMAL(16, 2) COMMENT '最近1日下单活动优惠金额',
    `coupon_reduce_amount_1d`    DECIMAL(16, 2) COMMENT '最近1日下单优惠券优惠金额',
    `order_total_amount_1d`      DECIMAL(16, 2) COMMENT '最近1日下单最终金额'
) COMMENT '交易域用户粒度下单最近1日汇总表'
    PARTITIONED BY (`dt` STRING)
    STORED AS ORC
    LOCATION '/warehouse/gmall/dws/dws_trade_user_order_1d'
    TBLPROPERTIES ('orc.compress' = 'snappy');
```

（3）首日数据装载。

```
hive (gmall)>
set hive.exec.dynamic.partition.mode=nonstrict;
```

```
insert overwrite table dws_trade_user_order_1d partition(dt)
select
    user_id,
    count(distinct(order_id)),
    sum(sku_num),
    sum(split_original_amount),
    sum(nvl(split_activity_amount,0)),
    sum(nvl(split_coupon_amount,0)),
    sum(split_total_amount),
    dt
from dwd_trade_order_detail_inc
group by user_id,dt;
```

（4）每日数据装载。

```
hive (gmall)>
insert overwrite table dws_trade_user_order_1d partition(dt='2023-06-19')
select
    user_id,
    count(distinct(order_id)),
    sum(sku_num),
    sum(split_original_amount),
    sum(nvl(split_activity_amount,0)),
    sum(nvl(split_coupon_amount,0)),
    sum(split_total_amount)
from dwd_trade_order_detail_inc
where dt='2023-06-19'
group by user_id;
```

3．交易域用户粒度加购物车最近 1 日汇总表

（1）思路分析。

将业务过程为加购物车、粒度限定为用户的派生指标进行合并统计，构建交易域用户粒度加购物车最近 1 日汇总表。对加购物车次数、商品件数等度量按照用户粒度进行汇总计算。数据的来源是交易域加购物车事务事实表 dwd_trade_cart_add_inc。

①首日数据装载。

查询 dwd_trade_cart_add_inc 表，不限定分区。选取所需字段，按照 dt、user_id 字段进行分组聚合，使用聚合函数统计聚合指标，根据 dt 字段值进行动态分区。

②每日数据装载。

筛选 dwd_trade_cart_add_inc 表的当日分区数据，按照 user_id 字段进行分区聚合，将结果写入当日分区。

（2）建表语句。

```
hive (gmall)>
DROP TABLE IF EXISTS dws_trade_user_cart_add_1d;
CREATE EXTERNAL TABLE dws_trade_user_cart_add_1d
(
    `user_id`            STRING COMMENT '用户id',
    `cart_add_count_1d`  BIGINT COMMENT '最近1日加购物车次数',
    `cart_add_num_1d`    BIGINT COMMENT '最近1日加购物车商品件数'
) COMMENT '交易域用户粒度加购物车最近1日汇总表'
    PARTITIONED BY (`dt` STRING)
    STORED AS ORC
```

```
LOCATION '/warehouse/gmall/dws/dws_trade_user_cart_add_1d'
TBLPROPERTIES ('orc.compress' = 'snappy');
```

（3）首日数据装载。

```
hive (gmall)>
set hive.exec.dynamic.partition.mode=nonstrict;
insert overwrite table dws_trade_user_cart_add_1d partition(dt)
select
    user_id,
    count(*),
    sum(sku_num),
    dt
from dwd_trade_cart_add_inc
group by user_id,dt;
```

（4）每日数据装载。

```
hive (gmall)>
insert overwrite table dws_trade_user_cart_add_1d partition(dt='2023-06-19')
select
    user_id,
    count(*),
    sum(sku_num)
from dwd_trade_cart_add_inc
where dt='2023-06-19'
group by user_id;
```

4. 交易域用户粒度支付最近 1 日汇总表

（1）思路分析。

将业务过程为支付、粒度限定为用户的派生指标进行合并统计，生成交易域用户粒度支付最近 1 日汇总表。对支付次数、商品件数、支付金额等度量按照用户粒度进行汇总计算。数据的来源是交易域支付成功事务事实表 dwd_trade_pay_detail_suc_inc。

①首日数据装载。

查询 dwd_trade_pay_detail_suc_inc 表，不限定分区。选取所需字段，按照 dt、user_id 字段进行分组聚合，使用聚合函数统计聚合指标，根据 dt 字段值进行动态分区。

②每日数据装载。

筛选 dwd_trade_pay_detail_suc_inc 表的当日分区数据，按照 user_id 进行分组聚合，将结果写入当日分区。

（2）建表语句。

```
hive (gmall)>
DROP TABLE IF EXISTS dws_trade_user_payment_1d;
CREATE EXTERNAL TABLE dws_trade_user_payment_1d
(
    `user_id`             STRING COMMENT '用户 id',
    `payment_count_1d`    BIGINT COMMENT '最近 1 日支付次数',
    `payment_num_1d`      BIGINT COMMENT '最近 1 日支付商品件数',
    `payment_amount_1d`   DECIMAL(16, 2) COMMENT '最近 1 日支付金额'
) COMMENT '交易域用户粒度支付最近 1 日汇总表'
    PARTITIONED BY (`dt` STRING)
    STORED AS ORC
    LOCATION '/warehouse/gmall/dws/dws_trade_user_payment_1d'
    TBLPROPERTIES ('orc.compress' = 'snappy');
```

（3）首日数据装载。

```
hive (gmall)>
set hive.exec.dynamic.partition.mode=nonstrict;
insert overwrite table dws_trade_user_payment_1d partition(dt)
select
    user_id,
    count(distinct(order_id)),
    sum(sku_num),
    sum(split_payment_amount),
    dt
from dwd_trade_pay_detail_suc_inc
group by user_id,dt;
```

（4）每日数据装载。

```
hive (gmall)>
insert overwrite table dws_trade_user_payment_1d partition(dt='2023-06-19')
select
    user_id,
    count(distinct(order_id)),
    sum(sku_num),
    sum(split_payment_amount)
from dwd_trade_pay_detail_suc_inc
where dt='2023-06-19'
group by user_id;
```

5．交易域省份粒度下单最近 1 日汇总表

（1）思路分析。

将业务过程为下单、粒度限定为省份的派生指标进行合并统计，生成交易域省份粒度下单最近 1 日汇总表。对下单次数、各种下单金额度量按照省份粒度进行汇总计算，并使省份名称、地区编码等地区维度属性产生冗余。数据的来源是交易域下单事务事实表 dwd_trade_order_detail_inc 和地区维度表 dim_province_full。

①首日数据装载。

查询 dwd_trade_order_detail_inc 表，不限定分区。选取所需字段，按照 dt、province_id 字段进行分组聚合，使用聚合函数统计聚合指标，将结果作为子查询 o。

筛选 dim_province_full 首日分区的数据，选取所需字段，结果作为子查询 p。

以子查询 o 为关联主表，通过 province_id 与子查询 p 进行 left join，以获取到地区维度相关信息。将关联结果按照来自子查询 o 的 dt 字段进行动态分区。

②每日数据装载。

筛选 dwd_trade_order_detail_inc 表当日分区的数据，按照 province_id 进行分组聚合，与 dim_province_full 的当日分区数据进行关联，关联结果写入当日分区。

（2）建表语句。

```
hive (gmall)>
DROP TABLE IF EXISTS dws_trade_province_order_1d;
CREATE EXTERNAL TABLE dws_trade_province_order_1d
(
    `province_id`            STRING COMMENT '省份id',
    `province_name`          STRING COMMENT '省份名称',
    `area_code`              STRING COMMENT '地区编码',
    `iso_code`               STRING COMMENT '旧版国际标准地区编码',
    `iso_3166_2`             STRING COMMENT '新版国际标准地区编码',
    `order_count_1d`         BIGINT COMMENT '最近1日下单次数',
```

```
    `order_original_amount_1d` DECIMAL(16, 2) COMMENT '最近 1 日下单原始金额',
    `activity_reduce_amount_1d` DECIMAL(16, 2) COMMENT '最近 1 日下单活动优惠金额',
    `coupon_reduce_amount_1d`  DECIMAL(16, 2) COMMENT '最近 1 日下单优惠券优惠金额',
    `order_total_amount_1d`    DECIMAL(16, 2) COMMENT '最近 1 日下单最终金额'
) COMMENT '交易域省份粒度下单最近 1 日汇总表'
    PARTITIONED BY (`dt` STRING)
    STORED AS ORC
    LOCATION '/warehouse/gmall/dws/dws_trade_province_order_1d'
    TBLPROPERTIES ('orc.compress' = 'snappy');
```

（3）首日数据装载。

```
hive (gmall)>
set hive.exec.dynamic.partition.mode=nonstrict;
insert overwrite table dws_trade_province_order_1d partition(dt)
select
    province_id,
    province_name,
    area_code,
    iso_code,
    iso_3166_2,
    order_count_1d,
    order_original_amount_1d,
    activity_reduce_amount_1d,
    coupon_reduce_amount_1d,
    order_total_amount_1d,
    dt
from
(
    select
        province_id,
        count(distinct(order_id)) order_count_1d,
        sum(split_original_amount) order_original_amount_1d,
        sum(nvl(split_activity_amount,0)) activity_reduce_amount_1d,
        sum(nvl(split_coupon_amount,0)) coupon_reduce_amount_1d,
        sum(split_total_amount) order_total_amount_1d,
        dt
    from dwd_trade_order_detail_inc
    group by province_id,dt
)o
left join
(
    select
        id,
        province_name,
        area_code,
        iso_code,
        iso_3166_2
    from dim_province_full
    where dt='2023-06-18'
)p
on o.province_id=p.id;
```

（4）每日数据装载。

```
hive (gmall)>
```

```
insert overwrite table dws_trade_province_order_1d partition(dt='2023-06-19')
select
    province_id,
    province_name,
    area_code,
    iso_code,
    iso_3166_2,
    order_count_1d,
    order_original_amount_1d,
    activity_reduce_amount_1d,
    coupon_reduce_amount_1d,
    order_total_amount_1d
from
(
    select
        province_id,
        count(distinct(order_id)) order_count_1d,
        sum(split_original_amount) order_original_amount_1d,
        sum(nvl(split_activity_amount,0)) activity_reduce_amount_1d,
        sum(nvl(split_coupon_amount,0)) coupon_reduce_amount_1d,
        sum(split_total_amount) order_total_amount_1d
    from dwd_trade_order_detail_inc
    where dt='2023-06-19'
    group by province_id
)o
left join
(
    select
        id,
        province_name,
        area_code,
        iso_code,
        iso_3166_2
    from dim_province_full
    where dt='2023-06-19'
)p
on o.province_id=p.id;
```

6. 工具域用户优惠券粒度优惠券使用（支付）最近 1 日汇总表

（1）思路分析。

将业务过程为优惠券使用（支付）、粒度限定为用户和优惠券的派生指标进行合并统计，构建工具域用户优惠券粒度优惠券使用（支付）最近 1 日汇总表。对优惠券使用次数度量按照优惠券和用户粒度进行汇总计算，并使优惠券类型、优惠规则等优惠券维度属性产生冗余。数据的来源是工具域优惠券使用（支付）事务事实表 dwd_tool_coupon_used_inc 和优惠券维度表 dim_coupon_full。

①首日数据装载。

查询 dwd_tool_coupon_used_inc 表，不限定分区。选取所需字段，按照 dt、user_id、coupon_id 字段进行分组聚合，使用聚合函数统计聚合指标，将结果作为子查询 t1。

筛选 dim_coupon_full 首日分区的数据，选取所需字段，结果作为子查询 t2。

以子查询 t1 为关联主表，通过 coupon_id 与子查询 t2 进行 left join，以获取到优惠券维度相关信息。将关联结果按照来自子查询 t1 的 dt 字段进行动态分区。

②每日数据装载。

筛选 dwd_trade_order_detail_inc 表当日分区的数据，按照 user_id、coupon_id 进行分组聚合，与 dim_coupon_full 的当日分区数据进行关联，关联结果写入当日分区。

（2）建表语句。

```
DROP TABLE IF EXISTS dws_tool_user_coupon_coupon_used_1d;
CREATE EXTERNAL TABLE dws_tool_user_coupon_coupon_used_1d
(
    `user_id`             STRING COMMENT '用户id',
    `coupon_id`           STRING COMMENT '优惠券id',
    `coupon_name`         STRING COMMENT '优惠券名称',
    `coupon_type_code`    STRING COMMENT '优惠券类型编码',
    `coupon_type_name`    STRING COMMENT '优惠券类型名称',
    `benefit_rule`        STRING COMMENT '优惠规则',
    `used_count_1d`       STRING COMMENT '使用(支付)次数'
) COMMENT '工具域用户优惠券粒度优惠券使用(支付)最近1日汇总表'
    PARTITIONED BY (`dt` STRING)
    STORED AS ORC
    LOCATION '/warehouse/gmall/dws/dws_tool_user_coupon_coupon_used_1d'
    TBLPROPERTIES ('orc.compress' = 'snappy');
```

（3）首日数据装载。

```
set hive.exec.dynamic.partition.mode=nonstrict;
insert overwrite table dws_tool_user_coupon_coupon_used_1d partition(dt)
select
    user_id,
    coupon_id,
    coupon_name,
    coupon_type_code,
    coupon_type_name,
    benefit_rule,
    used_count,
    dt
from
(
    select
        dt,
        user_id,
        coupon_id,
        count(*) used_count
    from dwd_tool_coupon_used_inc
    group by dt,user_id,coupon_id
)t1
left join
(
    select
        id,
        coupon_name,
        coupon_type_code,
        coupon_type_name,
        benefit_rule
    from dim_coupon_full
    where dt='2023-06-18'
```

```
)t2
on t1.coupon_id=t2.id;
```

（4）每日数据装载。

```
insert overwrite table dws_tool_user_coupon_coupon_used_1d partition(dt='2023-06-19')
select
    user_id,
    coupon_id,
    coupon_name,
    coupon_type_code,
    coupon_type_name,
    benefit_rule,
    used_count
from
(
    select
        user_id,
        coupon_id,
        count(*) used_count
    from dwd_tool_coupon_used_inc
    where dt='2023-06-19'
    group by user_id,coupon_id
)t1
left join
(
    select
        id,
        coupon_name,
        coupon_type_code,
        coupon_type_name,
        benefit_rule
    from dim_coupon_full
    where dt='2023-06-19'
)t2
on t1.coupon_id=t2.id;
```

7．互动域商品粒度收藏商品最近 1 日汇总表

（1）思路分析。

将业务过程为收藏、粒度限定为商品的派生指标进行合并统计，构建互动域商品粒度收藏商品最近 1 日汇总表。对商品收藏次数度量按照商品粒度进行汇总计算，并使品类 id、品牌 id 等商品维度属性产生冗余。数据的来源是互动域收藏事务事实表 dwd_interaction_favor_add_inc 和商品维度表 dim_sku_full。

①首日数据装载。

查询 dwd_interaction_favor_add_inc 表，不限定分区。选取所需字段，按照 dt、sku_id 字段进行分组聚合，使用聚合函数统计聚合指标，将结果作为子查询 favor。

筛选 dim_sku_full 首日分区的数据，选取所需字段，结果作为子查询 sku。

以子查询 favor 为关联主表，通过 sku_id 与子查询 sku 进行 left join，以获取到商品维度相关信息。将关联结果按照来自子查询 favor 的 dt 字段进行动态分区。

②每日数据装载。

筛选 dwd_interaction_favor_add_inc 表当日分区的数据，按照 sku_id 进行分组聚合，与 dim_sku_full 的当日分区数据进行关联，关联结果写入当日分区。

（2）建表语句。

```
DROP TABLE IF EXISTS dws_interaction_sku_favor_add_1d;
CREATE EXTERNAL TABLE dws_interaction_sku_favor_add_1d
(
    `sku_id`            STRING COMMENT '商品id',
    `sku_name`          STRING COMMENT '商品名称',
    `category1_id`      STRING COMMENT '一级品类id',
    `category1_name`    STRING COMMENT '一级品类名称',
    `category2_id`      STRING COMMENT '二级品类id',
    `category2_name`    STRING COMMENT '二级品类名称',
    `category3_id`      STRING COMMENT '三级品类id',
    `category3_name`    STRING COMMENT '三级品类名称',
    `tm_id`             STRING COMMENT '品牌id',
    `tm_name`           STRING COMMENT '品牌名称',
    `favor_add_count_1d` BIGINT COMMENT '商品被收藏次数'
) COMMENT '互动域商品粒度收藏商品最近1日汇总表'
    PARTITIONED BY (`dt` STRING)
    STORED AS ORC
    LOCATION '/warehouse/gmall/dws/dws_interaction_sku_favor_add_1d'
    TBLPROPERTIES ('orc.compress' = 'snappy');
```

（3）首日数据装载。

```
set hive.exec.dynamic.partition.mode=nonstrict;
insert overwrite table dws_interaction_sku_favor_add_1d partition(dt)
select
    sku_id,
    sku_name,
    category1_id,
    category1_name,
    category2_id,
    category2_name,
    category3_id,
    category3_name,
    tm_id,
    tm_name,
    favor_add_count,
    dt
from
(
    select
        dt,
        sku_id,
        count(*) favor_add_count
    from dwd_interaction_favor_add_inc
    group by dt,sku_id
)favor
left join
(
    select
        id,
```

```
        sku_name,
        category1_id,
        category1_name,
        category2_id,
        category2_name,
        category3_id,
        category3_name,
        tm_id,
        tm_name
    from dim_sku_full
    where dt='2023-06-18'
)sku
on favor.sku_id=sku.id;
```

（4）每日数据装载。

```
insert overwrite table dws_interaction_sku_favor_add_1d partition(dt='2023-06-19')
select
    sku_id,
    sku_name,
    category1_id,
    category1_name,
    category2_id,
    category2_name,
    category3_id,
    category3_name,
    tm_id,
    tm_name,
    favor_add_count
from
(
    select
        sku_id,
        count(*) favor_add_count
    from dwd_interaction_favor_add_inc
    where dt='2023-06-19'
    group by sku_id
)favor
left join
(
    select
        id,
        sku_name,
        category1_id,
        category1_name,
        category2_id,
        category2_name,
        category3_id,
        category3_name,
        tm_id,
        tm_name
    from dim_sku_full
```

```
    where dt='2023-06-19'
)sku
on favor.sku_id=sku.id;
```

8．流量域会话粒度页面浏览最近 1 日汇总表

（1）思路分析。

将业务过程为页面浏览、粒度限定为会话的派生指标进行合并统计，构建流量域会话粒度页面浏览最近 1 日汇总表。数据来源是流量域页面浏览事务事实表 dwd_traffic_page_view_inc。

大部分统计粒度会出现在多个日期限定内，例如，一个用户可能会在最近 1 日和最近 n 日都下单，但是与会话粒度相关的派生指标有些特别，同一个会话 id 只会出现一次，再次打开会话，会话 id 就会发生改变。所以对于粒度限定为会话的 DWS 层汇总表，我们只计算日期限定为最近 1 日的派生指标。

对访问时长和访问页面数度量按照会话粒度进行汇总计算，并使设备 id、手机品牌、渠道等维度属性产生冗余。

筛选 dwd_traffic_page_view_inc 表每日分区的数据，按照 session_id、mid_id、brand、model、operate_system、version_code、channel 字段进行分组聚合，使用聚合函数统计聚合指标，将结果写入汇总表的当日分区。

（2）建表语句。

```
hive (gmall)>
DROP TABLE IF EXISTS dws_traffic_session_page_view_1d;
CREATE EXTERNAL TABLE dws_traffic_session_page_view_1d
(
    `session_id`         STRING COMMENT '会话id',
    `mid_id`             string comment '设备id',
    `brand`              string comment '手机品牌',
    `model`              string comment '手机型号',
    `operate_system`     string comment '操作系统',
    `version_code`       string comment 'App版本号',
    `channel`            string comment '渠道',
    `during_time_1d`     BIGINT COMMENT '最近1日浏览时长',
    `page_count_1d`      BIGINT COMMENT '最近1日浏览页面数'
) COMMENT '流量域会话粒度页面浏览最近1日汇总表'
    PARTITIONED BY (`dt` STRING)
    STORED AS ORC
    LOCATION '/warehouse/gmall/dws/dws_traffic_session_page_view_1d'
    TBLPROPERTIES ('orc.compress' = 'snappy');
```

（3）数据装载。

```
hive (gmall)>
insert overwrite table dws_traffic_session_page_view_1d partition(dt='2023-06-18')
select
    session_id,
    mid_id,
    brand,
    model,
    operate_system,
    version_code,
    channel,
    sum(during_time),
    count(*)
```

```
from dwd_traffic_page_view_inc
where dt='2023-06-18'
group by session_id,mid_id,brand,model,operate_system,version_code,channel;
```

9. 流量域访客页面粒度页面浏览最近 1 日汇总表

（1）思路分析。

将业务过程为页面浏览、粒度限定为访客和页面的派生指标进行合并统计，生成流量域访客页面粒度页面浏览最近 1 日汇总表。数据来源是流量域页面浏览事务事实表 dwd_traffic_page_view_inc。

按照访客、页面粒度对访问时长和访问次数度量进行汇总计算，并使手机型号、手机品牌、操作系统等维度属性产生冗余。

（2）建表语句。

```
hive (gmall)>
DROP TABLE IF EXISTS dws_traffic_page_visitor_page_view_1d;
CREATE EXTERNAL TABLE dws_traffic_page_visitor_page_view_1d
(
    `mid_id`            STRING COMMENT '设备 id',
    `brand`             string comment '手机品牌',
    `model`             string comment '手机型号',
    `operate_system`    string comment '操作系统',
    `page_id`           STRING COMMENT '页面 id',
    `during_time_1d`    BIGINT COMMENT '最近 1 日浏览时长',
    `view_count_1d`     BIGINT COMMENT '最近 1 日访问次数'
) COMMENT '流量域访客页面粒度页面浏览最近 1 日汇总表'
    PARTITIONED BY (`dt` STRING)
    STORED AS ORC
    LOCATION '/warehouse/gmall/dws/dws_traffic_page_visitor_page_view_1d'
    TBLPROPERTIES ('orc.compress' = 'snappy');
```

（3）每日数据装载。

```
hive (gmall)>
insert overwrite table dws_traffic_page_visitor_page_view_1d partition(dt='2023-06-18')
select
    mid_id,
    brand,
    model,
    operate_system,
    page_id,
    sum(during_time),
    count(*)
from dwd_traffic_page_view_inc
where dt='2023-06-18'
group by mid_id,brand,model,operate_system,page_id;
```

10. 数据装载脚本

（1）首日数据装载脚本。

在 hadoop102 节点服务器的/home/atguigu/bin 目录下创建脚本 dwd_to_dws_1d_init.sh。

```
[atguigu@hadoop102 bin]$ vim dwd_to_dws_1d_init.sh
```

编写脚本内容（脚本内容过长，此处不再赘述，读者可从本书附赠的资料中获取完整脚本）。

增加脚本执行权限。

```
[atguigu@hadoop102 bin]$ chmod +x dwd_to_dws_1d_init.sh
```

在数据仓库搭建过程中，首日执行脚本，导入数据。

```
[atguigu@hadoop102 bin]$ dwd_to_dws_1d_init.sh all 2023-06-18
```

（2）每日数据装载脚本。

在hadoop102节点服务器的/home/atguigu/bin目录下创建脚本 dwd_to_dws_1d.sh。

```
[atguigu@hadoop102 bin]$ vim dwd_to_dws_1d.sh
```

编写脚本内容（脚本内容过长，此处不再赘述，读者可从本书附赠的资料中获取完整脚本）。

增加脚本执行权限。

```
[atguigu@hadoop102 bin]$ chmod +x dwd_to_dws_1d.sh
```

需要注意的是，因为此时数据仓库中还没有采集2023-06-19的数据，所以先不要执行此处的命令。

```
[atguigu@hadoop102 bin]$ dwd_to_dws_1d.sh all 2023-06-19
```

6.7.2 最近 n 日汇总表

本节主要统计所有 DWS 层中日期限定为最近 n 日的数据。在数据仓库的实际开发中，最近一周（7日）和最近一个月（30日）的汇总统计通常是被重点关注的。所以本节构建的最近 n 日汇总表主要是对最近 1 日汇总表进一步汇总，获取最近 7 日和最近 30 日的汇总指标。

1. 交易域用户商品粒度下单最近 n 日汇总表

（1）思路分析。

将业务过程为下单、粒度限定为用户和商品的派生指标进行合并统计，构建交易域用户商品粒度下单最近 n 日汇总表。

日期限定为最近 n 日的汇总表，通过对最近 1 日的汇总表做进一步计算获得复用计算结果，以减少重复计算。基于以上论述，构建交易域用户商品粒度下单最近 n 日汇总表的数据来源是交易域用户商品粒度下单最近 1 日汇总表 dws_trade_user_sku_order_1d。

筛选 dws_trade_user_sku_order_1d 表的数据，日期限定条件是最近 30 日。按照 user_id、sku_id，以及其他维度字段分组聚合，使用 sum 函数统计最近 30 日的汇总指标，使用 sum(if()) 组合统计最近 7 日的汇总指标，将结果写入当日分区。

（2）建表语句。

```
hive (gmall)>
DROP TABLE IF EXISTS dws_trade_user_sku_order_nd;
CREATE EXTERNAL TABLE dws_trade_user_sku_order_nd
(
    `user_id`                      STRING COMMENT '用户id',
    `sku_id`                       STRING COMMENT '商品id',
    `sku_name`                     STRING COMMENT '商品名称',
    `category1_id`                 STRING COMMENT '一级品类id',
    `category1_name`               STRING COMMENT '一级品类名称',
    `category2_id`                 STRING COMMENT '二级品类id',
    `category2_name`               STRING COMMENT '二级品类名称',
    `category3_id`                 STRING COMMENT '三级品类id',
    `category3_name`               STRING COMMENT '三级品类名称',
    `tm_id`                        STRING COMMENT '品牌id',
    `tm_name`                      STRING COMMENT '品牌名称',
    `order_count_7d`               STRING COMMENT '最近7日下单次数',
    `order_num_7d`                 BIGINT COMMENT '最近7日下单件数',
    `order_original_amount_7d`     DECIMAL(16, 2) COMMENT '最近7日下单原始金额',
    `activity_reduce_amount_7d`    DECIMAL(16, 2) COMMENT '最近7日活动优惠金额',
    `coupon_reduce_amount_7d`      DECIMAL(16, 2) COMMENT '最近7日优惠券优惠金额',
```

```
    `order_total_amount_7d`          DECIMAL(16, 2) COMMENT '最近 7 日下单最终金额',
    `order_count_30d`                BIGINT COMMENT '最近 30 日下单次数',
    `order_num_30d`                  BIGINT COMMENT '最近 30 日下单件数',
    `order_original_amount_30d`      DECIMAL(16, 2) COMMENT '最近 30 日下单原始金额',
    `activity_reduce_amount_30d`     DECIMAL(16, 2) COMMENT '最近 30 日活动优惠金额',
    `coupon_reduce_amount_30d`       DECIMAL(16, 2) COMMENT '最近 30 日优惠券优惠金额',
    `order_total_amount_30d`         DECIMAL(16, 2) COMMENT '最近 30 日下单最终金额'
) COMMENT '交易域用户商品粒度下单最近 n 日汇总表'
    PARTITIONED BY (`dt` STRING)
    STORED AS ORC
    LOCATION '/warehouse/gmall/dws/dws_trade_user_sku_order_nd'
    TBLPROPERTIES ('orc.compress' = 'snappy');
```

（3）数据装载。

```
hive (gmall)>
insert overwrite table dws_trade_user_sku_order_nd partition(dt='2023-06-18')
select
    user_id,
    sku_id,
    sku_name,
    category1_id,
    category1_name,
    category2_id,
    category2_name,
    category3_id,
    category3_name,
    tm_id,
    tm_name,
    sum(if(dt>=date_add('2023-06-18',-6),order_count_1d,0)),
    sum(if(dt>=date_add('2023-06-18',-6),order_num_1d,0)),
    sum(if(dt>=date_add('2023-06-18',-6),order_original_amount_1d,0)),
    sum(if(dt>=date_add('2023-06-18',-6),activity_reduce_amount_1d,0)),
    sum(if(dt>=date_add('2023-06-18',-6),coupon_reduce_amount_1d,0)),
    sum(if(dt>=date_add('2023-06-18',-6),order_total_amount_1d,0)),
    sum(order_count_1d),
    sum(order_num_1d),
    sum(order_original_amount_1d),
    sum(activity_reduce_amount_1d),
    sum(coupon_reduce_amount_1d),
    sum(order_total_amount_1d)
from dws_trade_user_sku_order_1d
where dt>=date_add('2023-06-18',-29)
group                                                                        by
user_id,sku_id,sku_name,category1_id,category1_name,category2_id,category2_name,category
3_id,category3_name,tm_id,tm_name;
```

2. 交易域省份粒度下单最近 n 日汇总表

（1）思路分析。

将业务过程为下单、粒度限定为省份的派生指标进行合并统计，构建交易域省份粒度下单最近 n 日汇总表，数据来源是交易域省份粒度下单最近 1 日汇总表 dws_trade_province_order_1d。

筛选 dws_trade_province_order_1d 表的数据，日期限定条件是最近 30 日。按照维度字段分组聚合，使用 sum 函数统计最近 30 日的汇总指标，使用 sum(if()) 组合统计最近 7 日的汇总指标，将结果写入当日分区。

（2）建表语句。

```
hive (gmall)>
DROP TABLE IF EXISTS dws_trade_province_order_nd;
CREATE EXTERNAL TABLE dws_trade_province_order_nd
(
    `province_id`                STRING COMMENT '省份id',
    `province_name`              STRING COMMENT '省份名称',
    `area_code`                  STRING COMMENT '地区编码',
    `iso_code`                   STRING COMMENT '旧版国际标准地区编码',
    `iso_3166_2`                 STRING COMMENT '新版国际标准地区编码',
    `order_count_7d`             BIGINT COMMENT '最近7日下单次数',
    `order_original_amount_7d`   DECIMAL(16, 2) COMMENT '最近7日下单原始金额',
    `activity_reduce_amount_7d`  DECIMAL(16, 2) COMMENT '最近7日下单活动优惠金额',
    `coupon_reduce_amount_7d`    DECIMAL(16, 2) COMMENT '最近7日下单优惠券优惠金额',
    `order_total_amount_7d`      DECIMAL(16, 2) COMMENT '最近7日下单最终金额',
    `order_count_30d`            BIGINT COMMENT '最近30日下单次数',
    `order_original_amount_30d`  DECIMAL(16, 2) COMMENT '最近30日下单原始金额',
    `activity_reduce_amount_30d` DECIMAL(16, 2) COMMENT '最近30日下单活动优惠金额',
    `coupon_reduce_amount_30d`   DECIMAL(16, 2) COMMENT '最近30日下单优惠券优惠金额',
    `order_total_amount_30d`     DECIMAL(16, 2) COMMENT '最近30日下单最终金额'
) COMMENT '交易域省份粒度下单最近n日汇总表'
    PARTITIONED BY (`dt` STRING)
    STORED AS ORC
    LOCATION '/warehouse/gmall/dws/dws_trade_province_order_nd'
    TBLPROPERTIES ('orc.compress' = 'snappy');
```

（3）数据装载。

```
hive (gmall)>
insert overwrite table dws_trade_province_order_nd partition(dt='2023-06-18')
select
    province_id,
    province_name,
    area_code,
    iso_code,
    iso_3166_2,
    sum(if(dt>=date_add('2023-06-18',-6),order_count_1d,0)),
    sum(if(dt>=date_add('2023-06-18',-6),order_original_amount_1d,0)),
    sum(if(dt>=date_add('2023-06-18',-6),activity_reduce_amount_1d,0)),
    sum(if(dt>=date_add('2023-06-18',-6),coupon_reduce_amount_1d,0)),
    sum(if(dt>=date_add('2023-06-18',-6),order_total_amount_1d,0)),
    sum(order_count_1d),
    sum(order_original_amount_1d),
    sum(activity_reduce_amount_1d),
    sum(coupon_reduce_amount_1d),
    sum(order_total_amount_1d)
from dws_trade_province_order_1d
where dt>=date_add('2023-06-18',-29)
and dt<='2023-06-18'
```

```
group by province_id,province_name,area_code,iso_code,iso_3166_2;
```

3．数据装载脚本

（1）在 hadoop102 节点服务器的/home/atguigu/bin 目录下创建脚本 dws_1d_to_dws_nd.sh。

```
[atguigu@hadoop102 bin]$ vim dws_1d_to_dws_nd.sh
```

（2）编写脚本内容（脚本内容过长，此处不再赘述，读者可从本书附赠的资料中获取完整脚本）。

（3）增加脚本执行权限。

```
[atguigu@hadoop102 bin]$ chmod +x dws_1d_to_dws_nd.sh
```

（4）在数据仓库搭建过程中，每日调用脚本。

```
[atguigu@hadoop102 bin]$ dws_1d_to_dws_nd.sh all 2023-06-18
```

6.7.3　历史至今汇总表

本节主要统计所有 DWS 层中日期限定为历史至今的数据。

1．交易域用户粒度下单历史至今汇总表

（1）思路分析。

交易域用户粒度下单历史至今汇总表主要保存的是用户的首末次下单日期，以及下单金额等度量的汇总值，数据来源是交易域用户粒度下单最近 1 日汇总表 dws_trade_user_order_1d。

在首日装载数据时，读取 dws_trade_user_order_1d 表的数据，按照用户粒度将需要的度量进行汇总，写入首日分区。

在每日装载数据时，需要将当日的交易域用户粒度下单最近 1 日汇总表与前一日的交易域用户粒度下单历史至今汇总表进行整合。过程如下。

①查询交易域用户粒度下单历史至今汇总表昨日分区的数据，结果作为子查询 old。

②查询交易域用户粒度下单最近 1 日汇总表当日分区的数据，结果作为子查询 new。

③子查询 old 和 new 中的数据都需要保留，子查询 old 与 new 进行关联应该选用 full outer join，如图 6-50 所示。

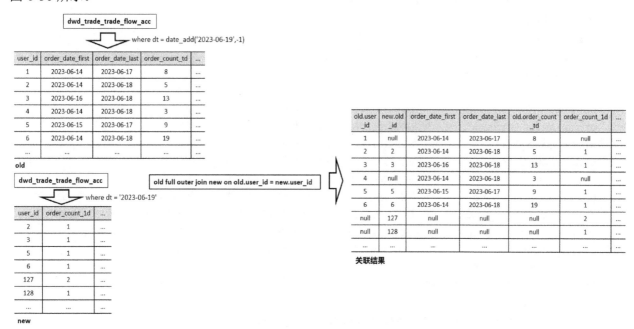

图 6-50　子查询 old 与 new 的关联过程

④对关联结果的字段处理过程如图 6-51 所示。

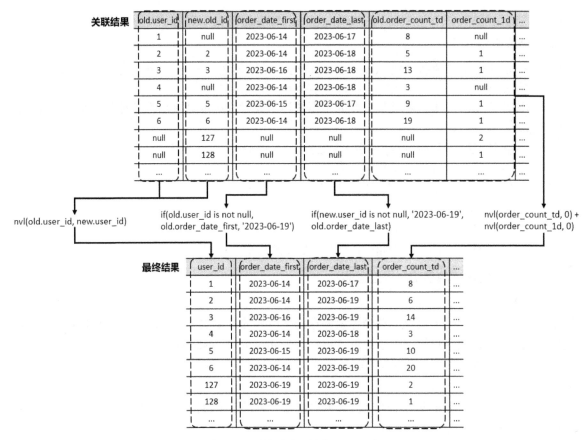

图 6-51　对关联结果的字段处理过程

⑤将关联后的结果写入当日分区。

当子查询 old 和 new 的数据都需要保留时，除了使用 full outer join，还可以使用 union all 实现，感兴趣的读者可以参照 6.6.5 节中的数据装载思路进行尝试。

（2）建表语句。

```
hive (gmall)>
DROP TABLE IF EXISTS dws_trade_user_order_td;
CREATE EXTERNAL TABLE dws_trade_user_order_td
(
    `user_id`                    STRING COMMENT '用户id',
    `order_date_first`           STRING COMMENT '历史至今首次下单日期',
    `order_date_last`            STRING COMMENT '历史至今末次下单日期',
    `order_count_td`             BIGINT COMMENT '历史至今下单次数',
    `order_num_td`               BIGINT COMMENT '历史至今购买商品件数',
    `original_amount_td`         DECIMAL(16, 2) COMMENT '历史至今下单原始金额',
    `activity_reduce_amount_td`  DECIMAL(16, 2) COMMENT '历史至今下单活动优惠金额',
    `coupon_reduce_amount_td`    DECIMAL(16, 2) COMMENT '历史至今下单优惠券优惠金额',
    `total_amount_td`            DECIMAL(16, 2) COMMENT '历史至今下单最终金额'
) COMMENT '交易域用户粒度下单历史至今汇总表'
    PARTITIONED BY (`dt` STRING)
    STORED AS ORC
    LOCATION '/warehouse/gmall/dws/dws_trade_user_order_td'
    TBLPROPERTIES ('orc.compress' = 'snappy');
```

（3）首日数据装载。

```
hive (gmall)>
```

```
insert overwrite table dws_trade_user_order_td partition(dt='2023-06-18')
select
    user_id,
    min(dt) order_date_first,
    max(dt) order_date_last,
    sum(order_count_1d) order_count,
    sum(order_num_1d) order_num,
    sum(order_original_amount_1d) original_amount,
    sum(activity_reduce_amount_1d) activity_reduce_amount,
    sum(coupon_reduce_amount_1d) coupon_reduce_amount,
    sum(order_total_amount_1d) total_amount
from dws_trade_user_order_1d
group by user_id;
```

（4）每日数据装载。

```
hive (gmall)>
insert overwrite table dws_trade_user_order_td partition (dt = '2023-06-19')
select nvl(old.user_id, new.user_id),
    if(old.user_id is not null, old.order_date_first, '2023-06-19'),
    if(new.user_id is not null, '2023-06-19', old.order_date_last),
    nvl(old.order_count_td, 0) + nvl(new.order_count_1d, 0),
    nvl(old.order_num_td, 0) + nvl(new.order_num_1d, 0),
    nvl(old.original_amount_td, 0) + nvl(new.order_original_amount_1d, 0),
    nvl(old.activity_reduce_amount_td, 0) + nvl(new.activity_reduce_amount_1d, 0),
    nvl(old.coupon_reduce_amount_td, 0) + nvl(new.coupon_reduce_amount_1d, 0),
    nvl(old.total_amount_td, 0) + nvl(new.order_total_amount_1d, 0)
from (
        select user_id,
            order_date_first,
            order_date_last,
            order_count_td,
            order_num_td,
            original_amount_td,
            activity_reduce_amount_td,
            coupon_reduce_amount_td,
            total_amount_td
        from dws_trade_user_order_td
        where dt = date_add('2023-06-19', -1)
    ) old
        full outer join
    (
        select user_id,
            order_count_1d,
            order_num_1d,
            order_original_amount_1d,
            activity_reduce_amount_1d,
            coupon_reduce_amount_1d,
            order_total_amount_1d
        from dws_trade_user_order_1d
        where dt = '2023-06-19'
    ) new
    on old.user_id = new.user_id;
```

2. 用户域用户粒度登录历史至今汇总表

（1）思路分析。

用户域用户粒度登录历史至今汇总表主要统计的是用户的首末次登录日期及累计登录次数，数据来源是用户域用户登录事务事实表 dwd_user_register_inc 和用户维度表 dim_user_zip。

用户域用户登录事务事实表在数据仓库上线首日开始构建，数据的主要来源是用户行为日志，并不能包含所有用户的全部历史登录信息。此外，用户注册成功后会自动登录，所以用户的注册日期即首次登录日期。基于上述原因，我们将用户维度表的 create_time 字段作为用户的首次登录日期。数据装载过程如下。

① 首日数据装载。

筛选 dim_user_zip 表的 9999-12-31 分区，获取全量最新的用户信息，保留 user_id、create_time 字段，结果作为子查询 u。

筛选 dwd_user_register_inc 表，按照 user_id 字段聚合，统计用户登录次数（count 函数）、末次登录日期（max 函数），结果作为子查询 l。

子查询 u 中用户数据最全，将其作为关联主表，与子查询 l 进行 left join，关联过程如图 6-52 所示。

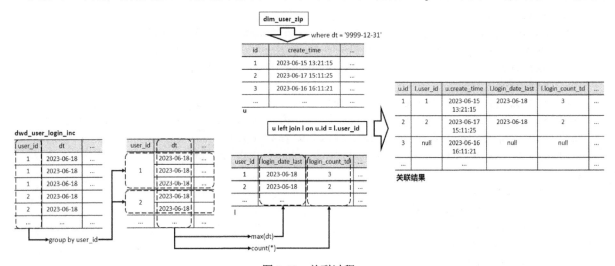

图 6-52　关联过程

对关联结果进行处理，各汇总指标的获取逻辑如图 6-53 所示。

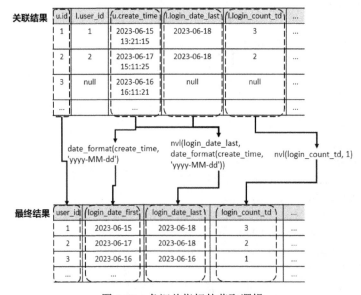

图 6-53　各汇总指标的获取逻辑

将最终结果写入首日分区。

②每日数据装载。

每日数据装载时，不需要再从 dim_user_zip 查询取数，只需要将用户域用户粒度登录历史至今汇总表的昨日分区数据与 dwd_user_register_inc 的当日分区数据进行整合即可。思路与交易域用户粒度下单历史至今汇总表的每日数据装载思路相似，此处不再赘述。

（2）建表语句。

```
hive (gmall)>
DROP TABLE IF EXISTS dws_user_user_login_td;
CREATE EXTERNAL TABLE dws_user_user_login_td
(
    `user_id`            STRING COMMENT '用户id',
    `login_date_last`    STRING COMMENT '历史至今末次登录日期',
    `login_date_first`   STRING COMMENT '历史至今首次登录日期',
    `login_count_td`     BIGINT COMMENT '历史至今累计登录次数'
) COMMENT '用户域用户粒度登录历史至今汇总表'
    PARTITIONED BY (`dt` STRING)
    STORED AS ORC
    LOCATION '/warehouse/gmall/dws/dws_user_user_login_td'
    TBLPROPERTIES ('orc.compress' = 'snappy');
```

（3）首日数据装载。

```
hive (gmall)>
insert overwrite table dws_user_user_login_td partition (dt = '2023-06-18')
select u.id                                                      user_id,
    nvl(login_date_last, date_format(create_time, 'yyyy-MM-dd')) login_date_last,
    date_format(create_time, 'yyyy-MM-dd')                       login_date_first,
    nvl(login_count_td, 1)                                       login_count_td
from (
    select id,
          create_time
    from dim_user_zip
    where dt = '9999-12-31'
) u
    left join
(
    select user_id,
          max(dt)  login_date_last,
          count(*) login_count_td
    from dwd_user_login_inc
    group by user_id
) l
    on u.id = l.user_id;
```

（4）每日数据装载。

```
hive (gmall)>
insert overwrite table dws_user_user_login_td partition (dt = '2023-06-19')
select nvl(old.user_id, new.user_id)                             user_id,
    if(new.user_id is null, old.login_date_last, '2023-06-19')   login_date_last,
    if(old.login_date_first is null, '2023-06-19', old.login_date_first) login_date_
first,
```

```
        nvl(old.login_count_td, 0) + nvl(new.login_count_1d, 0)                    login_count_td
from (
    select user_id,
          login_date_last,
          login_date_first,
          login_count_td
    from dws_user_user_login_td
    where dt = date_add('2023-06-19', -1)
) old
    full outer join
(
    select user_id,
          count(*) login_count_1d
    from dwd_user_login_inc
    where dt = '2023-06-19'
    group by user_id
) new
on old.user_id = new.user_id;
```

3. 数据装载脚本

（1）首日数据装载脚本。

在 hadoop102 节点服务器的/home/atguigu/bin 目录下创建脚本 dws_1d_to_dws_td_init.sh。

```
[atguigu@hadoop102 bin]$ vim dws_1d_to_dws_td_init.sh
```

编写脚本内容（脚本内容过长，此处不再赘述，读者可从本书附赠的资料中获取完整脚本）。

增加脚本执行权限。

```
[atguigu@hadoop102 bin]$ chmod +x dws_1d_to_dws_td_init.sh
```

在数据仓库搭建过程中，首日调用脚本。

```
[atguigu@hadoop102 bin]$ dws_1d_to_dws_td_init.sh all 2023-06-18
```

（2）每日数据装载脚本。

在 hadoop102 节点服务器的/home/atguigu/bin 目录下创建脚本 dws_1d_to_dws_td.sh。

```
[atguigu@hadoop102 bin]$ vim dws_1d_to_dws_td.sh
```

编写脚本内容（脚本内容过长，此处不再赘述，读者可从本书附赠的资料中获取完整脚本）。

增加脚本执行权限。

```
[atguigu@hadoop102 bin]$ chmod +x dws_1d_to_dws_td.sh
```

在数据仓库搭建过程中，每日调用脚本。

```
[atguigu@hadoop102 bin]$ dws_1d_to_dws_td.sh all 2023-06-19
```

6.8 数据仓库搭建——ADS 层

前面已完成 ODS、DIM、DWD、DWS 层数据仓库的搭建，本节主要实现具体需求。

6.8.1 流量主题指标

1. 各渠道流量统计指标

（1）指标分析。

粒度限定为渠道的 5 个统计指标可以合并分析，如表 6-20 所示，统一从 DWS 层流量域会话粒度页面浏览最近 1 日汇总表中获取，表中给出了获取各指标的关键说明。

表 6-20　各渠道流量统计指标

日 期 限 定	粒 度 限 定	指　标	关 键 说 明
最近 1/7/30 日	渠道	访客数	count(distinct(mid_id))
最近 1/7/30 日	渠道	会话平均停留时长	avg(during_time_1d)
最近 1/7/30 日	渠道	会话平均浏览页面数	avg(page_count_1d)
最近 1/7/30 日	渠道	会话总数	count(*)
最近 1/7/30 日	渠道	跳出率	sum(if(page_count_1d=1,1,0))/count(*)

（2）思路分析。

数据来源是 DWS 层流量域会话粒度页面浏览最近 1 日汇总表 dws_traffic_session_page_view_1d。

ADS 层的指标分析结果表的数据量很小，不需要分区，只需要通过 dt 字段区分统计日期即可。

每日数据装载的过程中，将历史数据与当日结果数据进行 union，得到最新结果。由于 union 会对重复结果去重，可以保证数据幂等性。

我们将统计周期为最近 1/7/30 日的指标放到了同一张表中。常见的实现思路是用三个子查询分别获取最近 1/7/30 日的指标数据，最后将结果 union 起来。但是，这样的话相同的查询语句需要编写三次，会使查询语句略显冗长。所以我们决定使用 lateral view 与 explode 语法结合的方式精简查询语句。

具体思路是，运用 lateral view 语法结合 explode(array(1,7,30))将数据膨胀为三倍，补充 recent_days 字段，用于标识这三份数据，区分统计周期。最后在 where 子句中通过 date_add 函数针对不同的 recent_days 过滤相应时间范围的数据。

在通过表 6-20 提供的关键说明获取到各统计指标后，需要对统计结果进一步处理，如下所示。

- uv_count：访客数，将统计结果的数据类型转为 bigint。
- avg_duration_sec：会话平均停留时长，将结果除以 1000，由毫秒数转化为秒数，并将数据类型转为 bigint。
- avg_page_count：会话平均浏览页面数，将统计结果的数据类型转为 bigint。
- sv_count：会话总数，将统计结果的数据类型转为 bigint。
- bounce_rate：跳出率，将统计结果的数据类型转为 decimal(16, 2)。

（3）建表语句。

```
hive (gmall)>
DROP TABLE IF EXISTS ads_traffic_stats_by_channel;
CREATE EXTERNAL TABLE ads_traffic_stats_by_channel
(
    `dt`                 STRING COMMENT '统计日期',
    `recent_days`        BIGINT COMMENT '最近n日，1表示最近1日，7表示最近7日，30表示最近30日',
    `channel`            STRING COMMENT '渠道',
    `uv_count`           BIGINT COMMENT '访客数',
    `avg_duration_sec`   BIGINT COMMENT '会话平均停留时长，单位为秒',
    `avg_page_count`     BIGINT COMMENT '会话平均浏览页面数',
    `sv_count`           BIGINT COMMENT '会话总数',
    `bounce_rate`        DECIMAL(16,2) COMMENT '跳出率'
) COMMENT '各渠道流量统计指标'
    ROW FORMAT DELIMITED FIELDS TERMINATED BY '\t'
    LOCATION '/warehouse/gmall/ads/ads_traffic_stats_by_channel/';
```

（4）数据装载。

```
hive (gmall)>
insert overwrite table ads_traffic_stats_by_channel
select * from ads_traffic_stats_by_channel
union
```

```
select
    '2023-06-18' dt,
    recent_days,
    channel,
    cast(count(distinct(mid_id)) as bigint) uv_count,
    cast(avg(during_time_1d)/1000 as bigint) avg_duration_sec,
    cast(avg(page_count_1d) as bigint) avg_page_count,
    cast(count(*) as bigint) sv_count,
    cast(sum(if(page_count_1d=1,1,0))/count(*) as decimal(16,2)) bounce_rate
from dws_traffic_session_page_view_1d lateral view explode(array(1,7,30)) tmp as recent_days
where dt>=date_add('2023-06-18',-recent_days+1)
group by recent_days,channel;
```

2. 用户访问路径分析

（1）指标分析。

用户访问路径分析，顾名思义，就是指对用户在 App 或网站中的访问路径进行分析。为了衡量网站优化的效果或营销推广的效果，以及了解用户行为偏好，时常要对用户访问路径进行分析。

用户访问路径的可视化通常使用桑基图。桑基图是一种可以展示数据流向关系的可视化图表。数据从左边流向右边，项目条的宽度代表了数据流量的大小。桑基图可真实还原用户的访问路径，包括页面跳转和页面访问次序，如图 6-54 所示。从图 6-54 中可以看出，用户从主页面（home）跳转到了搜索页面（search）、用户信息页面（mine）、商品列表页面（good_list）等，桑基图可体现出不同跳转的占比大小。

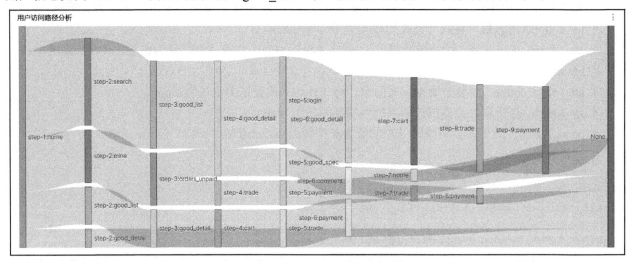

图 6-54　用户访问路径分析桑基图

桑基图需要用户提供每种页面跳转的次数，每个跳转由 source/target 表示，source 表示跳转起始页面，target 表示跳转目标页面，其中，source 不能为空。

（2）思路分析。

用户对页面的访问记录都存储在表 dwd_traffic_page_view_inc 中，所以本需求主要针对表 dwd_traffic_page_view_inc 进行分析。

用户访问路径分析的关键是梳理出用户在同一个会话中访问的全部页面，按照访问页面的时间戳对同一个会话中的页面访问数据进行排序，即可得到用户在同一个会话中访问页面的完整路径。为避免出现访问路径成环的情况，我们将每个页面 id 与所在的会话位置进行拼接。

具体流程如下所示。

第一步：获取子查询 t1。

查询表 dwd_traffic_page_view_inc，使用开窗函数，按照 session_id 分区、view_time 排序。调用 lead

函数，获取同分区内的下一行数据的 page_id，记为 next_page_id 字段。调用 row_number 函数，获取同分区内页面的访问顺序，记为 rn 字段。查询结果为子查询 t1，如图 6-55 所示。

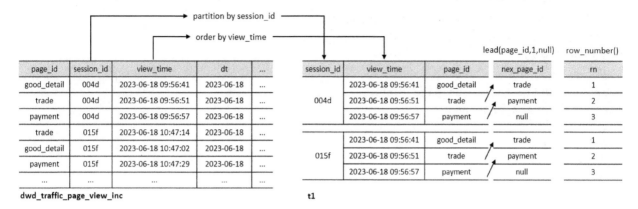

图 6-55　获取子查询 t1 的过程

第二步：获取子查询 t2。

将子查询 t1 的 page_id 和 rn 字段进行拼接，获得 source 字段，将 next_page_id 字段与 rn+1 进行拼接，获得 target 字段。查询结果为子查询 t2，如图 6-56 所示。

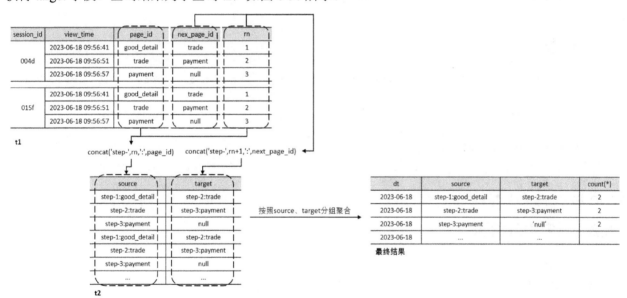

图 6-56　获取子查询 t2 的过程

第三步：获取最终结果。

将子查询 t2 按照 source 和 target 字段进行分组聚合，使用 count 函数统计每种页面组合的跳转次数。

需要注意，当 source 为会话末页时，target 为 null。ADS 层表的数据最终要导入 MySQL 的报表中，我们会以 source 和 target 唯一标识报表的一条数据，将其作为联合主键,而 MySQL 中主键字段不可为 null，所以要对 target 做处理，当其为 null 时转换为字符串'null'。

（3）建表语句。

```
hive (gmall)>
DROP TABLE IF EXISTS ads_page_path;
CREATE EXTERNAL TABLE ads_page_path
(
    `dt`           STRING COMMENT '统计日期',
    `source`       STRING COMMENT '跳转起始页面 id',
```

```
  `target`      STRING COMMENT '跳转目标页面id',
  `path_count`  BIGINT COMMENT '跳转次数'
) COMMENT '用户访问路径分析'
  ROW FORMAT DELIMITED FIELDS TERMINATED BY '\t'
  LOCATION '/warehouse/gmall/ads/ads_page_path/';
```

（4）数据装载。

```
hive (gmall)>
insert overwrite table ads_page_path
select * from ads_page_path
union
select
   '2023-06-18' dt,
   source,
   nvl(target,'null'),
   count(*) path_count
from
(
   select
      concat('step-',rn,':',page_id) source,
      concat('step-',rn+1,':',next_page_id) target
   from
   (
      select
         page_id,
         lead(page_id,1,null)  over(partition  by  session_id  order  by  view_time)
next_page_id,
         row_number() over (partition by session_id order by view_time) rn
      from dwd_traffic_page_view_inc
      where dt='2023-06-18'
   )t1
)t2
group by source,target;
```

6.8.2　用户主题指标

1．用户变动统计指标

（1）指标分析。

用户变动统计指标包含两个，分别为流失用户数和回流用户数。流失用户是指之前活跃过，但是最近一段时间（本数据仓库项目设定为 7 日）未活跃的用户。回流用户是指曾经活跃过、一段时间未活跃（流失），但是今日又活跃的用户。表 6-21 所示为最近 1 日用户变动统计指标。

表 6-21　最近 1 日用户变动统计指标

日　期　限　定	指　　标	说　　明
最近 1 日	流失用户数	上次登录日期为 7 日前（login_date_last=date_add('2023-06-18',-7)）
最近 1 日	回流用户数	今日活跃且上次活跃日期为 7 日前（login_date_last-login_date_previous>=8）

（2）思路分析。

通过用户域用户粒度登录历史至今汇总表 dws_user_user_login_td 获取用户变动统计指标。

第一步：获取子查询 t1。

查询表 dws_user_user_login_td，筛选当日分区的数据，从中筛选 login_date_last 为当日的数据，即为当日登录过的数据。查询结果为子查询 t1。

第二步：获取子查询 t2。

查询表 dws_user_user_login_td，筛选昨日分区的数据，保留字段 user_id、login_date_last 起别名为 login_date_previous。查询结果作为子查询 t2。

第三步：t1 与 t2 进行关联。

我们只需要关注子查询 t1 和 t2 的交集，因此将 t1 和 t2 直接 join。筛选关联结果，使用 datediff 函数计算 login_date_last 和 login_date_previous 的差值，差值大于 8 的，即为回流用户。使用 count 函数统计符合条件的用户数，即为回流用户数。保留字段 dt 和 user_back_count，结果为子查询 back。

第四步：获取子查询 churn。

查询表 dws_user_user_login_td，last_login_date 大于 7 日前日期的，即为流失用户，使用 count 函数统计符合条件的用户数，即为流失用户数。查询结果作为子查询 churn。

第五步：子查询 back 和 churn 进行通过 dt 字段关联，获取最终结果。

（1）建表语句。

```
hive (gmall)>
DROP TABLE IF EXISTS ads_user_change;
CREATE EXTERNAL TABLE ads_user_change
(
    `dt`                STRING COMMENT '统计日期',
    `user_churn_count`  BIGINT COMMENT '流失用户数',
    `user_back_count`   BIGINT COMMENT '回流用户数'
) COMMENT '用户变动统计指标'
    ROW FORMAT DELIMITED FIELDS TERMINATED BY '\t'
    LOCATION '/warehouse/gmall/ads/ads_user_change/';
```

（2）数据装载。

```
hive (gmall)>
insert overwrite table ads_user_change
select * from ads_user_change
union
select
    churn.dt,
    user_churn_count,
    user_back_count
from
(
    select
        '2023-06-18' dt,
        count(*) user_churn_count
    from dws_user_user_login_td
    where dt='2023-06-18'
    and login_date_last=date_add('2023-06-18',-7)
)churn
join
(
    select
        '2023-06-18' dt,
        count(*) user_back_count
    from
    (
        select
            user_id,
```

```
            login_date_last
        from dws_user_user_login_td
        where dt='2023-06-18'
        and login_date_last = '2023-06-18'
    )t1
    join
    (
        select
            user_id,
            login_date_last login_date_previous
        from dws_user_user_login_td
        where dt=date_add('2023-06-18',-1)
    )t2
    on t1.user_id=t2.user_id
    where datediff(login_date_last,login_date_previous)>=8
)back
on churn.dt=back.dt;
```

2. 用户留存率

（1）指标分析。

留存分析一般包含新增留存和活跃留存分析。

新增留存分析是分析某日的新增用户中，有多少人有后续的活跃行为。活跃留存分析是分析某日的活跃用户中，有多少人有后续的活跃行为。

留存分析是衡量产品对用户价值高低的重要环节。用户留存率具体是指留存用户数与新增用户数的比值，例如，2023-06-14 新增 100 个用户，1 日之后（2023-06-15）这 100 个用户中有 80 个用户活跃了，那么 2023-06-14 的 1 日留存用户数则为 80，2023-06-14 的 1 日用户留存率则为 80%。

例如，要求统计每日（2023-06-14—2023-06-20）的 1 至 7 日用户留存率，如图 6-57 所示。

时间	新增用户	1日后	2日后	3日后	4日后	5日后	6日后	7日后
2023-06-14	642	1.09%	0.93%	0.78%	0.47%	0.62%	0.78%	0.47%
2023-06-15	691	1.74%	1.56%	1.3%	0.87%	1.16%	0.67%	
2023-06-16	647	1.55%	1.24%	1.39%	1.24%	1.39%		
2023-06-17	629	2.38%	1.75%	1.59%	1.54%			
2023-06-18	247	1.21%	0.96%	0.45%				
2023-06-19	241	2.49%	1.66%					
2023-06-20	562	1.07%						

图 6-57　统计每日的 1 至 7 日用户留存率

（2）思路分析。

我们无法统计注册日期在当日的 1 至 7 日留存率，因为当日拿不到未来 7 日的登录数据。因此统计时，我们将登录日期限定为当日，统计当日前 1 至 7 日的 1 至 7 日留存率，例如，在 8 日统计 7 日注册用户的 1 日留存、6 日注册用户的 2 日留存、5 日注册用户的 3 日留存，以此类推。

留存率的统计涉及两个业务过程：用户注册和用户登录。我们以用户域用户粒度登录历史至今汇总表 dws_user_user_login_td 中的历史首次登录日期作为用户注册日期。表 dws_user_user_login_td 每日分区中记录的 login_date_last 字段作为用户登录业务过程的参考字段。

第一步，获取子查询 t1。

查询表 dws_user_user_login_td，筛选当日分区、历史首次登录日期 login_date_first 为过去 7 日的数据，如图 6-58 所示。查询结果作为子查询 t1。

user_id	login_date_first	login_date_last	login_count_td	dt
1	2023-06-15	2023-06-18	3	2023-06-18
2	2023-06-15	2023-06-18	2	2023-06-18
3	2023-06-15	2023-06-17	1	2023-06-18
4	2023-06-15	2023-06-16	1	2023-06-18
5	2023-06-16	2023-06-18	4	2023-06-18
6	2023-06-16	2023-06-18	4	2023-06-18
7	2023-06-16	2023-06-17	2	2023-06-18
8	2023-06-16	2023-06-16	1	2023-06-18
9	2023-06-17	2023-06-18	2	2023-06-18
10	2023-06-17	2023-06-18	2	2023-06-18
11	2023-06-17	2023-06-17	1	2023-06-18
...	...	...	...	...

dws_user_user_login_td

user_id	login_date_first	login_date_last
1	2023-06-15	2023-06-18
2	2023-06-15	2023-06-18
3	2023-06-15	2023-06-17
4	2023-06-15	2023-06-16
5	2023-06-16	2023-06-18
6	2023-06-16	2023-06-18
7	2023-06-16	2023-06-17
8	2023-06-16	2023-06-16
9	2023-06-17	2023-06-18
10	2023-06-17	2023-06-18
11	2023-06-17	2023-06-17
...	...	...

t1

```
where
dt = '2023-06-18'
and login_date_first >= date_add('2023-06-18', -7)
and login_date_first < '2023-06-18'
```

图 6-58　获取子查询 t1 的过程

第二步，获取最终结果。

查询子查询 t1，按照 login_date_first 分组，使用 count 函数得到过去 7 日每日的新增用户数。

在按照 login_date_first 分组的基础上，sum 函数与 if 函数组合使用，统计 login_date_last 为当日的登录用户数。

在同一个 login_date_first 分组中，当日登录用户数与新增用户数相除，即可得到留存率。

获取最终结果的过程如图 6-59 所示。

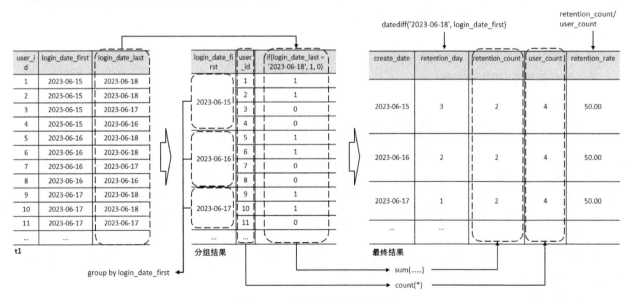

图 6-59　获取最终结果的过程

（3）建表语句。

```
hive (gmall)>
```

```
DROP TABLE IF EXISTS ads_user_retention;
CREATE EXTERNAL TABLE ads_user_retention
(
    `dt`                    STRING COMMENT '统计日期',
    `create_date`           STRING COMMENT '新增用户日期',
    `retention_day`         INT COMMENT '截至当前日期留存天数',
    `retention_count`       BIGINT COMMENT '留存用户数量',
    `new_user_count`        BIGINT COMMENT '新增用户数量',
    `retention_rate`        DECIMAL(16,2) COMMENT '留存率'
) COMMENT '用户留存率'
    ROW FORMAT DELIMITED FIELDS TERMINATED BY '\t'
    LOCATION '/warehouse/gmall/ads/ads_user_retention/';
```

（2）数据装载。

```
hive (gmall)>
insert overwrite table ads_user_retention
select * from ads_user_retention
union
select '2023-06-18' dt,
    login_date_first create_date,
    datediff('2023-06-18', login_date_first) retention_day,
    sum(if(login_date_last = '2023-06-18', 1, 0)) retention_count,
    count(*) new_user_count,
    cast(sum(if(login_date_last = '2023-06-18', 1, 0)) / count(*) * 100 as decimal(16, 2))
retention_rate
from (
        select user_id,
            login_date_last,
            login_date_first
        from dws_user_user_login_td
        where dt = '2023-06-18'
          and login_date_first >= date_add('2023-06-18', -7)
          and login_date_first < '2023-06-18'
    ) t1
group by login_date_first;
```

3. 用户新增/活跃统计指标

（1）指标分析。

最近 1/7/30 日用户新增/活跃统计指标如表 6-22 所示。

表 6-22　最近 1/7/30 日用户新增/活跃统计指标

日 期 限 定	指　标	说　明
最近 1/7/30 日	新增用户数	首次登录日期为最近 n 日的用户，通过 DWS 层用户域用户粒度登录历史至今汇总表获得
最近 1/7/30 日	活跃用户数	末次活跃日期为最近 n 日的用户，通过 DWS 层用户域用户粒度登录历史至今汇总表获得

（2）思路分析。

新增用户数和活跃用户数都可以通过 DWS 层用户域用户粒度登录历史至今汇总表获得。详细思路与各渠道流量统计指标的获取相似，此处不再赘述。

（3）建表语句。

```
hive (gmall)>
DROP TABLE IF EXISTS ads_user_stats;
CREATE EXTERNAL TABLE ads_user_stats
```

```
(
    `dt`                   STRING COMMENT '统计日期',
    `recent_days`          BIGINT COMMENT '最近 n 日, 1 表示最近 1 日, 7 表示最近 7 日, 30 表示最近 30 日',
    `new_user_count`       BIGINT COMMENT '新增用户数',
    `active_user_count`    BIGINT COMMENT '活跃用户数'
) COMMENT '用户新增/活跃统计指标'
    ROW FORMAT DELIMITED FIELDS TERMINATED BY '\t'
    LOCATION '/warehouse/gmall/ads/ads_user_stats/';
```

（4）数据装载。

```
hive (gmall)>
insert overwrite table ads_user_stats
select * from ads_user_stats
union
select '2023-06-18' dt,
       recent_days,
       sum(if(login_date_first >= date_add('2023-06-18', -recent_days + 1), 1, 0))
new_user_count,
       count(*) active_user_count
from dws_user_user_login_td lateral view explode(array(1, 7, 30)) tmp as recent_days
where dt = '2023-06-18'
  and login_date_last >= date_add('2023-06-18', -recent_days + 1)
group by recent_days;
```

4. 用户行为漏斗分析

（1）指标分析。

漏斗分析是一个数据分析模型，它能够科学地反映一个业务过程从起点到终点各阶段的用户转化情况，如图 6-60 所示。由于其能将各阶段的环节都展示出来，因此用户可以清楚地看到是哪个阶段存在问题。

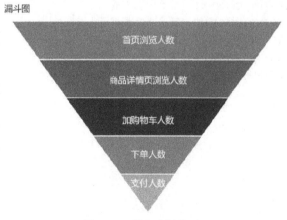

图 6-60　漏斗分析模型

用户行为漏斗分析要求统计一个完整的购物流程中各阶段的人数，如表 6-23 所示。

表 6-23　最近 1/7/30 日用户行为漏斗分析所需指标

日 期 限 定	指　标	说　明
最近 1 日	首页浏览人数	通过 DWS 层流量域访客页面粒度页面浏览最近 1 日汇总表获得
最近 1 日	商品详情页浏览人数	通过 DWS 层流量域访客页面粒度页面浏览最近 1 日汇总表获得
最近 1 日	加购物车人数	通过 DWS 层交易域用户粒度加购物车最近 1 日汇总表获得
最近 1 日	下单人数	通过 DWS 层交易域用户粒度下单最近 1 日汇总表获得
最近 1 日	支付人数	通过 DWS 层交易域用户粒度支付最近 1 日汇总表获得

（2）思路分析。

用户行为漏斗分析由五个派生指标构成，从各自的汇总表查询汇总得到指标结果，整合后即可得到结果，过程如下所示。

①构建子查询 page。

查询表 dws_traffic_page_visitor_page_view_1d，筛选当日分区、page_id 为 home 或 good_detail 的数据，并使用 sum 函数和 if 函数组合，分别统计 page_id 为 home 和 good_detail 的页面浏览人数，即可得到当日首页浏览人数和商品详情页浏览人数，补充 recent_days 字段，赋值为 1，查询结果作为子查询 page。

②构建子查询 cart。

查询表 dws_trade_user_cart_add_1d，筛选当日分区的数据，使用 count 函数统计加购物车人数，补充 recent_days 字段，赋值为 1，查询结果作为子查询 cart。

③构建子查询 ord。

查询表 dws_trade_user_order_1d，筛选当日分区的数据，使用 count 函数统计下单人数，补充 recent_days 字段，赋值为 1，查询结果作为子查询 ord。

④构建子查询 pay。

查询表 dws_trade_user_payment_1d，筛选当日分区的数据，使用 count 函数统计支付人数，补充 recent_days 字段，赋值为 1，查询结果作为子查询 pay。

⑤获取最终结果。

通过 recent_days 字段将上述四个子查询关联起来，整合所有指标值。

（3）建表语句。

```
hive (gmall)>
DROP TABLE IF EXISTS ads_user_action;
CREATE EXTERNAL TABLE ads_user_action
(
    `dt`                  STRING COMMENT '统计日期',
    `home_count`          BIGINT COMMENT '首页浏览人数',
    `good_detail_count`   BIGINT COMMENT '商品详情页浏览人数',
    `cart_count`          BIGINT COMMENT '加购物车人数',
    `order_count`         BIGINT COMMENT '下单人数',
    `payment_count`       BIGINT COMMENT '支付人数'
) COMMENT '用户行为漏斗分析'
    ROW FORMAT DELIMITED FIELDS TERMINATED BY '\t'
    LOCATION '/warehouse/gmall/ads/ads_user_action/';
```

（4）数据装载。

```
hive (gmall)>
insert overwrite table ads_user_action
select * from ads_user_action
union
select
    '2023-06-18' dt,
    home_count,
    good_detail_count,
    cart_count,
    order_count,
    payment_count
from
(
    select
        1 recent_days,
```

```
        sum(if(page_id='home',1,0)) home_count,
        sum(if(page_id='good_detail',1,0)) good_detail_count
    from dws_traffic_page_visitor_page_view_1d
    where dt='2023-06-18'
    and page_id in ('home','good_detail')
)page
join
(
    select
        1 recent_days,
        count(*) cart_count
    from dws_trade_user_cart_add_1d
    where dt='2023-06-18'
)cart
on page.recent_days=cart.recent_days
join
(
    select
        1 recent_days,
        count(*) order_count
    from dws_trade_user_order_1d
    where dt='2023-06-18'
)ord
on page.recent_days=ord.recent_days
join
(
    select
        1 recent_days,
        count(*) payment_count
    from dws_trade_user_payment_1d
    where dt='2023-06-18'
)pay
on page.recent_days=pay.recent_days;
```

5. 新增下单人数

（1）指标分析。

最近 1/7/30 日新增下单人数指标如表 6-24 所示。

表 6-24　最近 1/7/30 日新增下单人数指标

日 期 限 定	指　　标	说　　明
最近 1/7/30 日	新增下单人数	首次下单日期为最近 n 日的用户

（2）思路分析。

新增下单人数可以通过 DWS 层交易域用户粒度下单历史至今汇总表获得。详细思路与各渠道流量统计指标的获取相似，此处不再赘述。

（3）建表语句。

```
hive (gmall)>
DROP TABLE IF EXISTS ads_new_buyer_stats;
CREATE EXTERNAL TABLE ads_new_buyer_stats
(
    `dt`                   STRING COMMENT '统计日期',
    `recent_days`          BIGINT COMMENT '最近n日, 1表示最近1日, 7表示最近7日, 30表示最近30日',
    `new_order_user_count` BIGINT COMMENT '新增下单人数'
```

```
) COMMENT '新增下单人数'
   ROW FORMAT DELIMITED FIELDS TERMINATED BY '\t'
   LOCATION '/warehouse/gmall/ads/ads_new_buyer_stats/';
```

（4）数据装载。

```
hive (gmall)>
insert overwrite table ads_new_order_user_stats
select * from ads_new_order_user_stats
union
select
    '2023-06-18' dt,
    recent_days,
    count(*) new_order_user_count
from dws_trade_user_order_td lateral view explode(array(1,7,30)) tmp as recent_days
where dt='2023-06-18'
and order_date_first>=date_add('2023-06-18',-recent_days+1)
group by recent_days;
```

6. 最近 7 日内连续 3 日下单用户数

（1）思路分析。

最近 7 日内连续 3 日下单用户数的获取难点在于连续下单行为的判定。连续 3 日下单的数据有这样的特点，将数据按照下单日期升序排列，某条数据的下单日期与它后两行的下单日期差值为 2。基于以上分析，获得最近 7 日内连续 3 日下单用户数的具体过程如下所示。

①获取子查询 t1。

查询交易域用户粒度下单最近 1 日汇总表 dws_trade_user_order_1d，筛选分区字段 dt 为最近 7 日的数据，即获得所有用户最近 7 日的下单数据。

使用开窗函数，按照 user_id 分区、dt 升序排列，调用 lead 函数获取每行数据后两行的 dt 值，然后使用 datediff 函数计算后两行的 dt 与当前行 dt 的差值，记为字段 diff。结果作为子查询 t1。获取子查询 t1 的过程如图 6-61 所示。

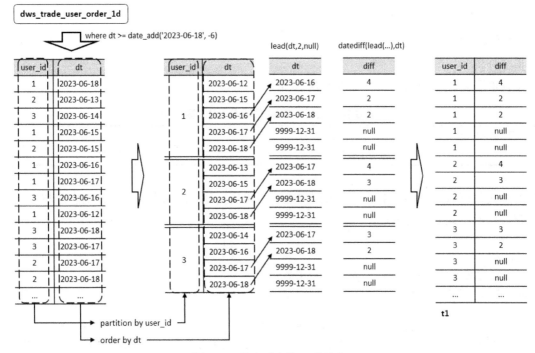

图 6-61　获取子查询 t1 的过程

②获取最终结果。

查询子查询 t1,筛选 diff 字段为 2 的数据,即为最近 7 日内连续 3 日下单的用户,使用 count distinct 统计去重后的用户数,如图 6-62 所示。

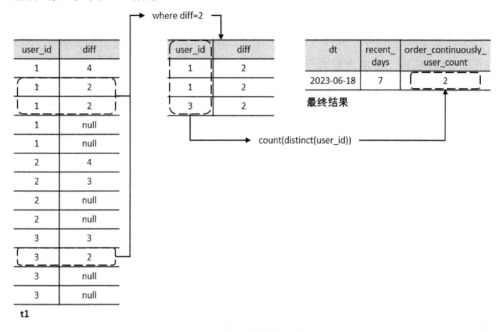

图 6-62　获取最终结果的过程

（2）建表语句。

```
DROP TABLE IF EXISTS ads_order_continuously_user_count;
CREATE EXTERNAL TABLE ads_order_continuously_user_count
(
    `dt`                        STRING COMMENT '统计日期',
    `recent_days`               BIGINT COMMENT '最近 n 日, 7 表示最近 7 日',
    `order_continuously_user_count` BIGINT COMMENT '连续 3 日下单用户数'
) COMMENT '最近 7 日内连续 3 日下单用户数'
    ROW FORMAT DELIMITED FIELDS TERMINATED BY '\t'
    LOCATION '/warehouse/gmall/ads/ads_order_continuously_user_count/';
```

（3）数据装载。

```
insert overwrite table ads_order_continuously_user_count
select * from ads_order_continuously_user_count
union
select
    '2023-06-18',
    7,
    count(distinct(user_id))
from
(
    select
        user_id,
        datediff(lead(dt,2,null) over(partition by user_id order by dt),dt) diff
    from dws_trade_user_order_1d
    where dt>=date_add('2023-06-18',-6)
)t1
where diff=2;
```

6.8.3 商品主题指标

1. 最近 30 日各品牌复购率

（1）指标分析。

最近 30 日各品牌复购率如表 6-25 所示。用户购买各品牌的次数可以通过 DWS 层交易域用户商品粒度下单最近 n 日汇总表获得，下单次数大于 1 的为复购用户。

表 6-25 最近 30 日各品牌复购率

日 期 限 定	粒 度 限 定	指 标	说 明
最近 30 日	品牌	复购率	重复下单人数占总下单人数的比例

（2）思路分析。

查询 DWS 层交易域用户商品粒度下单最近 n 日汇总表 dws_trade_user_sku_order_nd，筛选当日分区的数据，按照 user_id、tm_id、tm_name 字段分组聚合，使用 sum 函数对 order_count_30d 字段求和，统计最近 30 日各用户各品牌的下单次数，结果作为子查询 t1。

继续查询子查询 t1，按照 tm_id、tm_name 字段分组聚合，使用 sum 函数和 if 函数组合，分别统计下单至少 2 次的用户数（品牌复购用户）和下单至少 1 次的用户数（品牌下单人数），将两个值作比，即可得到复购率。

（3）建表语句。

```
hive (gmall)>
DROP TABLE IF EXISTS ads_repeat_purchase_by_tm;
CREATE EXTERNAL TABLE ads_repeat_purchase_by_tm
(
    `dt`                STRING COMMENT '统计日期',
    `recent_days`       BIGINT COMMENT '最近n日，30表示最近30日',
    `tm_id`             STRING COMMENT '品牌id',
    `tm_name`           STRING COMMENT '品牌名称',
    `order_repeat_rate` DECIMAL(16,2) COMMENT '复购率'
) COMMENT '最近30日各品牌复购率'
    ROW FORMAT DELIMITED FIELDS TERMINATED BY '\t'
    LOCATION '/warehouse/gmall/ads/ads_repeat_purchase_by_tm/';
```

（4）数据装载。

```
hive (gmall)>
insert overwrite table ads_repeat_purchase_by_tm
select * from ads_repeat_purchase_by_tm
union
select
    '2023-06-18',
    30,
    tm_id,
    tm_name,
    cast(sum(if(order_count>=2,1,0))/sum(if(order_count>=1,1,0)) as decimal(16,2))
from
(
    select
        user_id,
        tm_id,
        tm_name,
        sum(order_count_30d) order_count
```

```
from dws_trade_user_sku_order_nd
where dt='2023-06-18'
group by user_id, tm_id,tm_name
)t1
group by tm_id,tm_name;
```

2. 各品牌商品下单统计指标

（1）指标分析。

各品牌商品下单统计指标如表 6-26 所示。

表 6-26　最近 1/7/30 日各品牌商品下单统计指标

日 期 限 定	粒 度 限 定	指　标	说　明
最近 1/7/30 日	品牌	下单数	通过 DWS 层交易域用户商品粒度下单最近 1 日和最近 n 日汇总表获得
最近 1/7/30 日	品牌	下单人数	通过 DWS 层交易域用户商品粒度下单最近 1 日和最近 n 日汇总表获得

（2）思路分析。

各品牌商品下单统计指标可以通过 DWS 层交易域用户商品粒度下单最近 1 日和最近 n 日汇总表获得。详细思路与各渠道流量统计指标的获取相似，此处不再赘述。

（3）建表语句。

```
hive (gmall)>
DROP TABLE IF EXISTS ads_trade_stats_by_tm;
CREATE EXTERNAL TABLE ads_trade_stats_by_tm
(
    `dt`                STRING COMMENT '统计日期',
    `recent_days`       BIGINT COMMENT '最近n日，1表示最近1日，7表示最近7日，30表示最近30日',
    `tm_id`             STRING COMMENT '品牌id',
    `tm_name`           STRING COMMENT '品牌名称',
    `order_count`       BIGINT COMMENT '下单数',
    `order_user_count`  BIGINT COMMENT '下单人数'
) COMMENT '各品牌商品下单统计指标'
    ROW FORMAT DELIMITED FIELDS TERMINATED BY '\t'
    LOCATION '/warehouse/gmall/ads/ads_trade_stats_by_tm/';
```

（4）数据装载。

```
hive (gmall)>
insert overwrite table ads_order_stats_by_tm
select * from ads_order_stats_by_tm
union
select
    '2023-06-18' dt,
    recent_days,
    tm_id,
    tm_name,
    order_count,
    order_user_count
from
(
    select
        1 recent_days,
        tm_id,
        tm_name,
        sum(order_count_1d) order_count,
```

```
        count(distinct(user_id)) order_user_count
    from dws_trade_user_sku_order_1d
    where dt='2023-06-18'
    group by tm_id,tm_name
    union all
    select
        recent_days,
        tm_id,
        tm_name,
        sum(order_count),
        count(distinct(if(order_count>0,user_id,null)))
    from
    (
        select
            recent_days,
            user_id,
            tm_id,
            tm_name,
            case recent_days
                when 7 then order_count_7d
                when 30 then order_count_30d
            end order_count
        from dws_trade_user_sku_order_nd lateral view explode(array(7,30)) tmp as recent_days
        where dt='2023-06-18'
    )t1
    group by recent_days,tm_id,tm_name
)odr;
```

3. 各品类商品下单统计指标

（1）指标分析。

最近 1/7/30 日各品类商品下单统计指标如表 6-27 所示。

表 6-27　最近 1/7/30 日各品类商品下单统计指标

日 期 限 定	粒 度 限 定	指　标	说　明
最近 1/7/30 日	品类	下单数	通过 DWS 层交易域用户商品粒度下单最近 1 日和最近 n 日汇总表获得
最近 1/7/30 日	品类	下单人数	通过 DWS 层交易域用户商品粒度下单最近 1 日和最近 n 日汇总表获得

（2）思路分析。

各品类商品下单统计指标可以通过 DWS 层交易域用户商品粒度下单最近 1 日和最近 n 日汇总表获得。详细思路与各渠道流量统计指标的获取相似，此处不再赘述。

（3）建表语句。

```
hive (gmall)>
DROP TABLE IF EXISTS ads_trade_stats_by_cate;
CREATE EXTERNAL TABLE ads_trade_stats_by_cate
(
    `dt`              STRING COMMENT '统计日期',
    `recent_days`     BIGINT COMMENT '最近n日，1表示最近1日，7表示最近7日，30表示最近30日',
    `category1_id`    STRING COMMENT '一级品类id',
    `category1_name`  STRING COMMENT '一级品类名称',
    `category2_id`    STRING COMMENT '二级品类id',
    `category2_name`  STRING COMMENT '二级品类名称',
```

```
    `category3_id`        STRING COMMENT '三级品类id',
    `category3_name`      STRING COMMENT '三级品类名称',
    `order_count`         BIGINT COMMENT '下单数',
    `order_user_count`    BIGINT COMMENT '下单人数'
) COMMENT '各品类商品下单统计指标'
    ROW FORMAT DELIMITED FIELDS TERMINATED BY '\t'
    LOCATION '/warehouse/gmall/ads/ads_trade_stats_by_cate/';
```

（4）数据装载。

```
hive (gmall)>
insert overwrite table ads_order_stats_by_cate
select * from ads_order_stats_by_cate
union
select
    '2023-06-18' dt,
    recent_days,
    category1_id,
    category1_name,
    category2_id,
    category2_name,
    category3_id,
    category3_name,
    order_count,
    order_user_count
from
(
    select
        1 recent_days,
        category1_id,
        category1_name,
        category2_id,
        category2_name,
        category3_id,
        category3_name,
        sum(order_count_1d) order_count,
        count(distinct(user_id)) order_user_count
    from dws_trade_user_sku_order_1d
    where dt='2023-06-18'
    group by category1_id,category1_name,category2_id,category2_name,category3_id,category3_
name
    union all
    select
        recent_days,
        category1_id,
        category1_name,
        category2_id,
        category2_name,
        category3_id,
        category3_name,
        sum(order_count),
        count(distinct(if(order_count>0,user_id,null)))
    from
    (
        select
```

```
        recent_days,
        user_id,
        category1_id,
        category1_name,
        category2_id,
        category2_name,
        category3_id,
        category3_name,
        case recent_days
            when 7 then order_count_7d
            when 30 then order_count_30d
        end order_count
    from dws_trade_user_sku_order_nd lateral view explode(array(7,30)) tmp as recent_days
    where dt='2023-06-18'
  )t1
  group                                                                              by
recent_days,category1_id,category1_name,category2_id,category2_name,category3_id,categor
y3_name
)odr;
```

4．各品类商品购物车存量 Top3 统计

（1）指标分析。

本指标是典型的分组 TopN 类指标，需要通过开窗函数实现，数据来源自 DWD 层交易域购物车周期
快照事实表和商品维度表。

（2）思路分析。

首先通过查询 DWD 层交易域购物车周期快照事实表，按照 sku_id 聚合，使用 sum 函数获取当日各商
品的购物车存量。然后将结果与商品维度表关联，获取商品的三级品类信息。接着继续查询关联结果，使
用开窗函数，按照商品品类字段分区、购物车存量降序排列，调用 rank 函数获取排名。最后获取排名小于
等于 3 的即为结果数据。

（3）建表语句。

```
hive (gmall)>
DROP TABLE IF EXISTS ads_sku_cart_num_top3_by_cate;
CREATE EXTERNAL TABLE ads_sku_cart_num_top3_by_cate
(
    `dt`                STRING COMMENT '统计日期',
    `category1_id`      STRING COMMENT '一级品类id',
    `category1_name`    STRING COMMENT '一级品类名称',
    `category2_id`      STRING COMMENT '二级品类id',
    `category2_name`    STRING COMMENT '二级品类名称',
    `category3_id`      STRING COMMENT '三级品类id',
    `category3_name`    STRING COMMENT '三级品类名称',
    `sku_id`            STRING COMMENT '商品id',
    `sku_name`          STRING COMMENT '商品名称',
    `cart_num`          BIGINT COMMENT '购物车中商品的数量',
    `rk`                BIGINT COMMENT '排名'
) COMMENT '各品类商品购物车存量 Top3 统计'
    ROW FORMAT DELIMITED FIELDS TERMINATED BY '\t'
    LOCATION '/warehouse/gmall/ads/ads_sku_cart_num_top3_by_cate/';
```

（4）数据装载。

```
hive (gmall)>
```

```
-- 当数据中的 Hash 表结构为空时抛出类型转换异常，禁用相应优化即可解决
set hive.mapjoin.optimized.hashtable=false;
insert overwrite table ads_sku_cart_num_top3_by_cate
select * from ads_sku_cart_num_top3_by_cate
union
select
    '2023-06-18' dt,
    category1_id,
    category1_name,
    category2_id,
    category2_name,
    category3_id,
    category3_name,
    sku_id,
    sku_name,
    cart_num,
    rk
from
(
    select
        sku_id,
        sku_name,
        category1_id,
        category1_name,
        category2_id,
        category2_name,
        category3_id,
        category3_name,
        cart_num,
        rank() over (partition by category1_id,category2_id,category3_id order by cart_num
desc) rk
    from
    (
        select
            sku_id,
            sum(sku_num) cart_num
        from dwd_trade_cart_full
        where dt='2023-06-18'
        group by sku_id
    )cart
    left join
    (
        select
            id,
            sku_name,
            category1_id,
            category1_name,
            category2_id,
            category2_name,
            category3_id,
            category3_name
        from dim_sku_full
```

```
    where dt='2023-06-18'
  )sku
  on cart.sku_id=sku.id
)t1
where rk<=3;
-- 优化项不应一直禁用，受影响的 SQL 执行完毕后打开
set hive.mapjoin.optimized.hashtable=true;
```

5. 各品牌商品收藏次数 Top3 统计

（1）指标分析。

各品牌商品收藏次数 Top3 统计指标的获取思路与各品类商品购物车存量 Top3 统计相近，此处不再赘述。

（3）建表语句。

```
DROP TABLE IF EXISTS ads_sku_favor_count_top3_by_tm;
CREATE EXTERNAL TABLE ads_sku_favor_count_top3_by_tm
(
    `dt`              STRING COMMENT '统计日期',
    `tm_id`           STRING COMMENT '品牌id',
    `tm_name`         STRING COMMENT '品牌名称',
    `sku_id`          STRING COMMENT '商品id',
    `sku_name`        STRING COMMENT 'SKU名称',
    `favor_count`     BIGINT COMMENT '被收藏次数',
    `rk`              BIGINT COMMENT '排名'
) COMMENT '各品牌商品收藏次数 Top3 统计'
    ROW FORMAT DELIMITED FIELDS TERMINATED BY '\t'
    LOCATION '/warehouse/gmall/ads/ads_sku_favor_count_top3_by_tm/';
```

（4）数据装载。

```
insert overwrite table ads_sku_favor_count_top3_by_tm
select * from ads_sku_favor_count_top3_by_tm
union
select
    '2023-06-18' dt,
    tm_id,
    tm_name,
    sku_id,
    sku_name,
    favor_add_count_1d,
    rk
from
(
    select
        tm_id,
        tm_name,
        sku_id,
        sku_name,
        favor_add_count_1d,
        rank() over (partition by tm_id order by favor_add_count_1d desc) rk
    from dws_interaction_sku_favor_add_1d
    where dt='2023-06-18'
)t1
where rk<=3;
```

6.8.4 交易主题指标

1. 下单到支付时间间隔平均值

（1）指标分析。

通过分析用户下单行为到支付行为的时间间隔平均值，可以有效评估用户的购买意图高低、支付方式设置是否足够便捷。

（2）思路分析。

在 DWD 层交易域交易流程累积快照事实表 dwd_trade_trade_flow_acc 中记录了下单、支付和确认收货三个业务过程对应的时间。当日完成支付的记录有两种去向，若已经确认收货，则进入当日分区；若未确认收货，则保存在 9999-12-31 分区。

筛选 dwd_trade_trade_flow_acc 表当日分区和 9999-12-31 分区的数据，统计下单时间 order_time 和支付成功时间 payment_time 的差值平均值，即可得到当日下单到支付时间间隔的平均值。

（3）建表语句。

```
hive (gmall)>
DROP TABLE IF EXISTS ads_order_to_pay_interval_avg;
CREATE EXTERNAL TABLE ads_order_to_pay_interval_avg
(
    `dt`                        STRING COMMENT '统计日期',
    `order_to_pay_interval_avg` BIGINT COMMENT '下单到支付时间间隔平均值,单位为秒'
) COMMENT '下单到支付时间间隔的平均值统计'
    ROW FORMAT DELIMITED FIELDS TERMINATED BY '\t'
    LOCATION '/warehouse/gmall/ads/ads_order_to_pay_interval_avg/';;
```

（4）数据装载。

```
hive (gmall)>
insert overwrite table ads_order_to_pay_interval_avg
select * from ads_order_to_pay_interval_avg
union
select
    '2023-06-18',
    cast(avg(to_unix_timestamp(payment_time)-to_unix_timestamp(order_time)) as bigint)
from dwd_trade_trade_flow_acc
where dt in ('9999-12-31','2023-06-18')
and payment_date_id='2023-06-18';
```

2. 各省份交易统计指标

（1）指标分析。

最近 1/7/30 日各省份交易统计指标如表 6-28 所示。

表 6-28 最近 1/7/30 日各省份交易统计指标

日 期 限 定	粒 度 限 定	指 标
最近 1/7/30 日	省份	订单数
最近 1/7/30 日	省份	订单金额

（2）思路分析。

最近 1 日汇总指标通过 DWS 层交易域省份粒度下单最近 1 日汇总表获得。

最近 n 日汇总指标通过 DWS 层交易域省份粒度下单最近 n 日汇总表获得。

（3）建表语句。

```
hive (gmall)>
```

```
DROP TABLE IF EXISTS ads_order_by_province;
CREATE EXTERNAL TABLE ads_order_by_province
(
    `dt`                    STRING COMMENT '统计日期',
    `recent_days`           BIGINT COMMENT '最近n日，1表示最近1日，7表示最近7日，30表示最近30日',
    `province_id`           STRING COMMENT '省份id',
    `province_name`         STRING COMMENT '省份名称',
    `area_code`             STRING COMMENT '地区编码',
    `iso_code`              STRING COMMENT '旧版ISO-3166-2编码',
    `iso_code_3166_2`       STRING COMMENT '新版ISO-3166-2编码',
    `order_count`           BIGINT COMMENT '订单数',
    `order_total_amount`    DECIMAL(16,2) COMMENT '订单金额'
) COMMENT '各省份交易统计指标'
    ROW FORMAT DELIMITED FIELDS TERMINATED BY '\t'
    LOCATION '/warehouse/gmall/ads/ads_order_by_province/';
```

（4）数据装载。

```
hive (gmall)>
insert overwrite table ads_order_by_province
select * from ads_order_by_province
union
select
    '2023-06-18' dt,
    1 recent_days,
    province_id,
    province_name,
    area_code,
    iso_code,
    iso_3166_2,
    order_count_1d,
    order_total_amount_1d
from dws_trade_province_order_1d
where dt='2023-06-18'
union
select
    '2023-06-18' dt,
    recent_days,
    province_id,
    province_name,
    area_code,
    iso_code,
    iso_3166_2,
    case recent_days
        when 7 then order_count_7d
        when 30 then order_count_30d
    end order_count,
    case recent_days
        when 7 then order_total_amount_7d
        when 30 then order_total_amount_30d
    end order_total_amount
from dws_trade_province_order_nd lateral view explode(array(7,30)) tmp as recent_days
where dt='2023-06-18';
```

248

6.8.5　优惠券主题指标

（1）指标分析。

优惠券主题指标如表 6-29 所示，可以通过 DWS 层工具域用户优惠券粒度优惠券使用（支付）最近 1 日汇总表获得，不涉及复杂的计算逻辑，对思路分析不再赘述。

表 6-29　优惠券主题指标

统 计 周 期	粒 度 限 定	指 标	说 明
最近 1 日	优惠券	使用次数	通过 DWS 层工具域用户优惠券粒度优惠券使用（支付）最近 1 日汇总表获得
最近 1 日	优惠券	使用人数	通过 DWS 层工具域用户优惠券粒度优惠券使用（支付）最近 1 日汇总表获得

（2）建表语句。

```
hive (gmall)>
DROP TABLE IF EXISTS ads_coupon_stats;
CREATE EXTERNAL TABLE ads_coupon_stats
(
    `dt`                    STRING COMMENT '统计日期',
    `coupon_id`             STRING COMMENT '优惠券id',
    `coupon_name`           STRING COMMENT '优惠券名称',
    `used_count`            BIGINT COMMENT '使用次数',
    `used_user_count`       BIGINT COMMENT '使用人数'
) COMMENT '优惠券主题指标'
    ROW FORMAT DELIMITED FIELDS TERMINATED BY '\t'
    LOCATION '/warehouse/gmall/ads/ads_coupon_stats/';
```

（3）数据装载。

```
hive (gmall)>
insert overwrite table ads_coupon_stats
select * from ads_coupon_stats
union
select
    '2023-06-18' dt,
    coupon_id,
    coupon_name,
    cast(sum(used_count_1d) as bigint),
    cast(count(*) as bigint)
from dws_tool_user_coupon_coupon_used_1d
where dt='2023-06-18'
group by coupon_id,coupon_name;
```

6.8.6　ADS 层数据导入脚本

（1）在 hadoop102 节点服务器的/home/atguigu/bin 目录下创建脚本 dws_to_ads.sh。

```
[atguigu@hadoop102 bin]$ vim dws_to_ads.sh
```

编写脚本内容（脚本内容过长，此处不再赘述，读者可从本书附赠的资料中获取完整脚本）。

（2）增加脚本执行权限。

```
[atguigu@hadoop102 bin]$ chmod +x dws_to_ads.sh
```

（3）执行脚本，导入数据。

```
[atguigu@hadoop102 bin]$ dws_to_ads.sh all 2023-06-18
```

6.9　数据模型评估及优化

在数据仓库搭建完成之后，需要对数据仓库的数据模型进行评估，从而根据评估结果对数据模型做出优化，评估主要从以下几个方面展开。

1．完善度

- 汇总数据能直接满足多少查询需求，即数据应用层（ADS 层）访问汇总数据层（DWS 层）能直接得出查询结果的查询占所有指标查询的比例。
- 跨层引用率：直接被中间数据层引用的 ODS 层表占所有 ODS 层表的比例。
- 是否可快速响应使用方的需求。

若数据模型比较好，则使用方可以直接从该模型中获取所有想要的数据，若 DWS 层和 ADS 层直接引用 ODS 层表的比例太大，即跨层引用率太高，则该模型不是最优的，需要继续优化。

2．复用度

- 模型引用系数：模型被读取并产出下游模型的平均数量。
- DWD、DWS 层下游直接产出的表的数量。

3．规范度

- 主题域归属是否明确。
- 脚本及指标是否规范。
- 表、字段等的命名是否规范。

4．稳定性

能否保证日常任务产出时效的稳定性。

5．准确性和一致性

能够保证输出的指标数据质量。

6．健壮性

在业务快速更新迭代的情况下是否会影响底层模型。

7．成本

评估任务运行的时间成本、资源成本、存储成本。

6.10　本章总结

本章内容是整本书的重中之重，相信读者从篇幅上也能看出，建议读者跟随章节内容亲自执行每一步操作，重点掌握数据仓库建模理论。数据仓库建模理论并不是一家之言，为了能够更加高效地处理海量数据，很多大数据领域专家提出了非常完备的数据仓库建模理论。希望读者经过本章的学习，能够对数据仓库建立起更加具象的认识。

第7章

DolphinScheduler 全流程调度

数据仓库的采集模块和核心需求实现模块全部搭建完成后，开发人员将面临一系列严峻的问题：每项工作的完成都需要开发人员手动执行脚本；一个最终需求的实现脚本可能需要顺序调用其他几个脚本，如果其中一个脚本执行失败，则可能导致任务执行失败，开发人员却无法及时得知任务执行失败的报警信息，并无法快速定位问题脚本。这些问题都可以通过一个完善的工作流调度系统得到解决。

数据仓库的整体调度系统，不仅要将数据流转换任务按照先后顺序调度起来，还应遵循相应的调度规范、完善责任人的管理制度、明确任务调度周期和执行时间点、规范任务命名方式、拟定合理的任务优先级、明确任务延迟及报错的处理方式、完善报警机制、制定报警解决值班制度等。规范的管理制度可以使数据仓库的运行更加稳定。

本章将讲解如何使用 DolphinScheduler 实现全流程调度及电子邮件报警。

7.1　DolphinScheduler 概述与安装部署

7.1.1　DolphinScheduler 概述

DolphinScheduler 是一个分布式、易扩展的可视化 DAG 工作流任务调度平台，致力于解决数据处理流程中错综复杂的依赖关系，使调度系统在数据处理流程中开箱即用。

DolphinScheduler 的主要角色有如下几个，如图 7-1 所示。

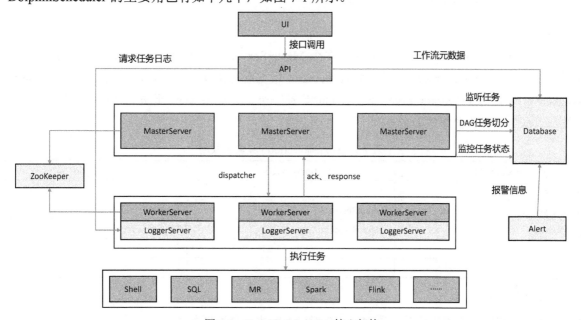

图 7-1　DolphinScheduler 核心架构

- MasterServer：采用分布式无中心设计理念，主要负责 DAG 任务切分、任务提交、任务监控，同时监听其他 MasterServer 和 WorkerServer 的健康状态。
- WorkerServer：采用分布式无中心设计理念，主要负责任务的执行，以及提供日志服务。
- ZooKeeper：系统中的 MasterServer 和 WorkerServer 节点都通过 ZooKeeper 来进行集群管理和容错。
- Alert：提供报警相关服务。
- API：主要负责处理前端 UI 的请求。
- UI：系统的前端页面，提供系统的各种可视化操作页面。

DolphinScheduler 对操作系统版本的要求如表 7-1 所示。

表 7-1　DolphinScheduler 对操作系统版本的要求

操 作 系 统	版　　本
Red Hat Enterprise Linux	7.0 及以上
CentOS	7.0 及以上
Oracle Enterprise Linux	7.0 及以上
Ubuntu LTS	16.04 及以上

DolphinScheduler 对服务器的硬件要求为内存在 8GB 以上，CPU 在 4 核以上，网络带宽在千兆以上。

DolphinScheduler 支持多种部署模式，包括单机模式（Standalone）、伪集群模式（Pseudo-Cluster）、集群模式（Cluster）等。

在单机模式下，所有服务均集中于一个 StandaloneServer 进程中，并且其中内置了注册中心 ZooKeeper 和数据库 H2。只需配置 JDK 环境，即可一键启动 DolphinScheduler，快速体验其功能。

伪集群模式在单台机器上部署 DolphinScheduler 的各项服务，在该模式下，MasterSever、WorkerServer、API、LoggerScrver 等服务都被部署在同一台机器上。ZooKeeper 和数据库需要单独安装并进行相应配置。

集群模式与伪集群模式的区别就是，其在多台机器上部署 DolphinScheduler 的各项服务，并且可以配置多个 MasterSever 及多个 WorkerServer。

7.1.2　DolphinScheduler 安装部署

1．集群规划

DolphinScheduler 在集群模式下，可配置多个 MasterServer 和多个 WorkerServer。在生产环境下，通常配置 2～3 个 MasterServer 和若干个 WorkerServer。根据现有集群资源，此处配置 1 个 MasterServer、3 个 WorkerServer，每个 WorkerServer 下还会同时启动一个 LoggerServer。此外，还需要配置 API 和 Alert 所在的节点服务器，集群规划如表 7-2 所示。

表 7-2　DolphinScheduler 集群规划

hadoop102	hadoop103	hadoop104
MasterServer		
WorkerServer	WorkerServer	WorkerServer
LoggerServer	LoggerServer	LoggerServer
API		
Alert		

2．前期准备工作

（1）3 台节点服务器均需安装部署 JDK 1.8 或以上版本，并配置相关环境变量。

（2）安装部署数据库，DolphinScheduler 支持 MySQL（5.7+）或者 PostgreSQL（8.2.15+），本数据仓库项目使用 MySQL。

（3）安装部署 ZooKeeper 3.4.6 或以上版本。

（4）3 台节点服务器均需安装进程管理工具包 psmisc，命令如下。

```
[atguigu@hadoop102 ~]$ sudo yum install -y psmisc
[atguigu@hadoop103 ~]$ sudo yum install -y psmisc
[atguigu@hadoop104 ~]$ sudo yum install -y psmisc
```

3．解压缩安装包

（1）将 DolphinScheduler 安装包上传到 hadoop102 节点服务器的/opt/software 目录下。

（2）将安装包解压缩到当前目录，供后续使用。解压缩目录并非最终的安装目录。

```
[atguigu@hadoop102 software]$ tar -zxvf apache-dolphinscheduler-2.0.5-bin.tar.gz
```

4．初始化数据库

因为 DolphinScheduler 的元数据需要存储在 MySQL 中，因此需要创建相应的数据库和用户。

（1）创建 dolphinscheduler 数据库。

```
mysql> CREATE DATABASE dolphinscheduler DEFAULT CHARACTER SET utf8 DEFAULT COLLATE
utf8_general_ci;
```

（2）创建 dolphinscheduler 用户。

```
mysql> CREATE USER 'dolphinscheduler'@'%' IDENTIFIED BY 'dolphinscheduler';
```

若出现以下错误信息，表明新建用户的密码过于简单。

```
ERROR 1819 (HY000): Your password does not satisfy the current policy requirements
```

可提高密码复杂度或者执行以下命令调整 MySQL 密码策略。

```
mysql> set global validate_password_length=4;
mysql> set global validate_password_policy=0;
```

（3）赋予 dolphinscheduler 用户相应的权限。

```
mysql> GRANT ALL PRIVILEGES ON dolphinscheduler.* TO 'dolphinscheduler'@'%';
mysql> flush privileges;
```

（4）将 MySQL 驱动复制到 DolphinScheduler 解压缩目录的 lib 中。

```
[atguigu@hadoop102 apache-dolphinscheduler-1.3.9-bin]$ cp /opt/software/mysql-connector-
java-5.1.27-bin.jar lib/
```

（5）执行数据库初始化脚本。

数据库初始化脚本位于 DolphinScheduler 解压缩目录的 script 目录中，即/opt/software/ds/apache-dolphinscheduler-1.3.9-bin/script/。

```
[atguigu@hadoop102 apache-dolphinscheduler-1.3.9-bin]$ script/create-dolphinscheduler.sh
```

5．配置一键部署脚本

修改 DolphinScheduler 解压缩目录中 conf/config 目录下的 install_config.conf 文件。

```
[atguigu@hadoop102 apache-dolphinscheduler-1.3.9-bin]$ vim conf/config/install_config.
conf
```

修改内容如下。

```
ips="hadoop102,hadoop103,hadoop104"
# 将要部署 DolphinScheduler 服务的主机名或 ip 列表

sshPort="22"

masters="hadoop102"
# MasterServer 所在主机名列表，必须是 ips 的子集
```

```
workers="hadoop102:default,hadoop103:default,hadoop104:default"
# WorderServer 所在主机名及队列，主机名必须在 ips 列表中

alertServer="hadoop102"
# Alert 所在主机名

apiServers="hadoop102"
# API 所在主机名

installPath="/opt/module/dolphinscheduler"
# DolphinScheduler 安装路径，如果不存在会自动创建

deployUser="atguigu"
# 部署用户，任务执行服务是以 sudo -u {linux-user}命令切换不同 Linux 用户的方式来实现多租户运行作业，该
用户必须有免密的 sudo 权限

dataBasedirPath="/tmp/dolphinscheduler"
# 前文配置的所有节点服务器的本地数据存储路径，需要确保部署用户拥有该目录的读写权限

javaHome="/opt/module/jdk-1.8.0"
# JAVA_HOME

apiServerPort="12345"

DATABASE_TYPE=${DATABASE_TYPE:-"mysql"}
# 数据库类型

SPRING_DATASOURCE_URL=${SPRING_DATASOURCE_URL:-"jdbc:mysql://hadoop102:3306/dolphinsched
uler?useUnicode=true&allowPublicKeyRetrieval=true&characterEncoding=UTF-8"}
# 数据库 URL

SPRING_DATASOURCE_USERNAME=${SPRING_DATASOURCE_USERNAME:-"dolphinscheduler"}
# 数据库用户名

SPRING_DATASOURCE_PASSWORD=${SPRING_DATASOURCE_PASSWORD:-"dolphinscheduler"}
# 数据库密码

registryPluginName="zookeeper"
# 注册中心插件名称，DolphinScheduler 通过注册中心来确保集群配置的一致性

registryServers="hadoop102:2181,hadoop103:2181,hadoop104:2181"
# 注册中心地址，即 Zookeeper 集群的地址

registryNamespace="dolphinscheduler"
# DolphinScheduler 在 Zookeeper 中的结点名称

taskPluginDir="lib/plugin/task"

resourceStorageType="HDFS"
# 资源存储类型

resourceUploadPath="/dolphinscheduler"
# 资源上传路径
```

```
defaultFS="hdfs://hadoop102:8020"
# 默认文件系统

resourceManagerHttpAddressPort="8088"
# YARN 的 ResourceManager 访问端口

yarnHaIps=
# YARN 的 ResourceManager 高可用 ip，若未启用高可用，则将该值置空

singleYarnIp="hadoop103"
# YARN 的 ResourceManager 主机名，若启用了高可用或未启用 ResourceManager，则该值保留默认值

hdfsRootUser="atguigu"
# 拥有 HDFS 根目录操作权限的用户

# use sudo or not
sudoEnable="true"

# worker tenant auto create
workerTenantAutoCreate="false"
```

6．一键部署 DolphinScheduler

（1）启动 ZooKeeper 集群。

```
[atguigu@hadoop102 apache-dolphinscheduler-1.3.9-bin]$ zk.sh start
```

（2）一键部署并启动 DolphinScheduler。

```
[atguigu@hadoop102 apache-dolphinscheduler-1.3.9-bin]$ ./install.sh
```

（3）查看 DolphinScheduler 进程。

```
[atguigu@hadoop102 apache-dolphinscheduler-1.3.9-bin]$ xcall.sh jps
--------- hadoop102 ----------
29139 ApiApplicationServer
28963 WorkerServer
3332 QuorumPeerMain
2100 DataNode
28902 MasterServer
29081 AlertServer
1978 NameNode
29018 LoggerServer
2493 NodeManager
29551 Jps
--------- hadoop103 ----------
29568 Jps
29315 WorkerServer
2149 NodeManager
1977 ResourceManager
2969 QuorumPeerMain
29372 LoggerServer
1903 DataNode
--------- hadoop104 ----------
1905 SecondaryNameNode
27074 WorkerServer
2050 NodeManager
2630 QuorumPeerMain
```

```
1817 DataNode
27354 Jps
27133 LoggerServer
```

（4）访问 DolphinScheduler 的 Web UI（http://hadoop102:12345/dolphinscheduler），初始管理员用户的用户名为 admin，密码为 dolphinscheduler123，如图 7-2 所示。

图 7-2　以管理员用户身份登录 DolphinScheduler

登录成功后，在安全中心的"租户管理"模块中创建一个 atguigu 普通租户，如图 7-3 所示。该租户对应的是 Linux 的系统用户。

图 7-3　创建普通租户 atguigu

创建一个普通用户 atguigu，如图 7-4 所示。DolphinScheduler 的用户分为管理员用户和普通用户，管理员用户具有授权和用户管理等权限，而普通用户具有创建项目、定义工作流、执行工作流等权限。

图 7-4　创建普通用户 atguigu

创建完普通用户后，退出管理员用户账户，如图 7-5 所示。

图 7-5　退出管理员用户账户

以普通用户身份登录，如图 7-6 所示，此后的所有操作都以普通用户身份执行。

图 7-6　以普通用户身份登录

7．DolphinScheduler 启动、停止命令

DolphinScheduler 的启动、停止命令均位于安装目录的 bin 目录下。

（1）一键启动、停止所有服务命令，注意与 Hadoop 的进程启动、停止脚本区分。

```
./bin/start-all.sh
./bin/stop-all.sh
```

（2）启动、停止 Master 进程命令。

```
./bin/dolphinscheduler-daemon.sh start master-server
./bin/dolphinscheduler-daemon.sh stop master-server
```

（3）启动、停止 Worker 进程命令。

```
./bin/dolphinscheduler-daemon.sh start worker-server
./bin/dolphinscheduler-daemon.sh stop worker-server
```

（4）启动、停止 API 命令。

```
./bin/dolphinscheduler-daemon.sh start api-server
./bin/dolphinscheduler-daemon.sh stop api-server
```

（5）启动、停止 LoggerServer 命令。

```
./bin/dolphinscheduler-daemon.sh start logger-server
./bin/dolphinscheduler-daemon.sh stop logger-server
```

（6）启动、停止 Alert 命令。

```
./bin/dolphinscheduler-daemon.sh start alert-server
```

```
./bin/dolphinscheduler-daemon.sh stop alert-server
```

7.2 创建 MySQL 数据库和表

在 ADS 层实现具体需求后，还需要将结果数据导出至关系数据库中，以方便后期对结果数据进行可视化。本数据仓库项目选用 MySQL 作为存储结果数据的关系数据库，在将结果数据导出之前，需要做如下准备工作。

1. 创建 gmall_report 数据库

```sql
CREATE DATABASE IF NOT EXISTS gmall_report DEFAULT CHARSET utf8 COLLATE utf8_general_ci;
```

2. 创建表

（1）各渠道流量统计指标。

```sql
DROP TABLE IF EXISTS `ads_traffic_stats_by_channel`;
CREATE TABLE `ads_traffic_stats_by_channel` (
  `dt` date NOT NULL COMMENT '统计日期',
  `recent_days` bigint(20) NOT NULL COMMENT '最近n日，1表示最近1日，7表示最近7日，30表示最近30日',
  `channel` varchar(16) CHARACTER SET utf8 COLLATE utf8_general_ci NOT NULL COMMENT '渠道',
  `uv_count` bigint(20) NULL DEFAULT NULL COMMENT '访客数',
  `avg_duration_sec` bigint(20) NULL DEFAULT NULL COMMENT '会话平均停留时长，单位为秒',
  `avg_page_count` bigint(20) NULL DEFAULT NULL COMMENT '会话平均浏览页面数',
  `sv_count` bigint(20) NULL DEFAULT NULL COMMENT '会话总数',
  `bounce_rate` decimal(16, 2) NULL DEFAULT NULL COMMENT '跳出率',
  PRIMARY KEY (`dt`, `recent_days`, `channel`) USING BTREE
) ENGINE = InnoDB CHARACTER SET = utf8 COLLATE = utf8_general_ci COMMENT = '各渠道流量统计指标' ROW_FORMAT = DYNAMIC;
```

（2）用户访问路径分析。

```sql
DROP TABLE IF EXISTS `ads_page_path`;
CREATE TABLE `ads_page_path` (
  `dt` date NOT NULL COMMENT '统计日期',
  `source` varchar(64) CHARACTER SET utf8 COLLATE utf8_general_ci NOT NULL COMMENT '跳转起始页面id',
  `target` varchar(64) CHARACTER SET utf8 COLLATE utf8_general_ci NOT NULL COMMENT '跳转终到页面id',
  `path_count` bigint(20) NULL DEFAULT NULL COMMENT '跳转次数',
  PRIMARY KEY (`dt`, `source`, `target`) USING BTREE
) ENGINE = InnoDB CHARACTER SET = utf8 COLLATE = utf8_general_ci COMMENT = '用户访问路径分析' ROW_FORMAT = DYNAMIC;
```

（3）用户变动统计指标。

```sql
DROP TABLE IF EXISTS `ads_user_change`;
CREATE TABLE `ads_user_change` (
  `dt` date NOT NULL COMMENT '统计日期',
  `user_churn_count` varchar(16) CHARACTER SET utf8 COLLATE utf8_general_ci NULL DEFAULT NULL COMMENT '流失用户数',
  `user_back_count` varchar(16) CHARACTER SET utf8 COLLATE utf8_general_ci NULL DEFAULT NULL COMMENT '回流用户数',
  PRIMARY KEY (`dt`) USING BTREE
) ENGINE = InnoDB CHARACTER SET = utf8 COLLATE = utf8_general_ci COMMENT = '用户变动统计指标' ROW_FORMAT = DYNAMIC;
```

（4）用户留存率。

```
DROP TABLE IF EXISTS `ads_user_retention`;
CREATE TABLE `ads_user_retention` (
  `dt` date NOT NULL COMMENT '统计日期',
  `create_date` varchar(16) CHARACTER SET utf8 COLLATE utf8_general_ci NOT NULL COMMENT '新增用户日期',
  `retention_day` int(20) NOT NULL COMMENT '截至当前日期留存天数',
  `retention_count` bigint(20) NULL DEFAULT NULL COMMENT '留存用户数量',
  `new_user_count` bigint(20) NULL DEFAULT NULL COMMENT '新增用户数量',
  `retention_rate` decimal(16, 2) NULL DEFAULT NULL COMMENT '留存率',
  PRIMARY KEY (`dt`, `create_date`, `retention_day`) USING BTREE
) ENGINE = InnoDB CHARACTER SET = utf8 COLLATE = utf8_general_ci COMMENT = '用户留存率' ROW_FORMAT
= DYNAMIC;
```

（5）用户新增/活跃统计指标。

```
DROP TABLE IF EXISTS `ads_user_stats`;
CREATE TABLE `ads_user_stats` (
  `dt` date NOT NULL COMMENT '统计日期',
  `recent_days` bigint(20) NOT NULL COMMENT '最近n日,1:最近1日,7:最近7日,30:最近30日',
  `new_user_count` bigint(20) NULL DEFAULT NULL COMMENT '新增用户数',
  `active_user_count` bigint(20) NULL DEFAULT NULL COMMENT '活跃用户数',
  PRIMARY KEY (`dt`, `recent_days`) USING BTREE
) ENGINE = InnoDB CHARACTER SET = utf8 COLLATE = utf8_general_ci COMMENT = '用户新增/活跃统
计指标' ROW_FORMAT = DYNAMIC;
```

（6）用户行为漏斗分析。

```
DROP TABLE IF EXISTS `ads_user_action`;
CREATE TABLE `ads_user_action` (
  `dt` date NOT NULL COMMENT '统计日期',
  `home_count` bigint(20) NULL DEFAULT NULL COMMENT '首页浏览人数',
  `good_detail_count` bigint(20) NULL DEFAULT NULL COMMENT '商品详情页浏览人数',
  `cart_count` bigint(20) NULL DEFAULT NULL COMMENT '加购物车人数',
  `order_count` bigint(20) NULL DEFAULT NULL COMMENT '下单人数',
  `payment_count` bigint(20) NULL DEFAULT NULL COMMENT '支付人数',
  PRIMARY KEY (`dt`) USING BTREE
) ENGINE = InnoDB CHARACTER SET = utf8 COLLATE = utf8_general_ci COMMENT = '用户行为漏斗分
析' ROW_FORMAT = DYNAMIC;
```

（7）新增下单人数。

```
DROP TABLE IF EXISTS `ads_new_order_user_stats`;
CREATE TABLE `ads_new_order_user_stats` (
  `dt` date NOT NULL COMMENT '统计日期',
  `recent_days` bigint(20) NOT NULL COMMENT '最近n日,1表示最近1日,7表示最近7日,30表示最近
30日',
  `new_order_user_count` bigint(20) NULL DEFAULT NULL COMMENT '新增下单人数',
  PRIMARY KEY (`recent_days`, `dt`) USING BTREE
) ENGINE = InnoDB CHARACTER SET = utf8 COLLATE = utf8_general_ci COMMENT = '新增下单人数'
ROW_FORMAT = Dynamic;
```

（8）最近 7 日内连续 3 日下单用户数。

```
DROP TABLE IF EXISTS `ads_order_continuously_user_count`;
CREATE TABLE `ads_order_continuously_user_count` (
  `dt` date NOT NULL COMMENT '统计日期',
  `recent_days` bigint(20) NOT NULL COMMENT '最近n日,7表示最近7日',
```

```
  `order_continuously_user_count` bigint(20) NULL DEFAULT NULL COMMENT '连续3日下单用户数',
  PRIMARY KEY (`dt`, `recent_days`) USING BTREE
) ENGINE = InnoDB CHARACTER SET = utf8 COLLATE = utf8_general_ci COMMENT = '最近7日内连续3
日下单用户数统计' ROW_FORMAT = Dynamic;
```

（9）最近30日各品牌复购率。

```
DROP TABLE IF EXISTS `ads_repeat_purchase_by_tm`;
CREATE TABLE `ads_repeat_purchase_by_tm` (
  `dt` date NOT NULL COMMENT '统计日期',
  `recent_days` bigint(20) NOT NULL COMMENT '最近n日, 30表示最近30日',
  `tm_id` varchar(16) CHARACTER SET utf8 COLLATE utf8_general_ci NOT NULL COMMENT '品牌id',
  `tm_name` varchar(32) CHARACTER SET utf8 COLLATE utf8_general_ci NULL DEFAULT NULL COMMENT
'品牌名称',
  `order_repeat_rate` decimal(16, 2) NULL DEFAULT NULL COMMENT '复购率',
  PRIMARY KEY (`dt`, `recent_days`, `tm_id`) USING BTREE
) ENGINE = InnoDB CHARACTER SET = utf8 COLLATE = utf8_general_ci COMMENT = '最近30日各品牌
复购率' ROW_FORMAT = DYNAMIC;
```

（10）各品牌商品下单统计指标。

```
DROP TABLE IF EXISTS `ads_order_stats_by_tm`;
CREATE TABLE `ads_order_stats_by_tm` (
  `dt` date NOT NULL COMMENT '统计日期',
  `recent_days` bigint(20) NOT NULL COMMENT '最近n日, 1表示最近1日, 7表示最近7日, 30表示最近
30日',
  `tm_id` varchar(16) CHARACTER SET utf8 COLLATE utf8_general_ci NOT NULL COMMENT '品牌id',
  `tm_name` varchar(32) CHARACTER SET utf8 COLLATE utf8_general_ci NULL DEFAULT NULL COMMENT
'品牌名称',
  `order_count` bigint(20) NULL DEFAULT NULL COMMENT '下单数',
  `order_user_count` bigint(20) NULL DEFAULT NULL COMMENT '下单人数',
  PRIMARY KEY (`dt`, `recent_days`, `tm_id`) USING BTREE
) ENGINE = InnoDB CHARACTER SET = utf8 COLLATE = utf8_general_ci COMMENT = '各品牌商品下单
统计指标' ROW_FORMAT = DYNAMIC;
```

（11）各品类商品下单统计指标。

```
DROP TABLE IF EXISTS `ads_order_stats_by_cate`;
CREATE TABLE `ads_order_stats_by_cate` (
  `dt` date NOT NULL COMMENT '统计日期',
  `recent_days` bigint(20) NOT NULL COMMENT '最近n日, 1表示最近1日, 7表示最近7日, 30表示最近
30日',
  `category1_id` varchar(16) CHARACTER SET utf8 COLLATE utf8_general_ci NOT NULL COMMENT '
一级品类id',
  `category1_name` varchar(64) CHARACTER SET utf8 COLLATE utf8_general_ci NULL DEFAULT NULL
COMMENT '一级品类名称',
  `category2_id` varchar(16) CHARACTER SET utf8 COLLATE utf8_general_ci NOT NULL COMMENT '
二级品类id',
  `category2_name` varchar(64) CHARACTER SET utf8 COLLATE utf8_general_ci NULL DEFAULT NULL
COMMENT '二级品类名称',
  `category3_id` varchar(16) CHARACTER SET utf8 COLLATE utf8_general_ci NOT NULL COMMENT '
三级品类id',
  `category3_name` varchar(64) CHARACTER SET utf8 COLLATE utf8_general_ci NULL DEFAULT NULL
COMMENT '三级品类名称',
  `order_count` bigint(20) NULL DEFAULT NULL COMMENT '下单数',
  `order_user_count` bigint(20) NULL DEFAULT NULL COMMENT '下单人数',
  PRIMARY KEY (`dt`, `recent_days`, `category1_id`, `category2_id`, `category3_id`) USING
```

```
BTREE
) ENGINE = InnoDB CHARACTER SET = utf8 COLLATE = utf8_general_ci COMMENT = '各品类商品下单
统计指标' ROW_FORMAT = DYNAMIC;
```

（12）各品类商品购物车存量 Top3 统计。

```
DROP TABLE IF EXISTS `ads_sku_cart_num_top3_by_cate`;
CREATE TABLE `ads_sku_cart_num_top3_by_cate` (
  `dt` date NOT NULL COMMENT '统计日期',
  `category1_id` varchar(16) CHARACTER SET utf8 COLLATE utf8_general_ci NOT NULL COMMENT '
一级品类id',
  `category1_name` varchar(64) CHARACTER SET utf8 COLLATE utf8_general_ci NULL DEFAULT NULL
COMMENT '一级品类名称',
  `category2_id` varchar(16) CHARACTER SET utf8 COLLATE utf8_general_ci NOT NULL COMMENT '
二级品类id',
  `category2_name` varchar(64) CHARACTER SET utf8 COLLATE utf8_general_ci NULL DEFAULT NULL
COMMENT '二级品类名称',
  `category3_id` varchar(16) CHARACTER SET utf8 COLLATE utf8_general_ci NOT NULL COMMENT '
三级品类id',
  `category3_name` varchar(64) CHARACTER SET utf8 COLLATE utf8_general_ci NULL DEFAULT NULL
COMMENT '三级品类名称',
  `sku_id` varchar(16) CHARACTER SET utf8 COLLATE utf8_general_ci NOT NULL COMMENT '商品id',
  `sku_name` varchar(128) CHARACTER SET utf8 COLLATE utf8_general_ci NULL DEFAULT NULL COMMENT
'商品名称',
  `cart_num` bigint(20) NULL DEFAULT NULL COMMENT '购物车中商品的数量',
  `rk` bigint(20) NULL DEFAULT NULL COMMENT '排名',
  PRIMARY KEY (`dt`, `sku_id`, `category1_id`, `category2_id`, `category3_id`) USING BTREE
) ENGINE = InnoDB CHARACTER SET = utf8 COLLATE = utf8_general_ci COMMENT = '各品类商品购物
车存量 Top3 统计' ROW_FORMAT = DYNAMIC;
```

（13）各品牌商品收藏次数 Top3 统计。

```
DROP TABLE IF EXISTS `ads_sku_favor_count_top3_by_tm`;
CREATE TABLE `ads_sku_favor_count_top3_by_tm` (
  `dt` date NOT NULL COMMENT '统计日期',
  `tm_id` varchar(20) CHARACTER SET utf8 COLLATE utf8_general_ci NOT NULL COMMENT '品牌id',
  `tm_name` varchar(128) CHARACTER SET utf8 COLLATE utf8_general_ci NULL DEFAULT NULL COMMENT
'品牌名称',
  `sku_id` varchar(20) CHARACTER SET utf8 COLLATE utf8_general_ci NOT NULL COMMENT '商品id',
  `sku_name` varchar(128) CHARACTER SET utf8 COLLATE utf8_general_ci NULL DEFAULT NULL COMMENT
'商品名称',
  `favor_count` bigint(20) NULL DEFAULT NULL COMMENT '被收藏次数',
  `rk` bigint(20) NULL DEFAULT NULL COMMENT '排名',
  PRIMARY KEY (`dt`, `tm_id`, `sku_id`) USING BTREE
) ENGINE = InnoDB CHARACTER SET = utf8 COLLATE = utf8_general_ci COMMENT = '各品牌商品收藏
次数 Top3 统计' ROW_FORMAT = Dynamic;
```

（14）下单到支付时间间隔平均值。

```
DROP TABLE IF EXISTS `ads_order_to_pay_interval_avg`;
CREATE TABLE `ads_order_to_pay_interval_avg` (
  `dt` date NOT NULL COMMENT '统计日期',
  `order_to_pay_interval_avg` bigint(20) NULL DEFAULT NULL COMMENT '下单到支付时间间隔的平均
值',
  PRIMARY KEY (`dt`) USING BTREE
) ENGINE = InnoDB CHARACTER SET = utf8 COLLATE = utf8_general_ci COMMENT '下单到支付时间间隔
的平均值统计' ROW_FORMAT = Dynamic;
```

（15）各省份交易统计指标。

```
DROP TABLE IF EXISTS `ads_order_by_province`;
CREATE TABLE `ads_order_by_province` (
  `dt` date NOT NULL COMMENT '统计日期',
  `recent_days` bigint(20) NOT NULL COMMENT '最近 n 日，1 表示最近 1 日，7 表示最近 7 日，30 表示最近
30 日',
  `province_id` varchar(16) CHARACTER SET utf8 COLLATE utf8_general_ci NOT NULL COMMENT '
省份 id',
  `province_name` varchar(16) CHARACTER SET utf8 COLLATE utf8_general_ci NULL DEFAULT NULL
COMMENT '省份名称',
  `area_code` varchar(16) CHARACTER SET utf8 COLLATE utf8_general_ci NULL DEFAULT NULL COMMENT
'地区编码',
  `iso_code` varchar(16) CHARACTER SET utf8 COLLATE utf8_general_ci NULL DEFAULT NULL COMMENT
'旧版国际标准地区编码',
  `iso_code_3166_2` varchar(16) CHARACTER SET utf8 COLLATE utf8_general_ci NULL DEFAULT NULL
COMMENT '新版国际标准地区编码',
  `order_count` bigint(20) NULL DEFAULT NULL COMMENT '订单数',
  `order_total_amount` decimal(16, 2) NULL DEFAULT NULL COMMENT '订单金额',
  PRIMARY KEY (`dt`, `recent_days`, `province_id`) USING BTREE
) ENGINE = InnoDB CHARACTER SET = utf8 COLLATE = utf8_general_ci COMMENT = '各省份交易统计
指标' ROW_FORMAT = DYNAMIC;
```

（16）优惠券主题指标。

```
DROP TABLE IF EXISTS `ads_coupon_stats`;
CREATE TABLE `ads_coupon_stats` (
  `dt` date NOT NULL COMMENT '统计日期',
  `coupon_id` varchar(20) CHARACTER SET utf8 COLLATE utf8_general_ci NOT NULL COMMENT '优
惠券 id',
  `coupon_name` varchar(128) CHARACTER SET utf8 COLLATE utf8_general_ci NOT NULL COMMENT '
优惠券名称',
  `used_count` bigint(20) NULL DEFAULT NULL COMMENT '使用次数',
  `used_user_count` bigint(20) NULL DEFAULT NULL COMMENT '使用人数',
  PRIMARY KEY (`dt`, `coupon_id`) USING BTREE
) ENGINE = InnoDB CHARACTER SET = utf8 COLLATE = utf8_general_ci COMMENT '优惠券主题指标'
ROW_FORMAT = Dynamic;
```

7.3 DataX 数据导出

在 MySQL 中做好相关准备工作，并创建完用于存储结果数据的数据库和表后，还需要进行最关键的结果数据导出操作。结果数据的导出采用 DataX，DataX 作为一个数据传输工具，不仅可以将数据从关系数据库导入非关系数据库中，也可以进行反向操作。在使用 DataX 进行业务数据全量采集工作时，我们编写了大量的配置文件，数据的导出工作同样需要编写配置文件，步骤如下。

1. 编写 DataX 配置文件

我们需要为每张 ADS 层结果表编写一个 DataX 配置文件，此处以 ads_traffic_stats_by_channel 表为例，配置文件内容如下。使用 hdfsreader 读取 HDFS 中的结果数据，并使用 mysqlwriter 将结果数据写入 MySQL 中。

```
{
    "job": {
        "content": [
            {
                "reader": {
```

```
                    "name": "hdfsreader",
                    "parameter": {
                        "column": [
                            "*"
                        ],
                        "defaultFS": "hdfs://hadoop102:8020",
                        "encoding": "UTF-8",
                        "fieldDelimiter": "\t",
                        "fileType": "text",
                        "nullFormat": "\\N",
                        "path": "${exportdir}"
                    }
                },
                "writer": {
                    "name": "mysqlwriter",
                    "parameter": {
                        "column": [
                            "dt",
                            "recent_days",
                            "channel",
                            "uv_count",
                            "avg_duration_sec",
                            "avg_page_count",
                            "sv_count",
                            "bounce_rate"
                        ],
                        "connection": [
                            {
                                "jdbcUrl":
"jdbc:mysql://hadoop102:3306/gmall_report?useUnicode=true&characterEncoding=utf-8&allowP
ublicKeyRetrieval=true",
                                "table": [
                                    "ads_traffic_stats_by_channel"
                                ]
                            }
                        ],
                        "password": "000000",
                        "username": "root",
                        "writeMode": "replace"
                    }
                }
            }
        ],
        "setting": {
            "errorLimit": {
                "percentage": 0.02,
                "record": 0
            },
            "speed": {
                "channel": 3
            }
        }
    }
```

```
    }
}
```

注意：导出路径 path 参数并未写入固定值，用户可以在提交任务时通过参数动态传入，参数名称为 exportdir。

2. 编写 DataX 配置文件生成脚本

5.2.6 节讲解过 DataX 配置文件生成器及其使用方式。

（1）修改/opt/module/gen_datax_config/configuration.properties 文件。

```
[atguigu@hadoop102 gen_datax_config]$ vim configuration.properties
```

将文件中加粗的内容解开注释。

```
#MySQL 用户名
mysql.username=root
#MySQL 密码
mysql.password=000000
#MySQL 服务所在 host
mysql.host=hadoop102
#MySQL 端口号
mysql.port=3306
#需要导入 HDFS 的 MySQL 数据库
mysql.database.import=gmall
#从 HDFS 导出数据的目的 MySQL 数据库
mysql.database.export=gmall
#需要导入的表，若为空，则表示数据库下的所有表全部导入
mysql.tables.import=activity_info,activity_rule,base_trademark,cart_info,base_category1,
base_category2,base_category3,coupon_info,sku_attr_value,sku_sale_attr_value,base_dic,sk
u_info,base_province,spu_info,base_region,promotion_pos,promotion_refer
#需要导出的表，若为空，则表示数据库下所有表全部导出
mysql.tables.export=
#是否为分表，1 为是，0 为否
is.seperated.tables=0
#HDFS 集群的 Namenode 地址
hdfs.uri=hdfs://hadoop102:8020
#生成的导入配置文件的存储目录
import_out_dir=/opt/module/datax/job/import
#生成的导出配置文件的存储目录
#export_out_dir=
```

（2）执行配置 DataX 配置文件生成器 jar 包。

```
[atguigu@hadoop102              gen_datax_config]$              java              -jar
datax-config-generator-1.0-SNAPSHOT-jar-with-dependencies.jar
```

（3）查看配置文件的保存路径。

```
[atguigu@hadoop102 gen_datax_config]$ ls /opt/module/datax/job/export/

总用量 64
gmall_report.ads_coupon_stats.json
gmall_report.ads_new_order_user_stats.json
gmall_report.ads_order_by_province.json
gmall_report.ads_order_continuously_user_count.json
gmall_report.ads_order_stats_by_cate.json
gmall_report.ads_order_stats_by_tm.json
gmall_report.ads_order_to_pay_interval_avg.json
```

```
gmall_report.ads_page_path.json
gmall_report.ads_repeat_purchase_by_tm.json
gmall_report.ads_sku_cart_num_top3_by_cate.json
gmall_report.ads_sku_favor_count_top3_by_tm.json
gmall_report.ads_traffic_stats_by_channel.json
gmall_report.ads_user_action.json
gmall_report.ads_user_change.json
gmall_report.ads_user_retention.json
gmall_report.ads_user_stats.json
```

3．测试生成的 DataX 配置文件

以 ads_traffic_stats_by_channel 表为例，测试用生成器生成的 DataX 配置文件是否可用。

（1）执行 DataX 同步命令。

```
[atguigu@hadoop102        bin]$        python        /opt/module/datax/bin/datax.py
-p"-Dexportdir=/warehouse/gmall/ads/ads_traffic_stats_by_channel"
/opt/module/datax/job/export/gmall_report.ads_traffic_stats_by_channel.json
```

（2）观察同步结果。

观察 MySQL 目标表是否出现数据。

4．编写每日导出脚本

（1）在 hadoop102 节点服务器的/home/atguigu/bin 目录下创建 hdfs_to_mysql.sh 脚本。

```
[atguigu@hadoop102 bin]$ vim hdfs_to_mysql.sh
```

脚本内容如下。

```bash
#! /bin/bash

DATAX_HOME=/opt/module/datax

#DataX 导出路径不允许存在空文件，该函数的作用为清理空文件
handle_export_path(){
  for i in `hadoop fs -ls -R $1 | awk '{print $8}'`; do
    hadoop fs -test -z $i
    if [[ $? -eq 0 ]]; then
      echo "$i 文件大小为 0，正在删除"
      hadoop fs -rm -r -f $i
    fi
  done
}

#导出数据
export_data() {
  datax_config=$1
  export_dir=$2
  handle_export_path $export_dir
  $DATAX_HOME/bin/datax.py -p"-Dexportdir=$export_dir" $datax_config
}

case $1 in
  "ads_coupon_stats")
    export_data                /opt/module/datax/job/export/gmall_report.ads_coupon_stats.json
/warehouse/gmall/ads/ads_coupon_stats
  ;;
```

```
  "ads_new_order_user_stats")
    export_data    /opt/module/datax/job/export/gmall_report.ads_new_order_user_stats.json
/warehouse/gmall/ads/ads_new_order_user_stats
  ;;
  "ads_order_by_province")
    export_data        /opt/module/datax/job/export/gmall_report.ads_order_by_province.json
/warehouse/gmall/ads/ads_order_by_province
  ;;
  "ads_order_continuously_user_count")
    export_data
/opt/module/datax/job/export/gmall_report.ads_order_continuously_user_count.json
/warehouse/gmall/ads/ads_order_continuously_user_count
  ;;
  "ads_order_stats_by_cate")
    export_data     /opt/module/datax/job/export/gmall_report.ads_order_stats_by_cate.json
/warehouse/gmall/ads/ads_order_stats_by_cate
  ;;
  "ads_order_stats_by_tm")
    export_data        /opt/module/datax/job/export/gmall_report.ads_order_stats_by_tm.json
/warehouse/gmall/ads/ads_order_stats_by_tm
  ;;
  "ads_order_to_pay_interval_avg")
    export_data
/opt/module/datax/job/export/gmall_report.ads_order_to_pay_interval_avg.json
/warehouse/gmall/ads/ads_order_to_pay_interval_avg
  ;;
  "ads_page_path")
    export_data                  /opt/module/datax/job/export/gmall_report.ads_page_path.json
/warehouse/gmall/ads/ads_page_path
  ;;
  "ads_repeat_purchase_by_tm")
    export_data    /opt/module/datax/job/export/gmall_report.ads_repeat_purchase_by_tm.json
/warehouse/gmall/ads/ads_repeat_purchase_by_tm
  ;;
  "ads_sku_cart_num_top3_by_cate")
    export_data
/opt/module/datax/job/export/gmall_report.ads_sku_cart_num_top3_by_cate.json
/warehouse/gmall/ads/ads_sku_cart_num_top3_by_cate
  ;;
  "ads_sku_favor_count_top3_by_tm")
    export_data
/opt/module/datax/job/export/gmall_report.ads_sku_favor_count_top3_by_tm.json
/warehouse/gmall/ads/ads_sku_favor_count_top3_by_tm
  ;;
  "ads_traffic_stats_by_channel")
    export_data
/opt/module/datax/job/export/gmall_report.ads_traffic_stats_by_channel.json
/warehouse/gmall/ads/ads_traffic_stats_by_channel
  ;;
  "ads_user_action")
    export_data                /opt/module/datax/job/export/gmall_report.ads_user_action.json
/warehouse/gmall/ads/ads_user_action
```

```
  ;;
  "ads_user_change")
    export_data /opt/module/datax/job/export/gmall_report.ads_user_change.json /warehouse/
gmall/ads/ads_user_change
  ;;
  "ads_user_retention")
    export_data /opt/module/datax/job/export/gmall_report.ads_user_retention.json /warehouse/
gmall/ads/ads_user_retention
  ;;
  "ads_user_stats")
    export_data /opt/module/datax/job/export/gmall_report.ads_user_stats.json /warehouse/
gmall/ads/ads_user_stats
  ;;
  "all")
    export_data /opt/module/datax/job/export/gmall_report.ads_coupon_stats.json /warehouse/
gmall/ads/ads_coupon_stats
    export_data    /opt/module/datax/job/export/gmall_report.ads_new_order_user_stats.json
/warehouse/gmall/ads/ads_new_order_user_stats
    export_data         /opt/module/datax/job/export/gmall_report.ads_order_by_province.json
/warehouse/gmall/ads/ads_order_by_province
    export_data
/opt/module/datax/job/export/gmall_report.ads_order_continuously_user_count.json
/warehouse/gmall/ads/ads_order_continuously_user_count
    export_data    /opt/module/datax/job/export/gmall_report.ads_order_stats_by_cate.json
/warehouse/gmall/ads/ads_order_stats_by_cate
    export_data        /opt/module/datax/job/export/gmall_report.ads_order_stats_by_tm.json
/warehouse/gmall/ads/ads_order_stats_by_tm
    export_data
/opt/module/datax/job/export/gmall_report.ads_order_to_pay_interval_avg.json
/warehouse/gmall/ads/ads_order_to_pay_interval_avg
    export_data                /opt/module/datax/job/export/gmall_report.ads_page_path.json
/warehouse/gmall/ads/ads_page_path
    export_data   /opt/module/datax/job/export/gmall_report.ads_repeat_purchase_by_tm.json
/warehouse/gmall/ads/ads_repeat_purchase_by_tm
    export_data
/opt/module/datax/job/export/gmall_report.ads_sku_cart_num_top3_by_cate.json
/warehouse/gmall/ads/ads_sku_cart_num_top3_by_cate
    export_data
/opt/module/datax/job/export/gmall_report.ads_sku_favor_count_top3_by_tm.json
/warehouse/gmall/ads/ads_sku_favor_count_top3_by_tm
    export_data
/opt/module/datax/job/export/gmall_report.ads_traffic_stats_by_channel.json
/warehouse/gmall/ads/ads_traffic_stats_by_channel
    export_data /opt/module/datax/job/export/gmall_report.ads_user_action.json  /warehouse/
gmall/ads/ads_user_action
    export_data /opt/module/datax/job/export/gmall_report.ads_user_change.json  /warehouse/
gmall/ads/ads_user_change
    export_data /opt/module/datax/job/export/gmall_report.ads_user_retention.json /warehouse/
gmall/ads/ads_user_retention
    export_data /opt/module/datax/job/export/gmall_report.ads_user_stats.json /warehouse/
gmall/ads/ads_user_stats
  ;;
esac
```

（2）增加脚本执行权限。

```
[atguigu@hadoop102 bin]$ chmod +x hdfs_to_mysql.sh
```

（3）执行脚本，导出数据。

```
[atguigu@hadoop102 bin]$ hdfs_to_mysql.sh all
```

7.4 全流程调度

前面已经完成数据仓库项目完整流程的开发，接下来就可以将整个数据仓库运行流程交给 Azkaban 来调度，以实现整个流程的自动化运行。

7.4.1 数据准备

此处需要模拟生成一日的新数据，作为全流程调度的测试数据。执行以下命令前，确保采集系统已经开启。

（1）修改 Maxwell 的 mock.date 参数为 2023-06-19，并重启 Maxwell。

```
[atguigu@hadoop102 ~]$ vim /opt/module/maxwell/config.properties

mock_date=2023-06-19
[atguigu@hadoop102 ~]$ mxw.sh restart
```

（2）修改 application.yml 文件的参数，关键参数设置如下。

```
mock.date: "2023-06-19"
mock.clear.busi: 0
mock.clear.user: 0
mock.new.user: 25
```

（3）执行以下命令，模拟生成 2023-06-19 的数据。

```
[atguigu@hadoop102 ~]$ lg.sh
```

7.4.2 全流程调度配置

全部准备工作完成之后，开始使用 DolphinScheduler 进行全流程调度。

（1）执行以下命令，启动 DolphinScheduler。

```
[atguigu@hadoop102 dolphinscheduler]$ bin/start-all.sh
```

（2）以普通用户身份登录 DolphinScheduler 的 Web UI，如图 7-7 所示。

图 7-7　普通用户登录

（3）向 DolphinScheduler 资源中心上传工作流所需的脚本，步骤如下。

① 在"资源中心"的"文件管理"页面下，创建文件夹 scripts，如图 7-8 所示。

图 7-8　创建文件夹 scripts

② 将工作流所需的所有脚本上传到资源中心的 scripts 文件夹下，如图 7-9 所示。

图 7-9　上传所有脚本

（4）由于工作流要执行的脚本需要调用 Hive、DataX 等组件，因此在 DolphinScheduler 的集群模式下，需要确保每个 WorkerServer 节点都有脚本所依赖的组件。向 DolphinScheduler 的 WorkerServer 节点分发脚本所依赖的组件。

```
[atguigu@hadoop102 ~]$ xsync /opt/module/hive/
[atguigu@hadoop102 ~]$ xsync /opt/module/spark/
[atguigu@hadoop102 ~]$ xsync /opt/module/datax/
```

（5）切换 DolphinScheduler 的登录用户为 admin，单击"环境管理"→"创建环境"，如图 7-10 所示。

图 7-10　创建环境

在环境配置中，增加配置内容，如图 7-11 所示。

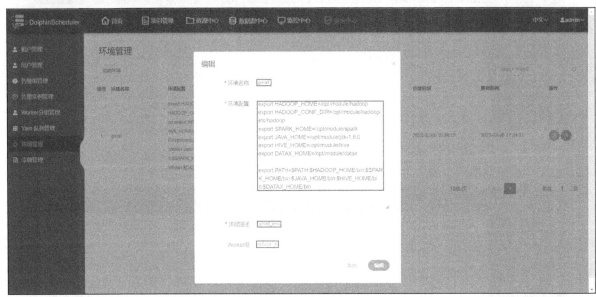

图 7-11　配置环境

环境配置的内容如下。

```
export HADOOP_HOME=/opt/module/hadoop
export HADOOP_CONF_DIR=/opt/module/hadoop/etc/hadoop
export SPARK_HOME=/opt/module/spark
export JAVA_HOME=/opt/module/jdk-1.8.0
export HIVE_HOME=/opt/module/hive
export DATAX_HOME=/opt/module/datax

export
PATH=$PATH:$HADOOP_HOME/bin:$SPARK_HOME/bin:$JAVA_HOME/bin:$HIVE_HOME/bin:$DATAX_HOME/bin
```

（6）切换至普通用户，在 DolphinScheduler 的 Web UI 下创建工作流，步骤如下。

① 选择"项目管理"命令，在打开的页面中单击"创建项目"按钮，创建项目 gmall，如图 7-12 所示。

图 7-12　创建项目 gmall

② 打开 gmall 项目，选择"工作流"→"工作流定义"选项，开始创建工作流，如图 7-13 所示。

③ 在"工作流定义"画布上，定义任务节点，配置如下。

mysql_to_hdfs_full 任务节点配置如图 7-14 所示。

hdfs_to_ods_db 任务节点配置如图 7-15 所示。

图 7-13　开始创建工作流

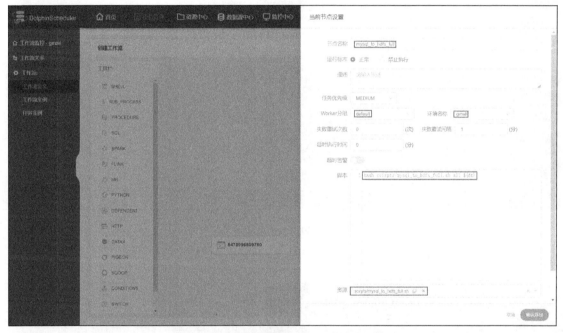

图 7-14　mysql_to_hdfs_full 任务节点配置

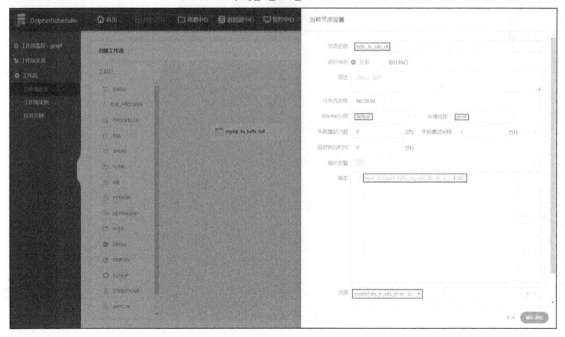

图 7-15　hdfs_to_ods_db 任务节点配置

hdfs_to_ods_log 任务节点配置如图 7-16 所示。

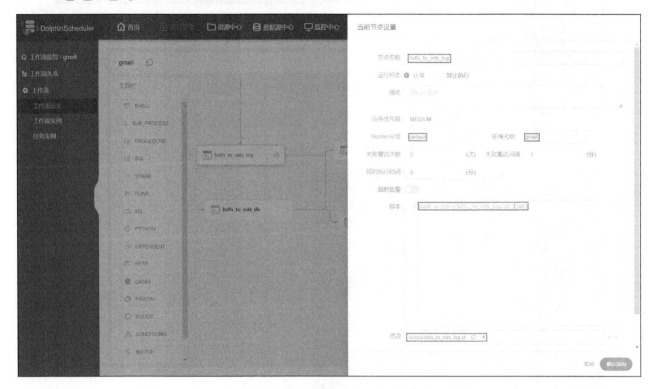

图 7-16 hdfs_to_ods_log 任务节点配置

ods_to_dwd 任务节点配置如图 7-17 所示。

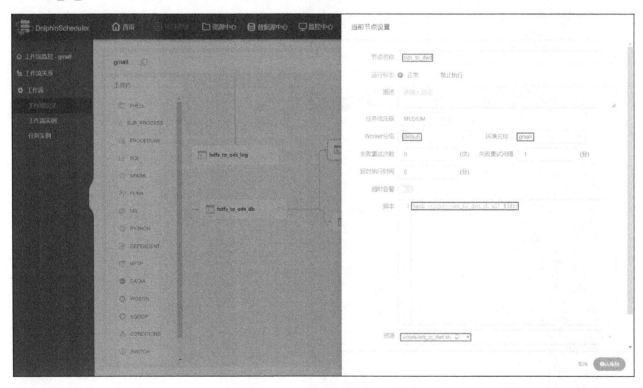

图 7-17 ods_to_dwd 任务节点配置

ods_to_dim 任务节点配置如图 7-18 所示。

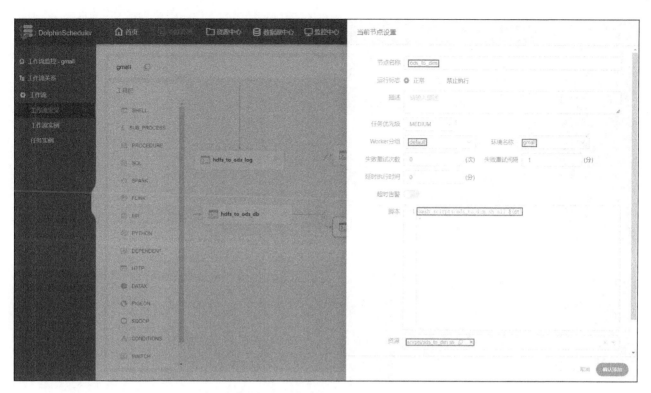

图 7-18　ods_to_dim 任务节点配置

dwd_to_dws_1d 任务节点配置如图 7-19 所示。

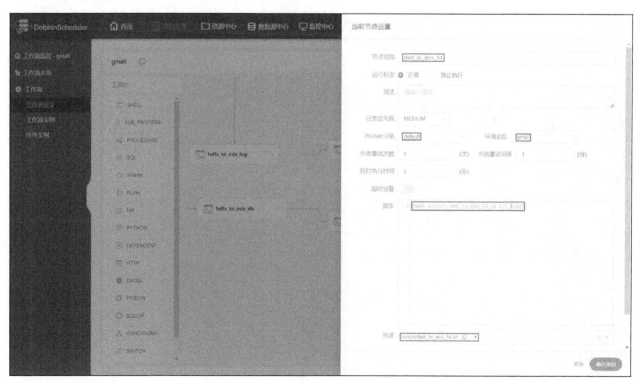

图 7-19　dwd_to_dws_1d 任务节点配置

dws_1d_to_dws_nd 任务节点配置如图 7-20 所示。

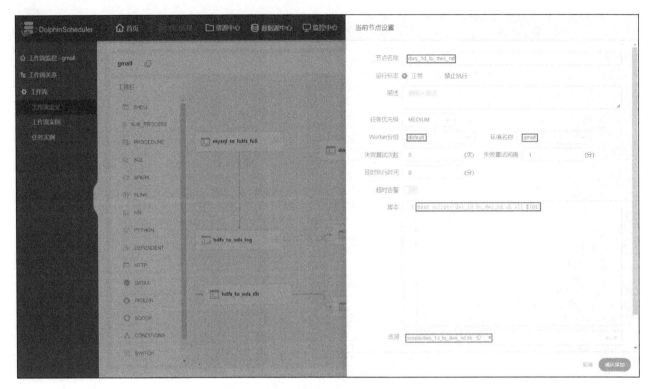

图 7-20　dws_1d_to_dws_nd 任务节点配置

dws_1d_to_dws_td 任务节点配置如图 7-21 所示。

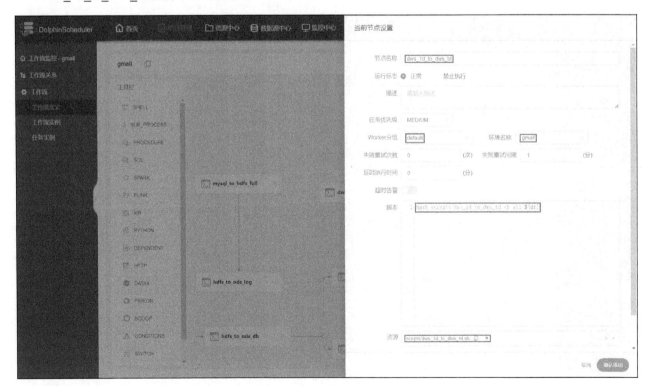

图 7-21　dws_1d_to_dws_td 任务节点配置

dws_to_ads 任务节点配置如图 7-22 所示。

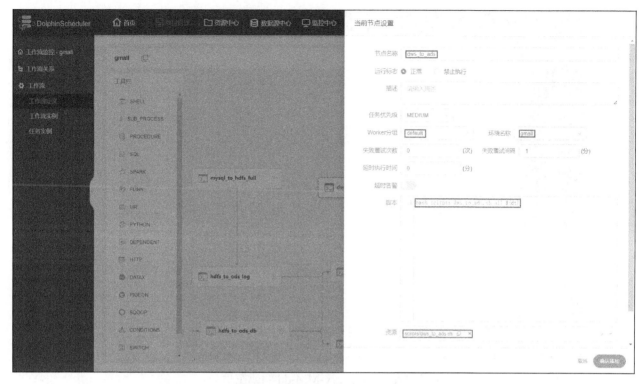

图 7-22　dws_to_ads 任务节点配置

hdfs_to_mysql 任务节点配置如图 7-23 所示。

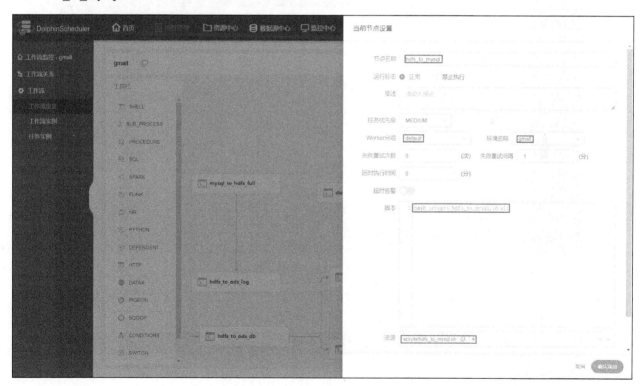

图 7-23　hdfs_to_mysql 任务节点配置

④ 定义完各任务节点后，为各节点之间创建依赖关系，如图 7-24 所示。

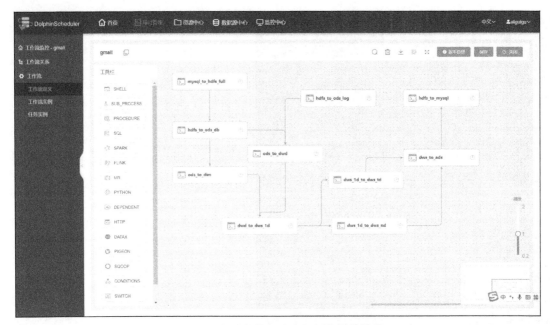

图 7-24　创建各任务节点之间的依赖关系

　　⑤ 配置完毕后，保存工作流，将工作流命名为 gmall，如图 7-25 所示，此处将调度参数 "dt" 设置为固定值，在实际生产环境下，应将参数配置为$[yyyy-MM-dd-1]或空值。

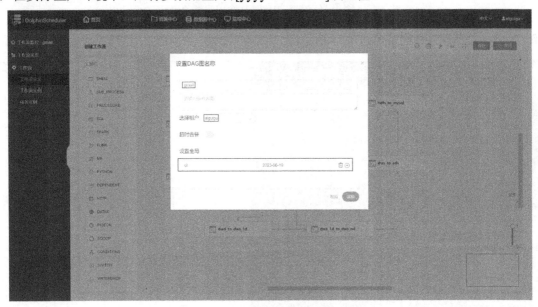

图 7-25　保存工作流并设置全局参数

　　（7）在 "工作流定义" 页面下，单击如图 7-26 所示的按钮，上线工作流。工作流需要先上线，才可执行。工作流上线后不可修改，若要修改则需要先下线工作流。

图 7-26　上线工作流

（8）单击如图 7-27 所示的按钮，执行工作流。

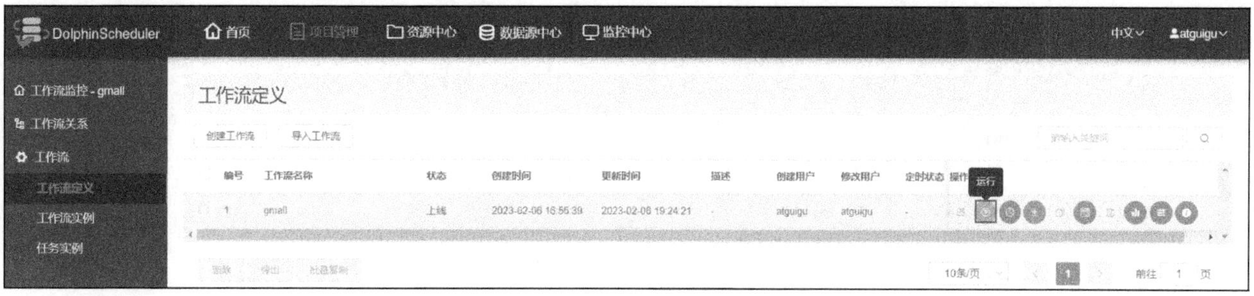

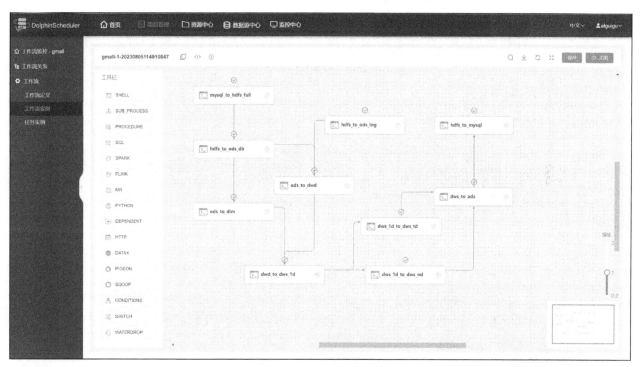

图 7-27　执行工作流

（9）执行工作流后，若出现如图 7-28 所示的页面，则表示执行成功。

图 7-28　工作流执行成功

7.5　电子邮件报警

在使用 DolphinScheduler 对工作流进行调度的过程中，有可能会出现任务失败的情况。DolphinScheduler 针对此种情况，为用户提供了电子邮件报警功能，让用户可以及时收到任务失败的报警信息。

7.5.1　注册邮箱

在进行电子邮件报警的配置之前，需要先注册一个邮箱，作为报警电子邮件的发送邮箱。

（1）以 QQ 邮箱为例，登录邮箱后，首先单击"设置"按钮，然后选择"账户"命令，如图 7-29 所示。

（2）找到"POP3/IMAP /SMTP/Exchange/CardDAV/CalDAV 服务"模块，开启 SMTP 服务，如图 7-30 所示。

（3）成功开启 SMTP 服务后，页面会显示授权码，须记住该授权码，如图 7-31 所示。

图 7-29　邮箱账号管理

图 7-30　开启 SMTP 服务

图 7-31　邮箱授权码

（4）读者也可以使用其他邮箱作为报警电子邮件的发送邮箱，但是都需要开启 SMTP 服务。

7.5.2　配置电子邮件报警

电子邮件报警通过 AlertServer 组件完成，配置电子邮件报警的具体步骤如下。

（1）打开 AlertServer 组件所在的节点服务器（本数据仓库项目为 hadoop102）的配置文件/opt/module/

dolphinscheduler/conf/alert.properties。

```
[atguigu@hadoop102 ~]$ vim /opt/module/dolphinscheduler/conf/alert.properties
```

在配置文件中配置报警邮箱和加密协议，加密协议的配置有以下三种方式。根据使用邮箱的不同，可以配置不同的加密协议。

① 不使用加密协议，配置如下。

```
#alert type is EMAIL/SMS
alert.type=EMAIL

# mail server configuration
mail.protocol=SMTP
mail.server.host=smtp.qq.com
mail.server.port=25
mail.sender=********@qq.com
mail.user=********@qq.com
mail.passwd=************
# TLS
mail.smtp.starttls.enable=false
# SSL
mail.smtp.ssl.enable=false
mail.smtp.ssl.trust=smtp.exmail.qq.com
```

注意：某些云服务器会禁用 25 端口，此时不建议使用此种配置方式，而建议使用以下两种配置方式。

② 使用 STARTTLS 加密协议，配置如下。

```
#alert type is EMAIL/SMS
alert.type=EMAIL

# mail server configuration
mail.protocol=SMTP
mail.server.host=smtp.qq.com
mail.server.port=587
mail.sender=********@qq.com
mail.user=********@qq.com
mail.passwd=************
# TLS
mail.smtp.starttls.enable=true
# SSL
mail.smtp.ssl.enable=false
mail.smtp.ssl.trust=smtp.qq.com
```

③ 使用 SSL 加密协议，配置如下。

```
#alert type is EMAIL/SMS
alert.type=EMAIL

# mail server configuration
mail.protocol=SMTP
mail.server.host=smtp.qq.com
mail.server.port=465
mail.sender=********@qq.com
mail.user=********@qq.com
mail.passwd=************
```

```
# TLS
mail.smtp.starttls.enable=false
# SSL
mail.smtp.ssl.enable=true
mail.smtp.ssl.trust=smtp.qq.com
```

修改完配置文件后，需要重启 AlertServer 组件。

```
[atguigu@hadoop102 dolphinscheduler]$ ./bin/dolphinscheduler-daemon.sh stop alert-server
[atguigu@hadoop102 dolphinscheduler]$ ./bin/dolphinscheduler-daemon.sh start alert-server
```

（2）在"工作流定义"页面中单击如图 7-32 所示的按钮，运行工作流。

图 7-32　运行工作流

（3）运行工作流后，会出现如图 7-33 所示的页面，在该页面中配置"通知策略"，选择"成功或失败都发"选项，并配置"收件人"和"通知组"，配置完毕后，单击"运行"按钮。

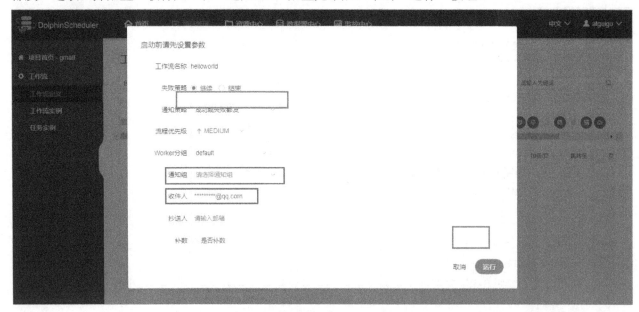

图 7-33　配置"通知策略""收件人""通知组"

（4）运行工作流后，等待邮箱的报警通知，如图 7-34 所示。

图 7-34　邮箱的报警通知

（5）工作流开始运行后，选择"工作流实例"选项，可以看到曾经运行过的所有工作流，如图 7-35 所示。工作流"状态"处为⊗按钮的，为运行失败的工作流，此时，单击◉按钮即可从起点处重新运行工作流，单击◉按钮即可从失败节点处重新运行工作流。

图 7-35　工作流实例列表

7.6　本章总结

本章详细介绍了如何使用 DolphinScheduler 部署全流程调度和电子邮件报警。工作流的自动化调度是整个数据仓库项目中非常重要的一环，可以大大减少操作者的工作量。除了 DolphinScheduler，还有许多优秀的工作流调度系统，如 Oozie、Azkaban 等，感兴趣的读者可以自行探索，甚至可以开发适合自己项目的工作流调度系统。

第8章

数据可视化模块

将需求实现，获取最终的结果数据之后，仅仅让结果数据存放于数据仓库中是远远不够的，还需要将数据进行可视化。通常可视化的思路是：首先将数据从大数据的存储系统中导出到关系数据库中，再使用可视化工具进行展示。在第 7 章中，我们已经将结果数据导出至关系数据库中，本章将介绍如何使用可视化工具对结果数据进行图表展示。

8.1 Superset 部署

Superset 是一个开源的、现代的、轻量级的 BI 分析工具，能够对接多种数据源，拥有丰富的按钮展示形式，支持自定义仪表盘，且拥有友好的用户页面，十分易用。

由于 Superset 能够对接常用的大数据分析工具，如 Hive、Kylin、Druid 等，且支持自定义仪表盘，因此可作为数据仓库的可视化工具。

8.1.1 环境准备

Superset 是使用 Python 编写的 Web 应用，要求使用 Python 3.7 及其以上版本的环境，但因为 CentOS 自带的环境是 Python 2.x 版本的，所以我们需要先安装 Python 3 环境。

1．安装 Miniconda

Conda 是一个开源的包和环境管理器，可以用于在同一台机器上安装不同版本的 Python 软件包和依赖，并能在不同的 Python 环境之间切换。Anaconda 和 Miniconda 都集成了 Conda，而 Anaconda 包括更多的工具包，如 NumPy、Pandas，Miniconda 则只包括 Conda 和 Python。

此处，因为我们不需要太多的工具包，所以选择使用 Miniconda。

（1）下载 Miniconda（Python 3 版本）。读者可自行下载。

（2）安装 Miniconda，具体步骤如下。

① 将下载的 Miniconda3-latest-Linux-x86_64.sh 文件上传到/opt/software/目录中。

② 执行以下命令，并按照提示进行操作，直到 Miniconda 安装完成。

```
[atguigu@hadoop102 lib]$ bash Miniconda3-latest-Linux-x86_64.sh
```

③ 一直按回车键，直到出现 Please answer 'yes' or 'no':'。

```
Please answer 'yes' or 'no':'
>>> yes
```

④ 指定安装路径（根据用户需求指定）：/opt/module/miniconda3。

```
[/home/atguigu/miniconda3] >>> /opt/module/miniconda3
```

⑤ 是否初始化 Miniconda3，输入 yes。

```
Do you wish the installer to initialize Miniconda3
by running conda init? [yes|no]
```

```
[no] >>> yes
```
⑥ 出现以下字样，则表示安装完成。
```
Thank you for installing Miniconda3!
```
（3）修改环境变量文件。
```
[atguigu@hadoop102 miniconda3]$ sudo vim /etc/profile.d/my_env.sh
```
在文件中添加如下内容。
```
export CONDA_HOME=/opt/module/miniconda3
export PATH=$PATH:$CONDA_HOME/bin
```
执行以下命令（或者重启连接虚拟机的客户端）使环境变量生效。
```
[atguigu@hadoop102 miniconda3]$ source /etc/profile.d/my_env.sh
```
（4）禁止激活默认的 base 环境。

Miniconda 安装完成后，每次打开终端都会激活其默认的 base 环境，我们可以通过以下命令，禁止激活默认的 base 环境。
```
[atguigu@hadoop102 ~]$ conda config --set auto_activate_base false
```

2. 配置 Python 3.8 环境

（1）若默认镜像影响使用，可以配置 Conda 国内清华镜像，命令如下。
```
[atguigu@hadoop102 ~]$ conda config --add channels https://mirrors.tuna.
tsinghua.edu.cn/anaconda/pkgs/free
[atguigu@hadoop102 ~]$ conda config --add channels https://mirrors.tuna.
tsinghua.edu.cn/anaconda/pkgs/main
[atguigu@hadoop102 ~]$ conda config --set show_channel_urls yes
```
（2）配置后，查看当前镜像 channels。
```
[atguigu@hadoop102 ~]$ conda config --show channels
 - https://mirrors.tuna.tsinghua.edu.cn/anaconda/pkgs/main
 - https://mirrors.tuna.tsinghua.edu.cn/anaconda/pkgs/free
 - defaults
```
（3）若想恢复默认镜像，执行以下命令。
```
[atguigu@hadoop102 ~]$ conda config --remove-key channels
[atguigu@hadoop102 ~]$ conda config --show channels
 - defaults
```
（4）创建 Python 环境。
```
[atguigu@hadoop102 ~]$ conda create --name superset python=3.8.16
```
Conda 环境管理器常用命令如下。

创建环境：conda create -n env_name。

查看所有环境：conda info --envs。

删除一个环境：conda remove -n env_name --all。

（5）激活 Superset 环境。
```
[atguigu@hadoop102 ~]$ conda activate superset
```
激活后的效果如图 8-1 所示。

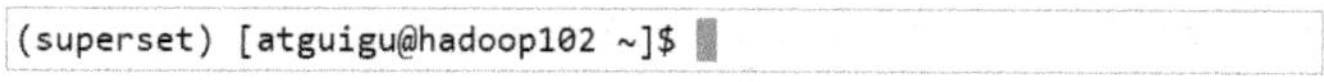

图 8-1　Superset 环境激活后的效果

（6）执行以下命令，查看 Python 版本。
```
(superset) [atguigu@hadoop102 ~]$ python -V
Python 3.8.16
```
（7）如果需要退出当前环境，则可执行以下命令。
```
[atguigu@hadoop102 ~]$ conda deactivate
```

8.1.2　Superset 安装

安装完 Miniconda，并在服务器中创建完 Python 环境后，即可安装 Superset，具体安装步骤如下。

1．安装依赖

在安装 Superset 之前，需要先执行以下命令，安装所需的依赖。

```
(superset) [atguigu@hadoop102 ~]$ sudo yum install -y gcc gcc-c++ libffi-devel python-devel
python-pip python-wheel python-setuptools openssl-devel cyrus-sasl-devel openldap-devel
```

2．配置 Superset

（1）执行以下命令，更新 pip。

```
(superset) [atguigu@hadoop102 ~]$ pip install --upgrade pip -i
https://pypi.douban.com/simple/
```

说明：pip 是 Python 的包管理工具，与 CentOS 中的 yum 类似。

（2）将资料中的 base.txt 文件上传至节点服务器的任意路径，该文件可用于指定 Superset 依赖组件及版本。

```
(superset) [atguigu@hadoop102 ~]$ ll ~
总用量 12
-rw-r--r--. 1 atguigu atguigu 5795 2月   3 15:27 base.txt
drwxrwxr-x. 2 atguigu atguigu 4096 2月   6 11:42 bin
```

（3）在 base.txt 所在目录下执行如下命令，安装 Superset，指定版本为 Superset 2.0.0。

```
(superset)      [atguigu@hadoop102      ~]$      pip      install      apache-superset==2.0.0      -i
https://pypi.tuna.tsinghua.edu.cn/simple -r base.txt
```

在以上命令中，-i 的作用是指定镜像，这里选择国内镜像；-r 的作用是指定 Superset 依赖组件及相应版本，指向 base.txt 文件即可。

3．配置 Superset 元数据库

（1）在 MySQL 中创建数据库 superset。

```
mysql> CREATE DATABASE superset DEFAULT CHARACTER SET utf8 DEFAULT COLLATE utf8_general_ci;
```

（2）创建 superset 用户，并赋予权限。

```
mysql> create user superset@'%' identified WITH mysql_native_password BY 'superset';
mysql> grant all privileges on *.* to superset@'%' with grant option;
mysql> flush privileges;
```

（3）修改 Superset 配置文件。

```
(superset) [atguigu@hadoop102 ~]$ vim /opt/module/miniconda3/envs/superset/lib/python3.8/
site-packages/superset/config.py
```

修改内容（184、185 行）如下所示。

```
# SQLALCHEMY_DATABASE_URI = "sqlite:///" + os.path.join(DATA_DIR, "superset.db")
SQLALCHEMY_DATABASE_URI                                                                  =
'mysql://superset:superset@hadoop102:3306/superset?charset=utf8'
```

（4）安装 Python MySQL 驱动。

```
(superset) [atguigu@hadoop102 ~]$ conda install mysqlclient
```

（5）初始化 Superset 元数据。

```
(superset) [atguigu@hadoop102 ~]$ export FLASK_App=superset
(superset) [atguigu@hadoop102 ~]$ superset db upgrade
```

4．初始化 Superset

（1）执行以下命令，创建管理员用户。

```
(superset) [atguigu@hadoop102 ~]$ superset fab create-admin
```

（2）初始化 Superset。

```
(superset) [atguigu@hadoop102 ~]$ superset init
```

5. 启动 Superset

（1）安装 gunicorn。

```
(superset) [atguigu@hadoop102 ~]$ pip install gunicorn -i https://pypi.douban.
com/simple/
```

　　说明：gunicorn 是一个 Python Web Server，与 Java 中的 TomCat 类似。

（2）启动 Superset。

① 确保当前 Conda 的环境为 Superset。

② 启动。

```
(superset) [atguigu@hadoop102 ~]$ gunicorn --workers 5 --timeout 120 --bind hadoop102:8787
--daemon "superset.app:create_app()"
```

　　参数说明如下。

- --workers：指定进程个数。
- --timeout：Worker 进程超时时间，超时后 Superset 会自动重启。
- --bind：绑定本机地址，即 Superset 的访问地址。
- --daemon：后台运行。

（3）停止运行 Superset。

① 停掉 gunicorn 进程。

```
(superset) [atguigu@hadoop102 ~]$ ps -ef | awk '/gunicorn/ && !/awk/{print $2}' | xargs kill -9
```

② 退出 Superset 环境。

```
(superset) [atguigu@hadoop102 ~]$ conda deactivate
```

6. Superset 启动、停止脚本

（1）创建 superset.sh 脚本。

```
[atguigu@hadoop102 bin]$ vim superset.sh
```

　　脚本内容如下。

```bash
#!/bin/bash

superset_status(){
    result=`ps -ef | awk '/gunicorn/ && !/awk/{print $2}' | wc -l`
    if [[ $result -eq 0 ]]; then
        return 0
    else
        return 1
    fi
}
superset_start(){
    source ~/.bashrc
    superset_status >/dev/null 2>&1
    if [[ $? -eq 0 ]]; then
        conda activate superset ; gunicorn --workers 5 --timeout 120 --bind hadoop102:8787
--daemon 'superset.app:create_app()'
    else
        echo "superset 正在运行"
    fi
}
```

```
superset_stop(){
    superset_status >/dev/null 2>&1
    if [[ $? -eq 0 ]]; then
        echo "superset 未在运行"
    else
        ps -ef | awk '/gunicorn/ && !/awk/{print $2}' | xargs kill -9
    fi
}

case $1 in
    start )
        echo "启动 Superset"
        superset_start
    ;;
    stop )
        echo "停止 Superset"
        superset_stop
    ;;
    restart )
        echo "重启 Superset"
        superset_stop
        superset_start
    ;;
    status )
        superset_status >/dev/null 2>&1
        if [[ $? -eq 0 ]]; then
            echo "Superset 未在运行"
        else
            echo "Superset 正在运行"
        fi
    ;;
esac
```

（2）增加脚本执行权限。

```
[atguigu@hadoop102 bin]$ chmod +x superset.sh
```

（3）测试。

启动 Superset。

```
[atguigu@hadoop102 bin]$ superset.sh start
```

停止运行 Superset。

```
[atguigu@hadoop102 bin]$ superset.sh stop
```

（4）启动后登录 Superset。

访问 http://hadoop102:8787，进入 Superset 登录页面，如图 8-2 所示。输入前面创建的管理员的用户名和密码进行登录。

图 8-2 Superset 登录页面

8.2　Superset 使用

Superset 安装完成后，使用 Superset 对接关系数据库的数据源，并创建仪表盘，为下一步制作图表做准备。

8.2.1　对接 MySQL 数据源

1. 安装依赖

```
(superset) [atguigu@hadoop102 ~]$ conda install mysqlclient
```

说明：对接不同的数据源，需要安装不同的依赖。

2. 配置数据源

（1）Database 配置。

① 选择"Data"→"Databases"选项，如图 8-3 所示。

图 8-3　Database 配置入口

② 单击"+DATASET"按钮，添加数据库，如图 8-4 所示。

图 8-4　添加数据库操作

③ 单击"MySQL"按钮，创建 MySQL 连接，如图 8-5 所示。

④ 输入连接 MySQL 所需的主机名、端口、需要连接的数据库名、用户名、密码等信息，如图 8-6 所示。

⑤ 单击"CONNECT"按钮，出现如图 8-7 所示的页面，表示连接成功，单击"FINISH"按钮即可。

（2）Table 配置。

① 选择"Data"→"Datasets"选项，如图 8-8 所示。

② 单击"+DATASET"按钮，添加表，如图 8-9 所示。

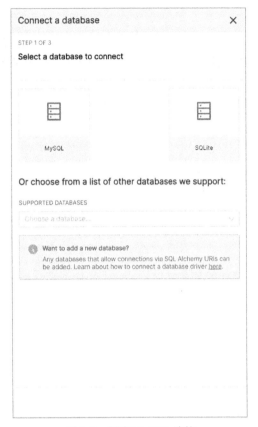

图 8-5　创建 MySQL 连接

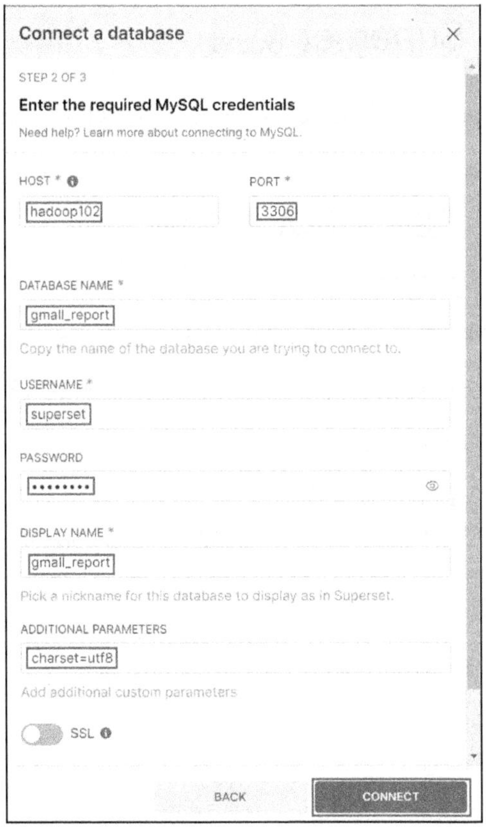

图 8-6　配置 Database

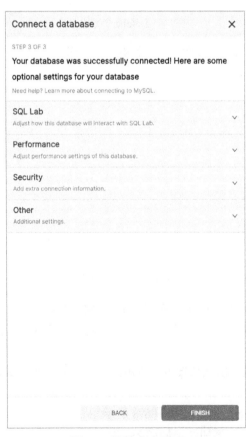

图 8-7　连接成功页面

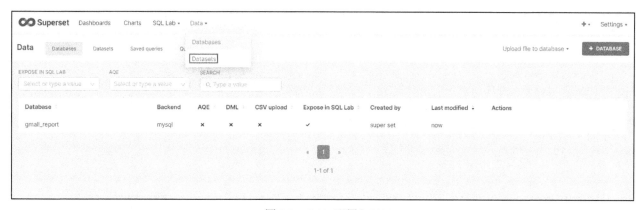

图 8-8　Table 配置入口

图 8-9　添加表操作

③ 配置 Table，如图 8-10 所示。

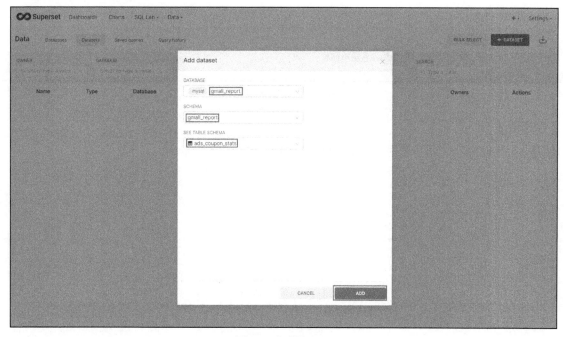

图 8-10　配置 Table

8.2.2　制作仪表盘

1. 创建空白仪表盘

（1）选择"Dashboards"选项并单击"+DASHBOARD"按钮，如图 8-11 所示。

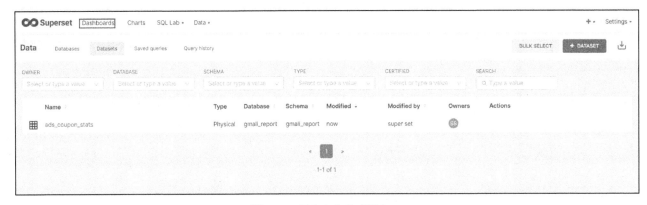

图 8-11　创建空白仪表盘入口

（2）命名后保存，如图 8-12 所示。

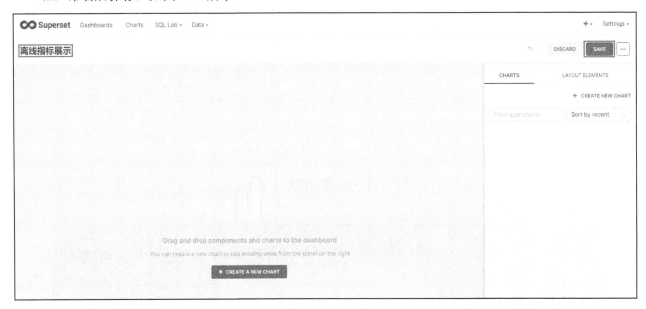

图 8-12　保存仪表盘

2．创建图表

（1）选择"Charts"选项并单击"+CHART"按钮，如图 8-13 所示。

图 8-13　创建图表入口

（2）选择数据源及图表类型，如图 8-14 所示。

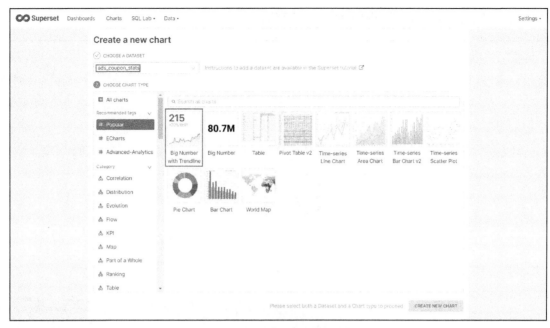

图 8-14　选择数据源及图表类型

（3）按照说明配置图表，配置完成后，单击"CREATE CHART"按钮，如图 8-15 所示。

图 8-15　配置图表

（4）如果配置无误，则会出现如图 8-16 所示的页面。

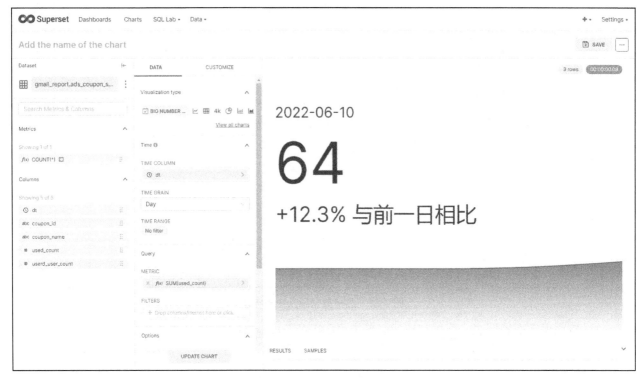

图 8-16　图表运行结果

（5）保存图表，并将其添加到仪表盘中。单击如图 8-17 所示的"SAVE"按钮，进入如图 8-18 所示的页面，填写图表名称为"优惠券使用次数趋势图"，选择仪表盘为"离线指标展示"，单击"SAVE"按钮，保存图表，即可将图表添加到仪表盘中。

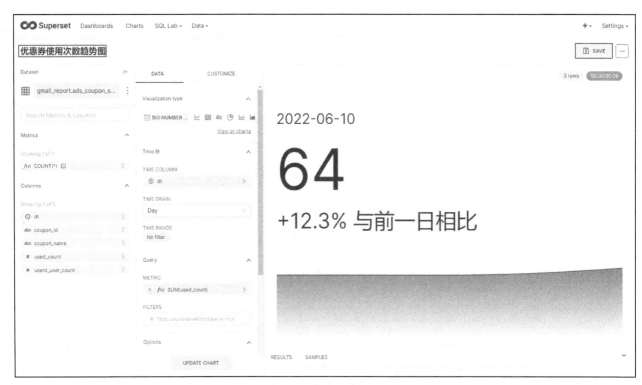

图 8-17　保存图表入口

图 8-18　将图表添加到仪表盘中

3. 编辑仪表盘

（1）单击"EDIT DASHBOARD"按钮，如图 8-19 所示。

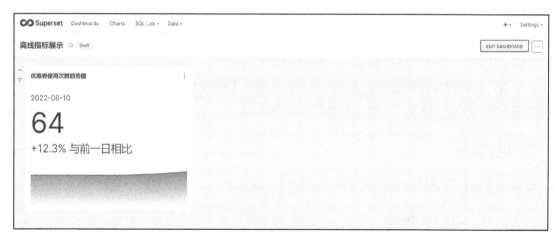

图 8-19　编辑仪表盘入口

（2）拖动图表可以调整仪表盘布局，如图 8-20 所示。

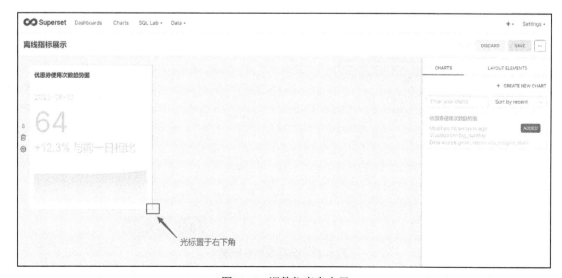

图 8-20　调整仪表盘布局

（3）如图 8-21 所示，在弹出的下拉列表中选择"Set auto-refresh interval"选项，可调整仪表盘的自动刷新时间。

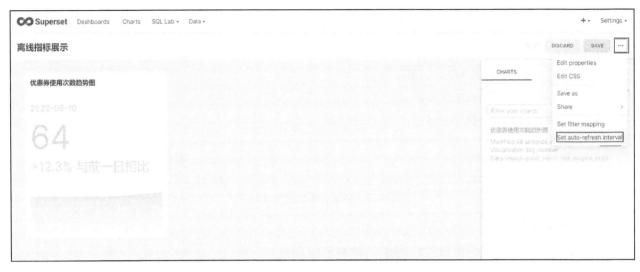

图 8-21　调整仪表盘的自动刷新时间

8.3　Superset 实战

在 8.2 节中，我们对仪表盘进行了简单配置，初步展示了使用 Superset 可视化指标参数。本节将会配置几张相对复杂的图表，丰富在 8.2 节中创建的仪表盘页面。

8.3.1　制作柱状图

（1）配置用于本次图表展示的结果数据表，如图 8-22 所示。

图 8-22　配置结果数据表

（2）选择本次图表展示类型为 Bar Chart，并配置关键字段，如图 8-23 和图 8-24 所示。

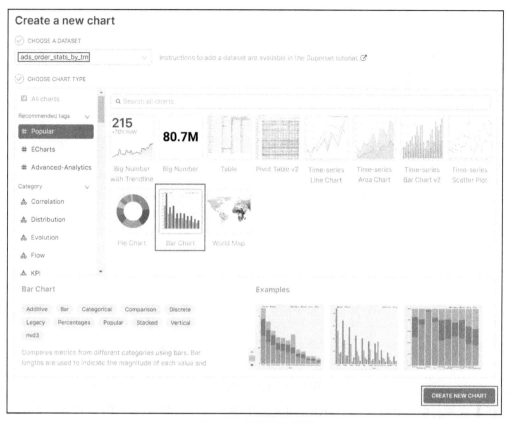

图 8-23　选择图表类型

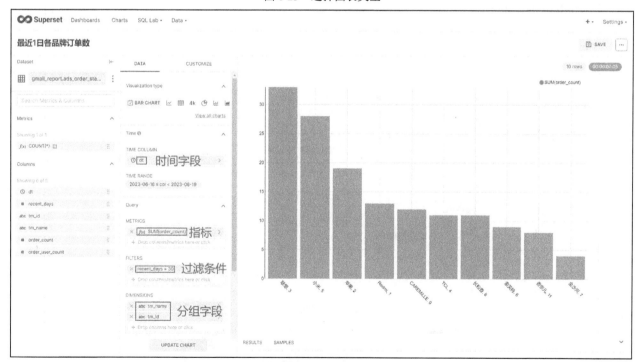

图 8-24　配置关键字段

（3）图表配置完成后，将图表保存并添加到仪表盘中。

8.3.2　制作饼状图

（1）配置用于本次图表展示的结果数据表，如图 8-25 所示。

图 8-25　配置结果数据表

（2）选择本次图表展示类型为 Pie Chart，并配置关键字段，如图 8-26 和图 8-27 所示。

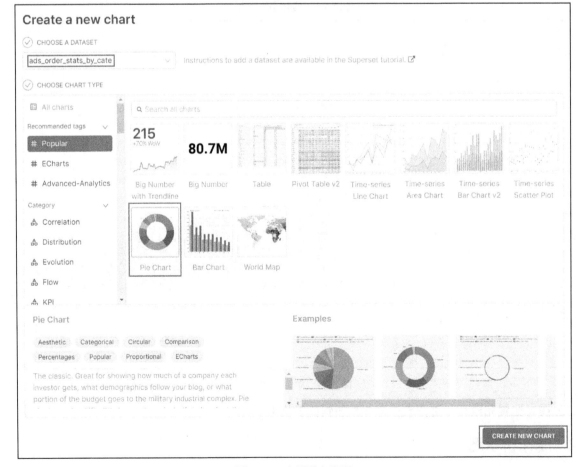

图 8-26　选择图表类型

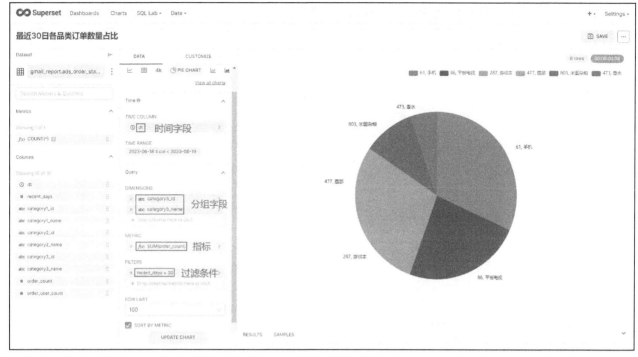

图 8-27　配置关键字段

（3）图表配置完成后，将图表保存并添加到仪表盘中。

8.3.3　制作桑基图

桑基图即桑基能量分流图，也叫桑基能量平衡图。它是一种特定类型的流程图，分支的宽度对应数据流量的大小，在能源、材料成分、金融等数据的可视化分析领域具有广泛应用。本数据仓库项目使用桑基图来进行用户访问路径分析。分支宽度代表每个页面的访问人数，从中可以清楚地看到用户流量是如何流动变化的。

（1）配置用于本次图表展示的结果数据表，如图 8-28 所示。

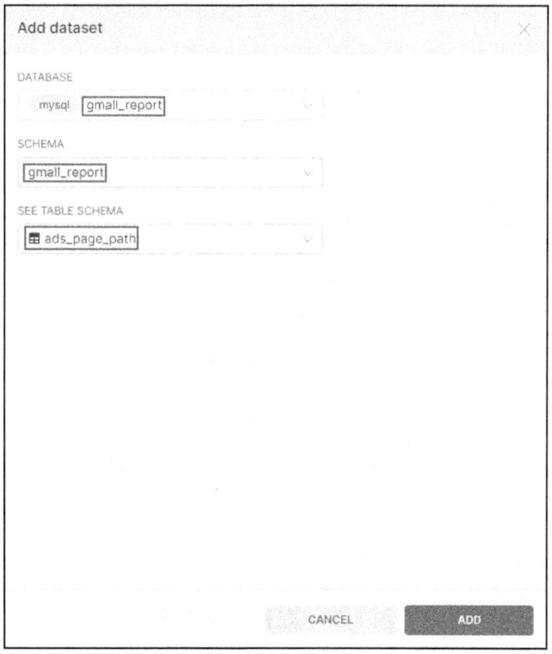

图 8-28　配置结果数据表

（2）选择本次图表展示类型为 Sankey Diagram，并配置关键字段，如图 8-29 和图 8-30 所示。

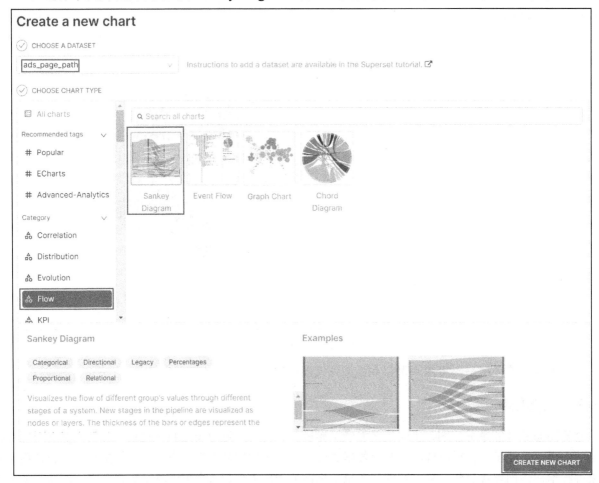

图 8-29　选择图表类型

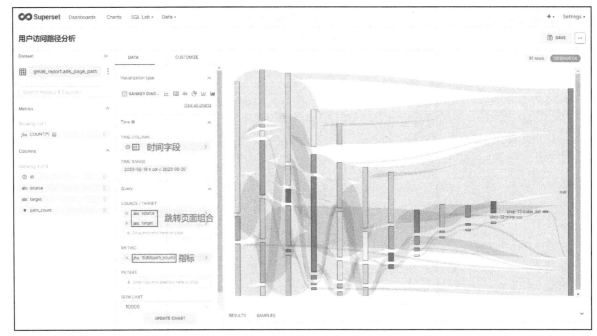

图 8-30　配置关键字段

（3）图表配置完成后，将图表保存并添加到仪表盘中。

8.3.4　合成仪表盘页面

将所有图表制作完成并添加到仪表盘后，即可得到如图 8-31 所示的仪表盘页面，用户可通过拖动图表来调整仪表盘布局。

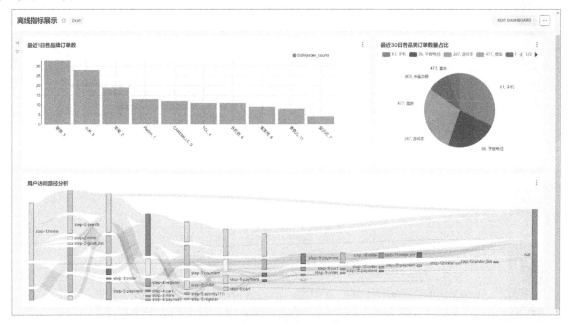

图 8-31　仪表盘页面

8.4　ECharts 可视化

在企业中除了可以采用 Superset 实现数据可视化，还可以采用其他框架，如 ECharts、Kibana、Tableau、QuickBI、DataV 等，但 Tableau、QuickBI、DataV 等都是收费的框架，中小企业很少采用。ECharts 作为百度开源、免费的可视化框架，在企业中应用广泛。本数据仓库项目使用 ECharts 进行可视化开发。使用 ECharts 进行可视化开发的优点是：用户可以更加灵活地配置数据源，并可以选择更丰富的图表。使用 ECharts 框架，读者需要具备 Spring Boot、Vue、HTML、CSS 等技术基础。本书篇幅有限，只提供最终的效果展示图，如图 8-32～图 8-35 所示。若读者对实际开发过程感兴趣，可以从本书附赠的资料中查看具体代码。

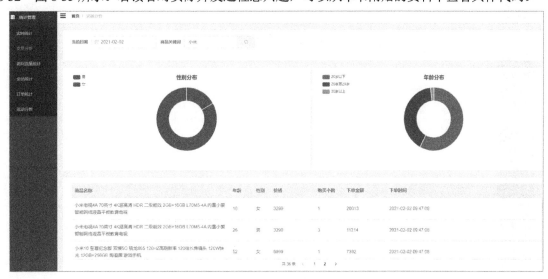

图 8-32　交易分析

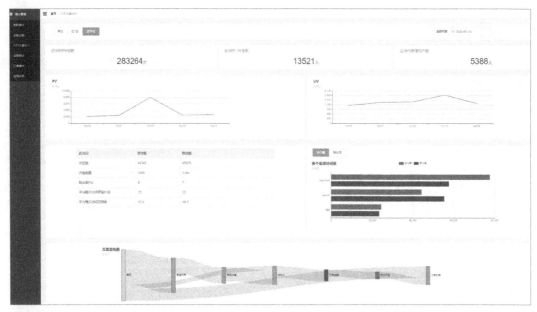

图 8-33　访问流量统计

图 8-34　会员统计

图 8-35　活动分析

8.5　本章总结

　　本章使用 Superset 对本数据仓库项目的几个重要需求进行可视化，通过学习本章内容，相信读者也可以对其他结果数据进行可视化。目前，市面上有很多大数据可视化工具，操作非常便捷，可以满足不同的数据可视化需求，感兴趣的读者可以继续探索学习。

反侵权盗版声明

电子工业出版社依法对本作品享有专有出版权。任何未经权利人书面许可，复制、销售或通过信息网络传播本作品的行为；歪曲、篡改、剽窃本作品的行为，均违反《中华人民共和国著作权法》，其行为人应承担相应的民事责任和行政责任，构成犯罪的，将被依法追究刑事责任。

为了维护市场秩序，保护权利人的合法权益，我社将依法查处和打击侵权盗版的单位和个人。欢迎社会各界人士积极举报侵权盗版行为，本社将奖励举报有功人员，并保证举报人的信息不被泄露。

举报电话：（010）88254396；（010）88258888
传　　真：（010）88254397
E-mail：　dbqq@phei.com.cn
通信地址：北京市万寿路 173 信箱
　　　　　电子工业出版社总编办公室
邮　　编：100036